SUJET, ES-TU LÀ ?

Lionel Naccache

SUJET, ES-TU LÀ ?

Pour Karine

AVANT-PROPOS

Du vendredi 1ᵉʳ septembre 2023 au vendredi 28 juin 2024, de 7 h 56 à 8 heures, j'ai délivré une chronique hebdomadaire consacrée à l'exploration de nos subjectivités, sur les ondes de France Culture. Plus précisément, mon projet consistait à disséquer les aventures mouvementées de notre vie intérieure confrontée aux mille et un événements ou actualités qui ont peuplé cette année-là. Une année qui a notamment été marquée par plusieurs découvertes neuroscientifiques majeures, par des massacres et des guerres, par d'intenses débats autour de la loi sur la fin de vie, par des luttes sociales radicales, par la métamorphose décomplexée de Mister Musk en Dr Knock 2.0 fébrile d'implanter des puces intra-cérébrales Neuralink dans tous nos cerveaux, par l'embrasement planétaire de ChatGPT, par des rendez-vous avec les maladies neurologiques et psychiatriques et, surtout, avec les femmes et les hommes qui en sont atteints, par une actualité culturelle qui parvient parfois à faire vibrer notre intelligence et nos sentiments, par des trouvailles préhistoriques stupéfiantes, etc. L'examen attentif de ces collisions entre notre vie intérieure et ce qui l'entoure me semble chaque fois porteur d'un double enrichissement potentiel : d'une part, la possibilité de mieux se connaître, c'est-à-dire de mieux connaître les rouages de notre conscience et de notre subjectivité ; d'autre part, donner un éclairage sur la marche du monde comme sur les problèmes qu'elle nous pose d'une manière inédite.

Accueilli par l'équipe des *Matins* dirigée par Guillaume Erner, cette année radiophonique m'a procuré une riche expérience dont je leur suis reconnaissant. Chaque semaine donc, j'imaginais et rédigeais un texte dialogué de 700 mots environ. La version radiophonique de ces chroniques est disponible sur le site Internet de Radio France.

Les voici ici réunies en un volume.

Pourquoi choisir de les transcrire et de les colliger en une version destinée à la lecture ?

D'abord parce qu'il s'agit de leur statut originaire. Lorsque j'ai accepté cette généreuse invitation au format extrêmement contraint (quatre minutes en mode conversationnel), j'ai immédiatement su que, pour moi, la seule issue possible consisterait à oser me glisser (quarante-quatre semaines durant) dans la peau de… Platon. C'est-à-dire d'en passer par l'écriture chirurgicale de chroniques, ciselées à la virgule près, sur le modèle d'échanges oraux dialogués. Guillaume Erner serait mon Glaucon, mon Protagoras ou mon Gorgias, et je serais son Socrate. Avec toute l'autodérision qu'exige, évidemment, une telle comparaison. Bref, ces chroniques avaient été imaginées, conçues puis réalisées comme des textes qui miment un dialogue animé. À ce titre, quoi de plus naturel que de les présenter directement sous leur forme écrite.

D'autre part, dès les premières semaines, j'ai pris conscience du fait que ce format court et condensé de mes chroniques créait en moi une pensée dans les marges du texte, une pensée non prononcée à voix haute, mais dont j'ai très vite eu le sentiment qu'elle faisait partie intégrante de mon propos. Ainsi est née l'idée du « Hors antenne » : la version « réalité augmentée » de mes chroniques sous la forme d'un autocommentaire, par définition inédit, qui suit chacune d'entre elles. Des chroniques enrichies de données scientifiques, philosophiques ou littéraires, de figures, de considérations multidisciplinaires, de références, de liens entre des champs de connaissance distincts*, etc. Ces « Hors antenne » restituent également l'état d'esprit qui m'animait sur le moment et tissent d'autres liens encore avec le contexte de cette année-là et, surtout, entre tous ces textes réunis autour de la question de nos subjectivités singulières. Au fil de l'écriture, plusieurs rubriques se sont invitées dans le « Hors antenne » pour rendre compte de ces suppléments au texte initial. Ces rubriques vont du commentaire libre aux gloses qui portent spécifiquement sur un extrait des chroniques (la rubrique « Gloses en prose »), sans oublier la restitution de certains passages que j'avais coupés (mes « Chuts ! de chronique »).

À vrai dire, cet autocommentaire trouve très naturellement sa place dans ce livre car il participe du sujet qui nous occupe : le flux narratif de notre conscience a déjà été comparé – notamment par le philosophe Daniel Dennett – à la révision ininterrompue d'un manuscrit. Palimpsestes vivants, nous ne cessons de commenter nos propres pensées et les mettons à jour de mille et une façons. De la littérature à la neurologie, en passant par chaque moment vécu par les créatures conscientes que nous sommes l'espace de notre existence.

Avec également l'idée, omniprésente dans ce volume, que la période que nous vivons expose nos subjectivités à d'incroyables potentialités, mais également à de sombres menaces qu'il importe de verbaliser, de discuter, voire de résoudre. Cet opus consacré « au sujet du sujet » n'a d'autre ambition que de rappeler à notre bon vouloir l'inexpugnable présence de notre subjectivité, et tout ce qui en elle exige la préservation d'une tension entre le subjectif et l'objectif et l'adoption d'une « bonne distance » avec nos propres pensées. Le détournement, dans mon titre, de la formule spiritiste « Esprit, es-tu là ? » vise également à convoquer non pas les fantômes d'êtres disparus, mais plutôt l'idée selon laquelle les

---

* Les références associées à chacune des chroniques sont regroupées en fin d'ouvrage dans la section intitulée « Références organisées par chronique ».

menaces qui visent aujourd'hui nos subjectivités pourraient leur être, sinon fatales, du moins être fatales à l'épanouissement de chacune d'entre elles, et surtout à leur coexistence.

Un titre qu'il est également possible d'entendre comme une supplique : nos subjectivités sauront-elles se montrer à la hauteur des défis politiques, économiques, sociaux et environnementaux qui sont aujourd'hui les nôtres ? Un titre qui résonne comme une adresse pleine de désarroi, d'espoir et d'inquiétude : *Sujet, es-tu là ? Sujet, es-tu vraiment là ? Es-tu encore là ? Seras-tu là ?* pour paraphraser la prose éplorée de Michel Berger.

Alors, évidemment, ces pages vont aussi parler de moi. Pas uniquement de moi bien sûr, mais tout de même de moi ou plutôt de ma façon de réfléchir. Vous allez, si vous franchissez ces pages, vous aventurer non pas dans la tête de John Malkovitch, mais dans celle de Lionel Naccache ! Une invitation dans mon flux de conscience au fil de cette année écoulée, mais également une invitation dans une toile conceptuelle tissée depuis bien plus longtemps qui organise des idées, des réflexions, des souvenirs, des rencontres et des explorations qui me sont chers. Avec parfois une redondance qui souligne sans doute leur importance. Ces pages vont donc aussi parler de moi, mais je vous rassure aussitôt en paraphrasant Victor Hugo : « Quand je vous parle de moi, je vous parle de vous » ! De vous, ou plutôt de chacune et de chacun d'entre vous, qui faites l'expérience singulière, tout comme moi, d'un flux de conscience riche, complexe et vivant. Explorer n'importe lequel d'entre ces flux de conscience exige un certain niveau de proximité et de détails pour espérer entrer dans la chair d'un sujet, et donc dans la *chair du sujet*.

Il est l'heure à présent de faire tourner, non pas les tables, mais les rouages de nos esprits : *sujet... es-tu là ?*

#01 AU SUJET DU SUJET

▪ *vendredi 1ᵉʳ septembre 2023*

CHRONIQUE

Ce matin le neurologue et chercheur Lionel Naccache se trouve dans notre studio pour nous présenter sa première chronique, et il a d'ailleurs une annonce à nous faire à ce sujet.

Bonjour et merci, cher Guillaume. J'aimerais que nous commencions sur de bonnes bases, vous et moi, et pour cela vous indiquer le projet que j'ai imaginé lorsque j'ai accepté votre généreuse invitation au début de l'été. Voici quel aurait été le titre de mes chroniques si elles avaient dû en porter un : « Au sujet du sujet ». Alors pas de panique, je m'explique ! Au-delà de l'esthétique à la Johnny Hallyday suggérée par ce titre qui répète un même substantif – sur le modèle de l'« envie d'avoir envie » vous l'aurez compris –, il faut y voir en fait une authentique formule programmatique.

Une programmatique contenue dans le mot même de « sujet », qui je crois vous a inspiré.

En effet, car c'est un mot dont la polysémie bienheureuse mérite selon moi d'être exploitée. Allons au plus évident : le sujet c'est d'abord et avant tout vous et moi présentement dans ce studio, et plus largement celui ou celle que chacun d'entre nous est, l'individu en somme. Ce sujet-là se promène de par le monde avec sa subjectivité en bandoulière, avec ce que j'aime appeler son *cinéma intérieur*, c'est-à-dire avec son interprétation toute personnelle du monde et de lui-même. D'autre part, le mot de sujet renvoie également à celui de thème, voire à celui d'objet vers lequel précisément notre regard subjectif va se porter. Retour alors au titre « Au sujet du sujet », qui peut désormais s'entendre comme un tableau expérimental à quatre cases qui croise ces deux significations du mot sujet.

Au sujet (le thème) du sujet (l'individu), nous voilà sur le chemin d'une science du subjectif, science qui occupe, reconnaissons-le, l'essentiel de mon activité de neurologue et de chercheur.

Au sujet (l'individu) du sujet (le thème), et nous voici face à l'immémoriale énigme de la connaissance toute subjective du monde objectif ! L'épineuse énigme de ces rencontres entre d'une part le feu de la subjectivité, et d'autre part la glace de l'objectivité[glose].

Mais, si je vous suis bien, il nous reste encore deux combinaisons possibles…

Absolument.

Au sujet (l'individu) du sujet (l'individu), nous sommes à présent au cœur du mystère de l'intersubjectivité, ces situations où l'objet de notre attention est un autre quelqu'un, un autre sujet ! Cela induit une dimension symétrique et spéculaire. Cet autre situé au-delà de mon regard fait de même à mon égard ! Vertige de cette double hélice de la connaissance d'autrui et de soi.

Enfin, la quatrième et dernière case de notre petit tableau…

Au sujet (le thème) du sujet (le thème), c'est-à-dire des thèmes en boucles sur des thèmes – terre morte de toute subjectivité ! N'est-ce pas ici, notamment, que se loge ChatGPT ?

Qui aurait pu deviner qu'en quelques minutes nous irions de la subjectivité à ChatGPT !

Effectivement ! Et c'est de tout cela qu'il sera question au fil des chroniques à venir.

Cette analyse combinatoire des collisions entre « le sujet/l'individu » et « le sujet/le thème » permet de ne pas oublier que nos subjectivités ne sont pas situées en dehors du monde qu'elles contempleraient mais qu'elles en font partie : nos interprétations et croyances, notre imaginaire, tout cela appartient au réel*glose*. Pour conclure, sans considérer que les minutes que vous m'accordez, cher Guillaume, seront aussi nécessaires que celles de Monsieur Cyclopède, j'ose affirmer que je m'y consacrerai avec panache et enthousiasme.

Au sujet du sujet ? Il s'agit d'un véritable *sujet en soi* !

HORS ANTENNE

Lorsque j'ai délivré cette toute première chronique, un frisson d'inquiétude a saisi l'équipe des *Matins*. Une inquiétude nimbée d'une grande bienveillance, certes, mais tout de même une certaine inquiétude. Motivée tout d'abord par la forme de mon texte : un même mot (*sujet* évidemment) y apparaît 24 fois dans un texte comptant moins de 600 mots, sans inclure les 10 occurrences des termes dérivés (subjectif, subjectivité…). Une inquiétude motivée surtout par la signification de cette adresse : je venais d'annoncer que mon année de chroniques à venir obéirait à la logique d'un dessin d'expérience de psychologie expérimentale (le fameux plan 2 × 2 épuré et élégant qui croise les deux sens du mot *sujet* agencés dans l'expression « au sujet du sujet »). Presque un jeu à la Perec. Sur France Culture, certes, mais à 7 h 56 tout de même. Je tenais en réalité à annoncer dès le départ la manière dont j'avais décidé de relever ce défi : tenter de m'aventurer avec panache et sincérité vers une année de chroniques qui seraient évidemment conçues et écrites en vue d'être reçues, comprises (et, idéalement, appréciées) par le plus grand nombre d'auditrices et d'auditeurs des *Matins* puis des podcasts, mais sans pour autant renoncer à ce que l'exercice soit également profitable… pour moi-même ! Dans cette chronique inaugurale, je voulais ainsi annoncer qu'à l'occasion de cette aventure je chercherais à produire, à chaque fois, un discours le plus clair et le plus vivant possible, tout en poursuivant mes recherches autour de la subjectivité à travers cet

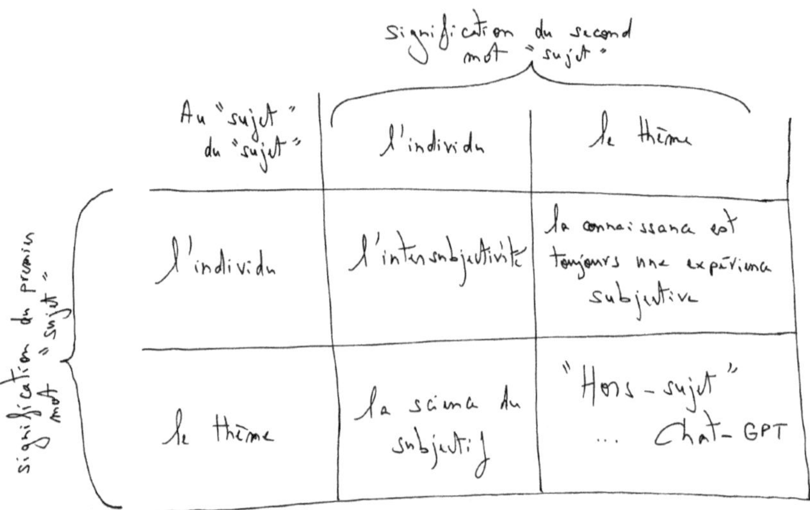

Figure 1.1. Les quatre cases du tableau définies par la formule : « Au sujet (l'individu ou le thème) du sujet (l'individu ou le thème) ».

exercice. Faire coexister en un même lieu la glace de l'objectivité et le feu de la subjectivité mentionnés dès cette première chronique, en accueillant sciences, philosophie, psychologie, littérature et introspection. Ciseler une chronique à l'aide de la psychologie expérimentale, tout en évoquant *Desproges, Johnny* ou *ChatGPT* si cela était nécessaire. Des rencontres improbables et fugitives qui contribueraient à colorer l'aube des vendredis d'une teinte onirique. Autrement dit, ce texte inaugural annonçait aussi tout ce que ces chroniques ne seraient pas : ni une page hebdomadaire de vulgarisation neuroscientifique, ni un exercice confiné dans l'espace strict de la neurologie et des neurosciences. Variation à l'antenne du mode de commencement qui est le mien depuis mes tout premiers textes : annoncer tout « ce que ce livre (ou cette chronique) n'est pas », pour y dévoiler ce qu'il entend être. Cette annonce délivrée dès l'ouverture de mon année en chroniques avait pour moi valeur du fameux pacte autobiographique appliqué non pas à la narration de mon existence, mais à la restitution d'une partie de mon flux de conscience. Une invitation au voyage.

Gloses en prose*

« *L'épineuse énigme de ces rencontres entre d'une part le feu de la subjectivité, et d'autre part la glace de l'objectivité.* » La difficulté propre à ces rencontres fait l'objet d'un développement dans l'un de mes livres précédents intitulé *Un sujet en soi*. J'y soulignais la tension qui consiste à s'efforcer d'empêcher à la fois que le feu de la subjectivité ne fasse fondre la glace de l'objectivité, et inversement que cette dernière n'éteigne le feu de la subjectivité. Ce défi qui est le propre de toute aventure de connaissance humaine prend une forme plus explicite encore lorsque l'objet de notre effort de connaissance n'est autre que notre subjectivité.

« *Nos interprétations et croyances, notre imaginaire, tout cela appartient au réel.* » Voici en quelques mots ma version du *réalisme philosophique*. Nos constructions mentales font partie du réel et en ce sens il est légitime de leur reconnaître une existence propre. Pour autant, cette existence ne garantit en rien la véracité de ce que ces constructions mentales énoncent au sujet des objets qu'elles visent. Ainsi, une croyance qui concerne un objet quelconque (la croyance en une perception, l'adhésion à une opinion, l'intime conviction d'un souvenir…) existe en tant que croyance, mais elle ne constitue nullement un gage de la réalité ou de l'irréalité de son contenu : croire qu'un éléphant rose vole dans une pièce est une réalité (mentale), mais la présence effective d'un éléphant rose en lévitation dans cette pièce ne l'est pas nécessairement. Nos constructions subjectives font simplement partie du monde, mais elles n'épuisent pas ce que le

---

* Les « gloses en prose » consistent en des autocommentaires d'extraits de ma chronique qui sont annoncés dans le texte principal par le mot « glose » en exposant : ^{glose}.

monde contient au sujet des objets visés par nos constructions subjectives (cette idée est présente dans de nombreuses autres chroniques, voir en particulier la glose de la chronique #32 qui commente la phrase : « Ce que nous pensons du monde n'est pas un objet posé en dehors du monde. Notre manière de penser la complexité du monde fait partie du monde »).

#02 LA RENTRÉE DU SUJET

CHRONIQUE

Ce matin, Lionel, vous allez nous parler de la rentrée, la rentrée de nos cerveaux ?

En effet, parce qu'il n'y a pas nos cerveaux d'un côté, et nous de l'autre ! Et donc, si la *rentrée* signifie quelque chose pour nous, alors cette signification doit bien se traduire d'une manière ou d'une autre dans nos cerveaux^{glose}.

Entendu, mais alors qu'observe-t-on dans nos cerveaux un jour de rentrée ?

Pour vous répondre, il nous faut remonter le temps jusqu'en 1964 où l'on découvre que lorsque nous percevons un premier signal annonciateur d'un autre signal à venir, notre cerveau est aussitôt le siège d'une sorte de minuteur… Dès que le signal attendu survient, le minuteur est remis à zéro… Ce mécanisme du minuteur, ce processus d'anticipation porte le doux nom de *variation négative contingente*. On peut ainsi se représenter la *rentrée* comme un signal annonciateur qui va déclencher une myriade d'anticipations neuronales dans nos cortex d'adultes, et surtout dans ceux des enfants… La rentrée ne vaudrait donc, en somme, que par toutes les potentialités dont elle est annonciatrice, et que nous allons (ou pas) savoir transformer en autant d'accomplissements.

Et que se passe-t-il quand nous percevons tous le même signal en même temps ?

Lorsqu'on passe de l'individuel au collectif, il faut imaginer que ce phénomène se joue à l'échelle non pas d'un seul cerveau, mais de tous nos cerveaux. Tous nos *cinémas intérieurs* si différents (c'est-à-dire nos narrations subjectives de nos existences) sont ainsi transitoirement synchronisés face à un même événement central : la rentrée… Une rentrée qui sommerait chacun d'entre nous de saisir l'occasion – le fameux *kaïros* des philosophes –, mais à une échelle collective et simultanée. Sans être trop lyrique, cette rentrée « bip-synchro » de nos subjectivités pourrait inspirer un nouveau film à Claude Lelouch : *Les uns et les autres… font leur rentrée.*

Et sur l'écran de nos cinémas intérieurs synchronisés par la rentrée, n'y aurait-il pas des images de notre enfance ?

Très certainement, car la rentrée de septembre est avant tout une rentrée scolaire, que chaque année nous revivons, parfois même avec un brin de nostalgie. On perçoit ici les deux directions temporelles de la rentrée : d'une part la « *r*-entrée » avec ce *r* initial qui signe le retour et la répétition de ce passé révolu, et d'autre part la rentrée entendue comme une entrée dans un futur plein d'attentes (la rentrée de nos variations négatives contingentes !). Et figurez-vous que se tourner vers le passé ou se tourner vers l'avenir sont deux opérations cognitives jumelles qui partagent un même réseau cérébral : lorsque nous nous remémorons notre passé et lorsque nous imaginons notre avenir, nous mobilisons ce même réseau. Cette capacité projective si développée chez nous, les humains, est un facteur de liberté. Elle nous permet de nous échapper hors de la prison de l'*ici et maintenant.*

La rentrée envisagée comme une occasion de liberté ?

Exactement, car grâce à cette capacité projective, nous pouvons choisir de ne l'orienter ni vers le passé révolu ni vers le futur hypothétique, mais vers l'instant présent que nous sommes en train de vivre ! Échapper à l'instant présent pour se projeter vers cet instant présent, afin de le vivre avec le plus de lucidité et d'enthousiasme possible[glose]. La rentrée n'est donc pas une activité exclusivement destinée aux enfants d'âge scolaire, mais elle nous concerne tous de 7 à 77 ans, selon la célébrissime formule du *Journal de Tintin*. Et bien au-delà ! C'est à tout cela que je songe, en vous souhaitant une excellente rentrée !

HORS ANTENNE

Lorsque l'idée d'évoquer le thème de la rentrée m'est venue à l'esprit, elle m'a aussitôt plu par son côté multiéchelle et par l'effet de mise en abyme qu'elle m'offrait : célébrer la rentrée de septembre des auditeurs de France Culture, mais également celle de tout un pays, et incidemment la mienne, celle de cette année de chroniques radiophoniques. Ma rentrée cachée au cœur d'une rentrée autrement plus importante. Presque une imitation radiophonique des furtives apparitions d'Alfred Hitchcock dans l'arrière-plan de nombre de ses films.
Une fois ce thème de la rentrée choisi, j'ai pris conscience que rares sont les moments de nos existences dotés d'une capacité aussi forte à annoncer notre avenir, notre à-venir, avec une régularité de métronome. Le lien entre la rentrée et la variation négative contingente allait alors de soi pour moi, tout comme le plaisir de partager cette découverte remarquable. En 1964, le neurophysiologiste britannique Grey Walter et ses collègues rapportent dans la très prestigieuse revue *Nature* la découverte d'une onde cérébrale qui signale l'attente d'un stimulus à venir. Dans une série d'expériences de psychologie expérimentale combinées à l'enregistrement de l'électroencéphalogramme (EEG), des volontaires sains étaient soumis à des situations telles que celle illustrée sur la figure 2.1. Dans certaines sessions qui avaient

valeur de situation contrôle, la perception d'un stimulus auditif n'était annonciatrice de rien d'autre que lui (le clic ou « click » de la figure). Dans une telle situation, l'EEG révélait uniquement, ainsi qu'on pouvait le prévoir, le traitement cérébral du son perçu (l'onde triangulaire visible sur la courbe du haut de la figure, immédiatement après l'apparition du « click »). Dans d'autres sessions expérimentales, les volontaires avaient été instruits que ce même « click » était annonciateur d'un stimulus visuel qui serait délivré dans la seconde à venir. Dans une telle situation,

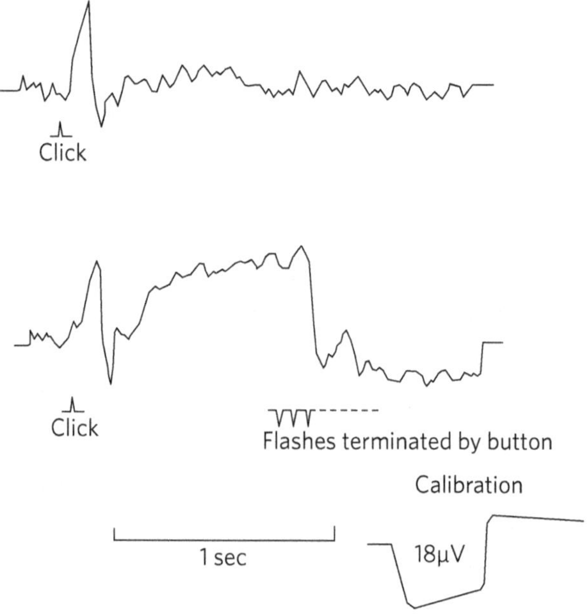

Figure 2.1. Première publication scientifique de la variation négative contingente (VNC) *(d'après Walter et al., 1964).*
Représentation du potentiel évoqué cérébral moyen en réponse à des « clicks » qui sont annonciateurs (courbe du bas), ou pas (courbe du haut), d'un signal visuel à venir (les « flashes »). On pourra remarquer que par convention, l'axe du voltage en ordonnée (axe vertical) est orienté vers le bas. Autrement dit, la VNC apparaît ici comme la déflexion du potentiel évoqué moyen vers le haut (valeurs négatives de voltage) lors de l'attente du signal visuel à venir.

l'EEG révéla non seulement l'onde triangulaire du traitement cérébral du son, mais également la présence d'une déflexion négative croissante et soutenue. Cette onde négative disparaissait aussitôt que le stimulus visuel était perçu. Acte de naissance de la variation négative contingente, qui porte en anglais le nom de CNV pour *contingent negative variation* et que nous désignerons désormais par son sigle français : VNC. Cette naturalisation de nos attentes subjectives – dont le vaste répertoire court depuis l'attente d'un bus qui ne vient pas à celle d'un ennemi imaginaire (*Le Désert des Tartares*), sans oublier l'attente des attentes (*En attendant Godot*) –, cette naturalisation s'avéra annonciatrice de nombreuses découvertes à venir.

Près de soixante ans plus tard, nous avons répliqué ces résultats devenus classiques depuis bien longtemps en posant une nouvelle question : cette attente subjective déclenchée en nous par la perception du premier stimulus annonciateur du second est-elle nécessairement une attente consciente, ou serait-il possible de démontrer l'existence d'attentes inconscientes ? Pouvons-nous parfois attendre quelque chose sans même le savoir, c'est-à-dire sans être capables de nous rapporter à nous-mêmes que nous attendons ce quelque chose ? Afin d'aborder cette question, nous avons utilisé deux conditions expérimentales distinctes : dans l'une (classique) le stimulus annonciateur était consciemment visible, c'est-à-dire rapportable subjectivement par les volontaires (« j'ai vu le stimulus »), tandis que dans l'autre (plus originale) ce stimulus était présenté de manière subliminale, c'est-à-dire sans qu'ils aient conscience de sa présence. Cette manipulation expérimentale nous a ainsi permis de découvrir l'existence d'attentes déclenchées par un stimulus dont nous n'avons pas conscience. Autrement dit, nous avons identifié des VNC déclenchées par des stimuli subliminaux non perçus consciemment*. Nous les avons comparées aux VNC déclenchées

---

* Plus précisément nous avons entraîné les volontaires de ces expériences à associer consciemment un symbole visuel clairement visible à la notion d'attente d'un autre stimulus à venir. Une fois cet apprentissage consolidé, nous avons ensuite présenté ce même symbole

par des stimuli dont nous avons conscience et deux différences sont apparues : premièrement, ces phénomènes d'attente inconsciente existent mais sont bien moins puissants que leurs équivalents conscients. Il est intéressant de noter que les volontaires n'avaient aucune introspection de cette attente déclenchée par un stimulus dont ils n'avaient pas pris conscience. Deuxièmement, une différence qualitative distingue ces deux formes d'attente : un réseau cérébral qui engage des régions des lobes temporaux semble commun à l'attente inconsciente et à l'attente consciente, tandis qu'un autre réseau qui comprend les régions corticales prémotrices est spécifiquement associé à nos attentes conscientes (figure 2.2). Ce dernier réseau prémoteur est à l'origine de la théorie motrice du temps subjectif : notre perception consciente du temps serait fondée sur une variable étroitement associée à la réalisation d'une séquence motrice (un geste, un déplacement). Cette variable ainsi définie ne serait autre que ce que le temps signifie pour nous : le temps envisagé comme une quantité (une durée) nécessaire pour réaliser une action.

Dans le cadre de cette exploration des liens entre anticipation et conscience, nous avons également découvert l'existence de VNC chez des patients qui, à la suite d'un coma – provoqué le plus souvent par un traumatisme crânien sévère ou par un arrêt cardio-circulatoire –, retrouvent un état d'éveil mais demeurent non communicants. Chez certains de ces patients, le comportement semble confiné à des réflexes, alors qu'il est manifestement bien plus riche et complexe chez d'autres (voir les chroniques #41, #42 et #43). Ces états regroupent des situations souvent floues et dont les qualificatifs varient entre : « état végétatif », « état de conscience minimale », « état pauci-relationnel », etc.

---

de manière subliminale. Alors que les volontaires n'avaient pas conscience de sa présence, nous avons découvert que cet indice subliminal déclenchait une VNC, alors même que les volontaires n'avaient aucune introspection d'être en attente d'un stimulus à venir. Signalons néanmoins que ce symbole annonciateur d'un stimulus à venir avait été appris consciemment et que, une fois cet apprentissage acquis, la perception inconsciente de ce symbole s'avéra capable de déclencher une forme d'attente inconsciente signalée par une VNC.

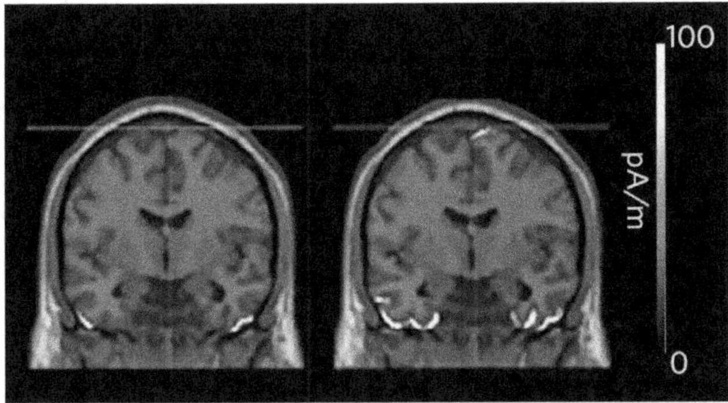

Figure 2.2. Identification des deux sources cérébrales principales de la variation négative contingente *(adapté de Rozier et al., 2020/© 2019 International Federation of Clinical Neurophysiology. Published by Elsevier B.V. All rights reserved).*

Cette figure représente la reconstruction des sources cérébrales des courants électriques à l'origine des signaux EEG enregistrés depuis l'extérieur du crâne chez des volontaires sains. Sur cette coupe d'IRM cérébrale coronale, on observe à gauche les sources cérébrales de la VNC inconsciente évoquée par des stimuli subliminaux : seuls les lobes temporaux (zones colorées dans la teinte gris clair qui exprime la densité de source de courant en picoampères par mètre) semblent impliqués. À droite, les sources cérébrales de la VNC consciente combinent à la fois les régions temporales et des régions prémotrices (la zone colorée en gris clair en haut). On notera également que l'intensité de ces courants est bien plus forte pour la VNC consciente que pour la VNC inconsciente. Dans ce même article, nous avons confirmé l'existence de ces deux réseaux cérébraux (réseau temporal et réseau prémoteur) en répliquant cette expérience chez des patients épileptiques porteurs d'électrodes intracérébrales implantées dans le cadre d'un bilan préchirurgical. Nous avons ainsi pu enregistrer directement, *in situ*, l'activité de ces deux réseaux cérébraux.

Nous avons montré que la présence d'une VNC chez de tels malades permet de sonder un état cognitif riche, souvent proche de la conscience. Les VNC que nous avions identifiées étaient très similaires aux VNC conscientes décrites ci-dessus : elles étaient générées notamment par le réseau cérébral prémoteur (revoir la figure 2.2 si besoin). Ce résultat fait sens : la détection d'une VNC de ce type requiert un fonctionnement cérébral proche de celui qui caractérise l'état conscient. Cette mesure fait désormais partie de l'arsenal de nos méthodes pour sonder l'état de conscience de ces malades.

J'écrivais plus haut que : « Par association libre, mon traitement de la *rentrée* m'a *tout d'abord* conduit à la VNC ». Ce « tout d'abord » a sans doute dû déclencher en vous une VNC, car il correspond à un authentique signal annonciateur d'une seconde association libre à venir… Cette autre association libre résultait d'une vision : envisager la rentrée comme un déclencheur de VNC synchronisées au sein d'un large ensemble de sujets qui ne se connaissent pas *les uns les autres*, mais dont les vies ne s'entrecroisent pas moins dans un tempo commun, m'évoquait le souvenir du film éponyme de Claude Lelouch : *Les Uns et les Autres*. Une kyrielle de personnages issus de quatre familles (russe, allemande, française et américaine), ballottés non par les turpitudes de la rentrée, mais par les convulsions autrement plus tragiques de la Seconde Guerre mondiale. Le tout sur la musique lancinante de Francis Lai et Michel Legrand chantée par la voix hypnotique de Nicole Croisille. Des existences ignorantes les unes des autres, mais synchronisées par les sirènes de l'histoire. Existences synchronisées donc, mais également réunies dans un même espace lors de la scène finale, apothéose de cette saga européenne. Cette unité de lieu posée entre le Trocadéro et la tour Eiffel donne à voir un jeune danseur étoile russe prodigieux qui déploie son talent sur le *Boléro* de Ravel, sous les yeux de tous les protagonistes de ces histoires qui finissent par n'en former qu'une. Ce jeune danseur plein d'avenir est le point de convergence de tous ces regards. Et en particulier celui, profond, de sa mère, ancienne première danseuse du Bolchoï au destin sacrifié. Et mon regard, comme celui de myriades d'autres spectateurs, convergeait lui aussi sur cette scène finale, point d'arrivée de toutes nos VNC synchronisées par Lelouch. 1981, j'avais 12 ans, assis dans une salle obscure parisienne de la fin de l'âge d'or d'un cinéma populaire, et mon *cinéma intérieur* a été durablement impressionné par cette œuvre de cinéma tout court. Avec aussi ce souvenir étrange et très commun, celui d'avoir eu alors la conviction de déjà tout savoir sur cette période de l'Histoire, et que ce film parvenait ainsi à me parler d'une manière élective.

Gloses en prose

« *Si la* rentrée *signifie quelque chose pour nous, alors cette signification doit bien se traduire d'une manière ou d'une autre dans nos cerveaux.* » Évocation de mon adhésion à une conception matérialiste de la conscience et de la vie mentale. Une telle approche matérialiste ne conduit pas nécessairement à une pensée réductrice (voir chronique #33) ou à une aporie dualiste en vertu d'un dualisme résiduel (voir chronique #37). Le reste de cette chronique, qui explore les relations intersubjectives et nos souvenirs d'enfance, suggère la possibilité d'une science de la subjectivité qui embrasse la richesse et la complexité de nos existences sans les dessécher.

« *Échapper à l'instant présent pour se projeter vers cet instant présent, afin de le vivre avec le plus de lucidité et d'enthousiasme possible.* » Il s'agit d'un principe qui m'est cher (voir en particulier la chronique #6 dans ce livre, mais également dans *Parlez-vous cerveau ?* la chronique intitulée « Le lobe frontal » et dans *Apologie de la discrétion**). Ou comment tirer profit de notre capacité cognitive projective qui permet d'échapper à la prison de l'ici et maintenant, afin de choisir de se projeter… vers cet ici et maintenant, mais sur un mode volontaire, réfléchi et distancié plutôt que contraint. Recette contre-intuitive de notre difficile liberté.

---

* Lionel Naccache, *Parlez-vous cerveau ?*, Odile Jacob, 2018, p. 65-69 et *Apologie de la discrétion,* Odile Jacob, 2022, p. 262-265.

#03 AU SUJET DE LA CRÉATION

CHRONIQUE

Ce matin, Lionel, vous ouvrez votre chronique en chanson, je crois ?

Absolument, écoutez plutôt :

> *Hmm hmm hmm*
> *J'ai des doutes, j'ai les affreux*
> *Hmm hmm hmm*
> *Les affreux de la création*
> *Comprenne qui veut*
> *Pas si con*
> *Hmm hmm hmm*

Avec une telle entrée en matière, on se demande où vous allez nous emmener !

Eh bien je vous emmène tout simplement au cœur des affres de la création qui ont tourmenté, comme on vient de l'entendre, de nombreux artistes – dont Serge Gainsbourg. La souffrance psychique est ici décrite à la fois comme un obstacle et comme une source à la création. D'ailleurs, un peu plus loin dans cette chanson, Gainsbourg se montre plus précis encore :

> *Ouais le génie ça démarre tôt*
> *Mais y a des fois ça rend marteau.*

Cet authentique *brin de folie* est marqué par des processus de rupture vis-à-vis de soi et des autres, par l'apathie née de l'effroi du désespoir qui alterne avec l'excitation frénétique et tyrannique de la surconfiance en soi.

Mais Serge Gainsbourg n'a pas été le seul à exprimer cette tension de la création...

En effet. Le sujet est aussi à l'honneur au cinéma, comme nous le prouve le nouveau film de Michel Gondry : *Le Livre des solutions*. On connaît Gondry, réalisateur célèbre, auteur notamment du mythique *Eternal Sunshine of the Spotless Mind*. Sa dernière œuvre est un chaudron autobiographique où il concocte la potion magique de sa propre création artistique. Rassurez-vous, cher Guillaume, je ne me suis pas improvisé critique de cinéma, mais j'ai eu envie de me pencher sur la façon dont ce film explore avec force les liens entre subjectivité et création artistique. On retrouve dans le film ce même brin de folie qui conduit Marc, le personnage de Gondry, à maltraiter presque tous ceux qui l'entourent. Ou comment les *affres* de la création peuvent parfois vous transformer... en un *affreux* !

Et pourtant cette figure d'affreux ne semble pas vous avoir repoussé, comment l'expliquez-vous ?

Tout d'abord parce qu'il y a ici un matériau émouvant élaboré à la première personne, qui s'apparente dans certaines séquences à de l'art brut. Notamment dans une scène stupéfiante où Marc, dépourvu d'instruction musicale, compose et dirige un orchestre par les seuls mouvements improvisés de son corps, après en avoir congédié le chef ! Et, deuxièmement, *Le Livre des solutions* m'a procuré un rare sentiment jubilatoire de liberté.

N'est-ce pas paradoxal avec ces douloureuses « affres de la création » ?

Ce paradoxe participe justement à la réussite de ce film. Car un film – comme n'importe quelle œuvre – est une forme livrée au monde. Une forme que l'on peut considérer comme la résultante entre d'une part un élan originaire de l'univers subjectif de l'artiste, et d'autre part la soumission à des contraintes formelles, à un formalisme. Envisager un film comme le fruit de cette tension entre originalité subjective et contraintes formelles permet d'identifier une source supplémentaire aux affres de l'artiste : où se trouvera son œuvre, entre ces deux extrêmes que sont d'une part une forme maximalement subjective mais impénétrable, et d'autre part une soumission totale à un formalisme ? Un formalisme qui parfois confine au formatage culturel guidé par la recherche d'une efficacité maximale sur le public : « Riez, pleurez, riez » ?

Et pourtant, vous parvenez à éprouver de la joie face à un tel dilemme tragique…

Grâce à l'humour omniprésent de Gondry qui, dès la scène d'ouverture, pose les termes de cette équation en caricaturant à la fois la liberté artistique absolue et le formatage que nous avons évoqué. Je ne vous en dis pas plus, mais au terme d'une échappée belle, Marc/Gondry finira par trouver sa solution… quelque part entre liberté et formalisme. Il faut croire que ces affres-là ont l'art de nous rendre heureux… de quoi écouter avec une nouvelle oreille les mots de Serge Gainsbourg :

> *Hmm hmm hmm*
> *J'ai des doutes, j'ai les affreux*
> *Hmm hmm hmm*
> *les affreux de la création*
> *Comprenne qui veut*
> *Pas si con*
> *Hmm hmm hmm*

HORS ANTENNE

Cette chronique traite évidemment de la création artistique, mais elle peut également être entendue comme une cogitation autour de la manière dont je me suis exercé à créer ces chroniques. Guidé par la sourde angoisse d'un feu qui exige son combustible chaque vendredi à 7 h 56, je me suis retrouvé, dix mois durant, avec la nécessité de produire ces textes. Textes condensés, chronométrés et dialogués, pétris de pensées qui me sont chères. Des textes qui résultent d'un étrange mélange de nécessité et de hasards. Qu'est-ce vraiment qu'une bonne chronique ? Qu'est-ce vraiment qu'une création artistique réussie ? En vertu de quoi, précisément, ce film de Michel Gondry avait-il fait naître en moi cette intime conviction qu'il était réussi et qu'il détenait une idée qui me tenait à cœur ? Je crois avoir été sensible dans ce film à un principe de création qui conserve sa pertinence bien au-delà du cinéma ou des autres catégories usuelles d'œuvres artistiques. Un principe qui a d'ailleurs participé à l'écriture de ces chroniques. Ce lieu étroit où se joue notre liberté de création est l'une de mes marottes. Un lieu étroit dont la préservation requiert le maintien de la tension mentionnée dans la chronique : d'une part, ne pas se soumettre totalement à une forme préexistante (forme souvent dictée par les exigences de consommation de masse), au risque sinon de produire un objet de fast-food culturel, qu'il s'agisse d'un film, d'une chanson, d'un roman ou… d'une chronique. Éviter donc ce que depuis l'avènement de ChatGPT j'aime qualifier de « flatulences félines » : les déjections d'apparence culturelle de ChatGPT (prononcez ce nom à voix haute comme s'il était écrit en français, écoutez votre voix et ouvrez-vous à l'homophonie…). La répétition parfaite, même brillante et délicieuse, d'une forme préexistante ressemble au destin tragique des modèles de langage génératifs tels que ChatGPT et consorts (voir chronique #18).

Donc, d'une part ne pas se soumettre totalement à une forme préexistante, et d'autre part fuir comme la peste l'hermétisme délibérément impénétrable à toute autre personne que l'auteur, voire parfois à toute autre personne que celui ou celle qu'était l'auteur au moment de sa création. Fuir aussi les hermétismes moins délibérés mais néanmoins tout aussi impénétrables (par exemple les stériles hermétismes érudits). Il y a évidemment un grand risque à revendiquer une telle posture puisqu'elle requiert d'être lucide quant à la qualité de son œuvre. Et qu'elle charrie donc nécessairement avec elle le risque du ridicule : ridicule d'échouer dans son projet tout en étant aveugle à cet échec en croyant faire preuve de lucidité. Faillir à l'hermétisme sans le savoir, ou produire du *ready-made* de manière involontaire. Avec l'intuition qu'une *botte secrète* pourrait s'avérer ici salutaire : l'autodérision. Désamorcer le ridicule dans un éclat de rire de soi truculent et jubilatoire. Essayer de tenir le cap de la tension que j'évoquais, et donc d'échapper aux deux écueils énoncés. C'est tout cela que j'avais perçu dans certaines scènes du *Livre des solutions*. Au sujet de la création…

*

CHUTS ! DE CHRONIQUE.
La critique du formatage culturel
a connu une version plus saignante*

Un goût pour la liberté qui est pourtant malmené aujourd'hui par l'essor d'une sorte de conditionnement des consommateurs de biens culturels que nous sommes. Un conditionnement qui tient en un slogan : « À bas la prise de tête ! », en littérature, au concert et

---

* J'inaugure ici mes « Chuts ! de chronique ». Cette *rubrique-à-brac*, qui parfois s'invitera dans les « Hors antenne », sera constituée de certaines de mes chutes non lues à l'antenne. Les rares fragments ici « repêchés » auront dû leur salut à l'intérêt qu'ils présentent pour expliciter davantage l'idée, l'impression ou l'élan que je cherchais à communiquer dans la chronique en question.

au cinéma, et vive l'accès à des émotions garanties « sans effort ». Et nous voici entre les mains d'ingénieux ingénieurs qui pilotent nos zygomatiques, nos sourcils et notre souffle : « Riez, pleurez, tremblez, suspendez votre respiration, riez, riez, riez... », au pas de l'oie ! Je pense au formatage de l'écriture de certains romans ou essais, au *storytelling* et aux topos narratifs stéréotypés de nombreuses séries. Un conditionnement culturel soumis à un principe d'« efficacité maximale ». Au passage, notre goût de liberté s'en est pris un sacré coup ! Et voilà que contre toute attente, un livre, une voix, un film parfois parviennent à raviver le feu de la liberté !

Une illustration sensible du sentiment jubilatoire de liberté créatrice

Le film commence par une scène qui m'a rappelé la folle liberté de Jean-Paul Belmondo et Jean Seberg dans *À bout de souffle*. Marc – cinéaste et double de Michel Gondry – est en compagnie des producteurs de son prochain film au sommet d'un de ces immeubles imposants du quartier des Champs-Élysées : la projection des extraits désopilants et kafkaïens (oui, c'est possible !) de son prochain film suscite la colère et le veto de ces experts du conditionnement culturel. Marc joue la stupéfaction dépitée et demande à se retirer un instant sur la terrasse pour fumer une cigarette, puis glisse subrepticement vers une autre porte-fenêtre latérale et, d'un coup de téléphone lapidaire à sa monteuse, lance son « plan B » : récupérer en urgence le film inachevé situé dans un étage de ce même immeuble et s'enfuir en voiture avec sa bande déjantée dans les Cévennes, dans sa maison d'enfance, pour échapper à la censure et créer cet objet de liberté. À la fin du film, certes « on aura ri, on aura pleuré, on aura tremblé, on aura beaucoup ri tous ensemble... », mais sans avoir envoyé notre cortex aux orties !

#04 AU SUJET DE LA MALADIE D'ALZHEIMER

▪ *vendredi 22 septembre 2023*

CHRONIQUE

Ce matin vous allez nous parler de la maladie d'Alzheimer ?

En effet, car nous étions hier le 21 septembre, date de la Journée mondiale de la maladie d'Alzheimer. Et même si toutes ces journées mondiales exposent au risque de se dispenser de penser à ce que chacune d'entre elles symbolise les 364 autres jours de l'année, je relève le défi d'une chronique menacée d'évanescence programmée !

Mais par où, alors, commencer ?

Par le rappel de notre ignorance. En 2023, nous sommes en possession de nombreuses pièces du puzzle complexe de cette maladie neurodégénérative, mais nous ignorons toujours le scénario causal du déclenchement de la *maladie d'Alzheimer*[glose]. Ces précieuses pièces proviennent de nombreuses disciplines qui vont de la biologie moléculaire à la neuropsychologie en passant par la neuro-imagerie, la neurophysiologie, le métabolisme, la génétique et l'épidémiologie. Mais le puzzle reste incomplet. Autrement dit, n'oublions pas que nommer n'est pas connaître !

Cette connaissance fragmentaire suffit-elle pour imaginer de nouveaux traitements ?

Effectivement, avec la latence nécessaire pour transformer une découverte en un traitement. Vingt ans auront ainsi été nécessaires entre la découverte du déficit en acétylcholine dans le cerveau des malades (l'un des neurotransmetteurs clés pour la cognition) et la mise au point de traitements qui, en compensant ce déficit, ont une efficacité limitée et transitoire, mais réelle, sur certains symptômes[glose]. Aujourd'hui de nouvelles molécules visent à limiter l'agrégation de différentes protéines dont l'accumulation provoque la mort neuronale. Avec la possibilité, inédite, de ralentir (mais pas de stopper) l'évolution de la maladie d'Alzheimer. Nous vivons une période de transition pour les traitements et plus largement pour les soins. Les soins que nous sommes capables (ou pas) de concevoir pour les patients et leurs proches sont un miroir du degré d'humanité de notre société[glose]. La recherche en soins concerne notamment la neuropsychologie et l'orthophonie, mais elle mobilise également les sciences humaines et sociales. Ou comment s'efforcer à continuer de considérer la personne comme une personne, au-delà des affres de la maladie qui désagrège sa subjectivité[glose]. C'est pour moi, en tant que neurologue, une préoccupation permanente.

Pourquoi semble-t-il si difficile de traiter et de comprendre cette maladie ?

Le cerveau est sanctuarisé par une barrière qui le protège des infections et de nombreux agents toxiques. Mais le revers de cette protection est qu'il est très difficile de faire pénétrer nombre de médicaments dans le cerveau. D'autre part, la maladie d'Alzheimer est une maladie propre à l'espèce humaine. On ne dispose pas de modèles animaux naturels de la maladie. Difficulté supplémentaire pour la recherche. À vrai dire cette singularité est l'une des briques du puzzle : la maladie d'Alzheimer vise, non pas les régions élémentaires du cortex (et c'est pourquoi les malades ne souffrent pas, par exemple, de paralysie ou de cécité), mais elle atteint les réseaux de neurones impliqués dans notre identité subjective : la mémoire des épisodes de notre existence, l'orientation dans l'espace et le temps, l'intelligence, le langage, l'introspection, la conscience de soi. Comprendre tout cela a demandé d'innombrables travaux. Par exemple, davantage que la seule mémoire du passé, c'est la capacité à se projeter hors de l'instant présent qui est compromise dans cette maladie. Les malades éprouvent autant de difficultés à se projeter vers leur passé que vers leur avenir*glose*. On a d'ailleurs décrit une diminution de l'effet placebo au fil de la maladie : aller mieux en croyant pouvoir aller mieux requiert cette même capacité projective. En pensant la maladie d'Alzheimer comme une maladie de la projection mentale, on peut imaginer de nouvelles pistes thérapeutiques.

Serions-nous à mi-chemin dans la recherche sur la maladie d'Alzheimer ?

Le 21 septembre – date totalement fortuite de la Journée de la maladie d'Alzheimer – est par ailleurs l'une des possibles dates de l'équinoxe de septembre, journée où la nuit est aussi longue que le jour. Si l'on associe la lumière à la connaissance et la nuit à l'obscurité de notre ignorance, alors nous pouvons énoncer que nous sommes bel et bien, en 2023, à l'équinoxe de la maladie d'Alzheimer, ce mi-chemin que vous évoquiez. Et en jouant le fil de cette métaphore, souhaitons être rapidement capables de déplacer la date de cette journée de l'équinoxe au solstice d'été : signe que nous aurons vraiment avancé !

*Merci cher Lionel et, comme tous les vendredis matin, vous filez pré-cisément pour vos consultations à la Salpêtrière*glose*.*

HORS ANTENNE

Gloses en prose

« Par le rappel de notre ignorance. En 2023, nous sommes en pos-session de nombreuses pièces du puzzle complexe de cette maladie neurodégénérative, mais nous ignorons toujours le scénario causal du

déclenchement de la maladie d'Alzheimer. » J'ai souvent eu l'occasion de constater l'existence d'une confusion entre, d'une part, l'incroyable profusion de recherches médicales et scientifiques autour de cette maladie et, d'autre part, l'étendue – très souvent insoupçonnée par les non-experts – de notre ignorance concernant les causes précises de cette terrible maladie. L'accumulation de protéines spécifiques, la mort neuronale, les perturbations énergétiques cellulaires, les facteurs de susceptibilité génétique identifiés, etc., toutes ces précieuses briques ne conduisent pas encore à une théorie unifiée vérifiée. Plusieurs hypothèses sont abondamment discutées. À titre d'exemple, les liens subtils et profonds entre cette maladie et les maladies à prions me semblent parmi les pistes de recherche fondamentale les plus prometteuses. Les maladies à prions incluent par exemple les formes sporadiques de la maladie de Creutzfeldt-Jakob et celles induites par l'hormone de croissance extraite de l'hypophyse de cadavres humains contaminés, ou, plus récemment, par les épizooties de « vache folle ». Selon la théorie la plus influente qui invalide un dogme longtemps tenu pour universel, ces maladies à prions correspondent à des maladies infectieuses protéiques dépourvues d'acides nucléiques (ADN ou ARN). Cette infection repose sur un phénomène de contagion protéique : les protéines saines sont ici transformées en protéines malades par une simple interaction physique avec ces dernières. Un film de zombies à l'intérieur d'un cerveau. À suivre.

« Vingt ans auront ainsi été nécessaires entre la découverte du déficit en acétylcholine dans le cerveau des malades (l'un des neurotransmetteurs clés pour la cognition) et la mise au point de traitements qui, en compensant ce déficit, ont une efficacité limitée et transitoire, mais réelle, sur certains symptômes. » Clin d'œil au sentiment d'incrédulité qui a saisi nombre de neurologues – dont moi –, de gériatres et d'autres médecins, soignants et associations de malades, suite au déremboursement brutal de cette classe de médicaments

en 2018. Si ces molécules n'enrayent pas la progression de la maladie, le simple fait de pouvoir améliorer transitoirement certains patients a permis, pour la première fois, de transformer la manière dont certains patients et surtout de nombreux aidants ont traversé cette tragédie. Ces effets thérapeutiques modestes concernent aussi d'autres démences, et notamment la maladie à corps de Lewy. Par-delà cet impact négatif sur la capacité à se projeter vers le futur avec davantage de liberté, cette décision politique a aggravé l'injustice sociale, en pénalisant essentiellement les patients économiquement les plus modestes.

« Les soins que nous sommes capables (ou pas) de concevoir pour les patients et leurs proches sont un miroir du degré d'humanité de notre société. » Face à une maladie qui demeure incurable, il est évidemment très légitime de s'efforcer de mettre fin à cette situation en créant des traitements curatifs ou puissamment efficaces. Pour autant, notre attention ne doit pas être entièrement accaparée par ces louables efforts. Ce que nous donnons à voir de nos comportements de soins et d'égards pour ceux qui sont touchés par cette affection, et pour leurs proches, reflète notre niveau d'humanité. Soins, empathie volontaire et solidarité sont ici soumis à l'épreuve de nos pensées et de nos actions. La prise de conscience de ce défi éthique peut être facilitée en se tournant vers un passé pas si lointain : le début du XXe siècle, cette ère marquée par l'impact considérable de la tuberculose d'avant Fleming et les antibiotiques. *La Montagne magique* de Thomas Mann est, à ce titre, incroyablement proche de nous : comme la maladie d'Alzheimer aujourd'hui, la tuberculose était alors une maladie incurable dont le diagnostic faisait appel à des technologies radiologiques révolutionnaires qui inaugurèrent la transparence du corps, et donc d'une partie de soi. Lisez ou relisez les pages que Mann consacre à la naissance de la radiologie médicale, et celles où le personnage principal de cette œuvre initiatique qui navigue entre Éros et Thanatos, l'attachant Hans

Castorp, s'écrie : « Mon Dieu, je vois ! », en découvrant sur un cliché radiologique qu'il avait contracté le mal :

> Et Hans Castorp vit ce qu'il avait dû s'attendre à voir, mais ce qui, en somme, n'est pas fait pour être vu par l'homme, et ce qu'il n'avait jamais pensé qu'il fût appelé à voir ; il regarda dans sa propre tombe. [...] les constatations optiques avaient confirmé les observations acoustiques avec autant de précision que pouvait l'exiger l'honneur de la science. On avait pu voir les anciens endroits aussi bien que les frais et des « ligaments » s'étiraient des bronches avec des « nœuds ».

Remplacez alors la radiographie du thorax par l'IRM cérébrale et l'examen des hiles pulmonaires, des bronches et de la plèvre par la quantification de l'atrophie cérébrale… et *La Montagne magique* n'est plus si loin de nous. Et de la même manière que nous sourions souvent aujourd'hui, avec parfois une pointe de condescendance, des prétendus « traitements » prescrits avec assurance et autorité à cette époque par d'éminentes sommités médicales, il n'est guère difficile d'imaginer ce même regard porté sur notre temps actuel par les générations futures sur notre manière de considérer la maladie d'Alzheimer, et surtout sur notre manière de considérer les malades qui en sont atteints. En l'absence de traitements efficaces, la nature des soins que nous sommes capables, ou non, de mettre en œuvre nous renseigne sur notre altérité véritable. Cette prise en compte des soins, délivrés en tant que soins plutôt qu'en tant que mesures thérapeutiques curatives, est essentielle. Tant d'ailleurs pour les maladies incurables que pour celles qui ne le sont pas. Il est simplement plus facile d'examiner la nature de ces soins lorsqu'ils sont seuls. Cette idée est proche de celle qui sera développée dans la critique des risques d'invisibilisation de certaines dimensions de la souffrance des malades (voir chronique #26). La focalisation de notre attention sur les dimensions accessibles aux traitements existants expose au risque de ne pas prêter attention à toutes celles qui échappent aux thérapeutiques efficaces en cours. Répétons-nous : le soin ne se limite pas aux traitements curatifs. Retour à *La Montagne magique*, mais aussi aux premières années sida… et à la maladie d'Alzheimer.

« Ou comment s'efforcer à continuer de considérer la personne comme une personne, au-delà des affres de la maladie qui désagrège sa subjectivité. » Il me semble qu'une solution capable de sanctuariser la dignité de la personne humaine, afin de la mettre définitivement à l'abri de toutes les contingences qui peuvent l'affecter (ici la démence, mais également tous les maux, violences ou agressions possibles), consiste à adopter ce que j'ai appelé un dualisme éthique. Un dualisme qui n'est en rien contradictoire avec une conception moniste matérialiste : ici, l'esprit est envisagé comme certaines des propriétés de corps qui interagissent, ou, pour le dire à la façon de Spinoza, ils sont les attributs d'une seule et même substance. Une fois cela posé, il est alors possible de revendiquer un statut inaliénable de « personne » en le fondant sur autre chose que sur la corporéité et la vie mentale de l'individu. D'où l'expression de dualisme éthique.

« Par exemple, davantage que la seule mémoire du passé, c'est la capacité à se projeter hors de l'instant présent qui est compromise dans cette maladie. Les malades éprouvent autant de difficultés à se projeter vers leur passé que vers leur avenir. » On retrouve ici le thème de la projection mentale hors de *l'ici et maintenant* qui participe au propre de l'homme et que nous avons déjà évoquée (voir chronique #02). Les patients souffrant de lésions focales des hippocampes sont non seulement atteints dans leur capacité à se projeter dans le passé, ce que l'on appelle l'évocation de la mémoire consciente épisodique, mais ils le sont tout autant lorsqu'on leur demande de se projeter vers le futur à travers des épreuves de mémoire projective (Hassabis, Kumaran *et al.*, 2007). Cette difficulté à se projeter dans le temps hors de l'instant présent, à la fois vers le passé mais également vers le futur, a depuis été confirmée dans la maladie d'Alzheimer

(El Haj, Antoine *et al.*, 2015). Buckner et Carroll ont proposé en 2007 une théorie générale de la projection mentale qui stipule l'existence d'un même réseau cérébral distribué à travers plusieurs régions, dont les hippocampes, qui permettrait cette double projection temporelle (passé et futur), mais également la projection mentale dans l'espace (imagerie mentale de navigation spatiale) et même dans l'esprit d'autrui (faculté cognitive qualifiée de « théorie de l'esprit »). Ce cadre très élégant permet ainsi d'unifier toutes nos projections mentales à travers une méta-fonction. Retour à la maladie d'Alzheimer : parler ici de maladie de la mémoire reviendrait à ne considérer que le sommet d'un iceberg bien plus étendu. Cette interprétation permet également d'offrir une explication à un résultat important : dans cette affection, l'effet placebo, qui requiert une capacité à se projeter vers une situation meilleure qu'aujourd'hui, est altéré (Benedetti, Arduino *et al.*, 2006).

« Merci cher Lionel, et comme tous les vendredis matin, vous filez précisément pour vos consultations à la Salpêtrière. » Cette rare mention de mon prénom couplée à l'information biographique attenante avait pour fonction de rappeler l'un des lieux d'où provient ma voix. Une voix qui se nourrit de mon expérience clinique et intersubjective au cœur de la neurologie. Et rappeler aussi ma requête auprès de Guillaume Erner de délivrer mes chroniques les vendredis*, afin d'être présent en direct au studio le plus souvent possible. En effet, étant amené à me déplacer régulièrement pour enseigner ou pour participer à des conférences, je sanctuarise les vendredis, qui sont mes jours de consultations hebdomadaires à la Salpêtrière depuis 1999. J'évite autant qu'il est possible de m'absenter de Paris ce jour-là. Du vendredi 1er septembre au 28 juin, je n'aurai ainsi été absent du studio qu'à trois occasions, dont deux pour des raisons professionnelles.

---

* Cette année 2023-2024, *Les Matins* ont proposé à cinq chroniqueurs réguliers de délivrer à 7 h 56 une chronique hebdomadaire de quatre minutes.

#05 PEUT-ON « LIRE » DANS LE CERVEAU DU SUJET ?

▪ *vendredi 29 septembre 2023*

CHRONIQUE

Bonjour Lionel. Je pense à une question que j'aimerais vous poser. Pourriez-vous la deviner ?

Évidemment cher Guillaume, puisque, étant l'auteur de cette chronique, je n'ai pas même besoin d'analyser l'activité de votre cerveau pour prédire votre question ! Mais plus sérieusement, la question mérite d'être posée : peut-on lire nos pensées avec l'imagerie cérébrale fonctionnelle ?

Voilà qui est intrigant en effet, comment pourrait-on s'y prendre pour y parvenir ?

Il existe plusieurs stratégies. Voici l'une des plus élémentaires. Vous êtes assis face à un écran. À chaque essai, je vous impose l'un de deux contenus mentaux possibles, par exemple en vous présentant soit un visage, soit un mot. Et, à chaque essai, vous prenez effectivement conscience du visage ou du mot présenté. Disposant d'enregistrements de votre activité cérébrale pour chacun de ces essais – par exemple avec une IRM fonctionnelle ou un électro-encéphalogramme –, on entraîne des algorithmes mathématiques afin de distinguer au mieux les réponses cérébrales aux visages des réponses cérébrales aux mots. Une fois l'algorithme entraîné, je vous présente de nouveaux essais, et il est possible de mesurer à quel point ce lecteur de pensée élémentaire est capable de correctement prédire si chacun de ces nouveaux essais contenait un visage ou un mot, et donc si le contenu de votre conscience était un visage ou un mot. Dès que cette performance fait mieux que le hasard (même un tout petit peu mieux), on est en droit de parler de lecture cérébrale de pensées.

Mais parler de « lecture de pensée » lorsqu'on est tout juste capable de deviner un peu mieux que le hasard une situation limitée à deux contenus possibles n'est-il pas abusif ?

Pas forcément, car faire ici mieux que le hasard nous met sur la route d'une meilleure compréhension des liens complexes entre activité cérébrale et vie mentale. « Le ciel commence juste audessus du sol », comme disaient, avant nous, les pionniers de l'aviation ! Et savoir décoder deux réponses mentales possibles ouvre déjà la voie à une communication, par exemple chez des patients conscients paralysés. Donc *abusif* non, mais source de malentendus entre experts et grand public, certainement ! Des malentendus et des fantasmes que l'on peut dissiper par des explications.

Existe-t-il des prouesses plus impressionnantes ?

Oui. Prenons le champ du langage. Dans deux études remarquables indépendantes (respectivement réalisées par l'équipe d'Alex Huth et par celle de Jean-Rémi King), des chercheurs ont entraîné un algorithme de prédiction de langage à partir de l'activité cérébrale enregistrée alors qu'un individu écoutait de nombreuses heures de podcast. Leurs algorithmes ont réussi à reconstruire, mieux que le hasard, de nouvelles phrases que l'on faisait écouter au volontaire testé. Et ces algorithmes entraînés à partir d'histoires entendues généralisaient leur performance à des situations non entraînées telles que décoder une histoire non pas entendue, mais vue sur un film projeté au participant, ou encore décoder une histoire imaginée par le participant lui-même. Cette généralisation est remarquable, car elle suggère l'existence d'un format neuronal général de nos pensées[glose] ! Mais attention, là encore ce « mieux que le hasard » était très loin de permettre une reconstruction parfaite des perceptions ou des pensées. Autre nouvelle rassurante, si les individus refusaient de penser aux phrases entendues, ou s'ils en détournaient leur attention, les performances des « lecteurs de pensée » s'effondraient.

Donc, si je comprends bien, pour reprendre un célèbre slogan publicitaire, la lecture cérébrale de la pensée, c'est « si je veux »[glose] ?

Oui, mais restons humbles et vigilants face à l'évolution rapide de ce champ de recherche scientifiquement fascinant. Il est évident qu'il soulève déjà de nombreuses questions éthiques dont celles du consentement à cette intrusion en puissance dans certains pans de notre vie subjective. Enfin je voudrais terminer par un risque d'appauvrissement de notre usage du langage, *via* un mécanisme de *mimétisme malvenu*. Étant donné la performance médiocre des « lecteurs de pensée » actuels, il serait triste que nous nous conformions à leurs propres limites afin de maximiser leur efficacité, c'est-à-dire que nous nous mettions à parler et à penser intérieurement d'une manière normalisée, prédictible et appauvrie – une tendance qui me semble déjà exister dans la simple reconnaissance vocale. Variations sur le désespérant « Dis, Siri ». Autrement dit, plutôt que redouter une fantasmatique lecture cérébrale de nos pensées à venir, sauvegardons dès à présent la richesse de notre langage[glose] : tu sais, Siri, *longtemps je me suis couché de bonne heure* !

HORS ANTENNE

Gloses en prose

« [...] *l'existence d'un format neuronal général de nos pensées !* »
Cette expression recouvre l'une des immenses questions contemporaines des neurosciences et de la psychologie de la conscience. Lorsque nous prenons subjectivement conscience d'une représentation mentale qui préexistait à notre prise de conscience (par exemple une représentation perceptive), cette représentation change-t-elle de format mental (et neuronal) ou est-elle simplement rendue accessible à notre conscience ? Dans le cadre de cette chronique, le fait que l'une des études citées (celle du groupe de Huth) ait montré qu'un algorithme entraîné sur des données cérébrales d'écoute d'histoire (format auditif) pouvait généraliser ses performances de décodage mental sur des histoires vues (format visuel) et sur des histoires imaginées (format d'imagerie ou d'imagination mentale) est en faveur de l'existence d'un tel format abstrait et commun à l'ensemble de nos pensées conscientes. Un format qui au sens propre du terme est capable de s'« abstraire » du format spécifique considéré (ici des formats audio, visuel ou imaginé) et de représenter l'ensemble de nos pensées conscientes dans un format commun plus symbolique et conceptuel. En écrivant *Le Nouvel Inconscient* (2006), j'avais noté que cette même question était déjà présente dans l'œuvre de Freud : « Freud s'interrogea d'ailleurs souvent sur ce qui arrive à une représentation inconsciente lorsqu'elle devient préconsciente ou consciente : cette représentation est-elle dupliquée, avec un exemplaire original et brut qui demeure dans la contrée psychique de l'inconscient et un second exemplaire de qualité différente qui compte parmi les citoyens du système préconscient (Pcs)-conscient (Cs) ? Ou doit-on envisager qu'il n'existe à tout moment qu'une seule représentation dont le statut est modifié qualitativement et qui « saute » ainsi d'un

lieu à l'autre ? » (p. 315). Et pour citer Freud directement, voici deux exemples parmi de nombreux autres qui parsèment l'évolution de ses conceptions. Dans *L'Interprétation des rêves* ([1900] 1987) : « Ce n'est pas la formation psychique qui nous paraît changer, mais son innervation. » Puis, en 1915, dans un texte qui sera publié dans le recueil intitulé *Métapsychologie* ([1915] 1988), Freud réfléchit à nouveau au destin psychique d'une représentation mentale inconsciente (au sens topique), lorsqu'elle accède à la conscience du sujet :

> [Si une représentation] subit la transposition du système inconscient (Ics) dans le système Cs (ou Pcs), devons-nous admettre qu'à cette transposition est reliée une fixation récente, pour ainsi dire une seconde inscription de la représentation en question, inscription qui peut donc être aussi contenue dans une nouvelle localité psychique, et à côté de laquelle persiste l'inscription inconsciente originelle ? Ou bien devons-nous plutôt croire que la transposition consiste en une modification d'état, laquelle s'accomplit sur le même matériel et sur la même localité ? [...] La première des deux possibilités [...] est indubitablement la plus grossière, mais aussi la plus commode. La seconde [...] est, d'emblée, la plus vraisemblable, mais elle est moins plastique, moins facile à manier. [...] Ainsi, nous ne sommes pas tout d'abord en mesure de trancher entre les deux possibilités débattues.

À cette question générale du format de nos représentations mentales conscientes (c'est-à-dire de celles que nous pouvons nous rapporter à nous-même subjectivement), j'aimerais consacrer de futures recherches et un nouvel essai. Mon hypothèse est que la conscience – qui requiert un niveau élevé de complexité mentale et cérébrale – procéderait néanmoins d'une nécessaire et systématique réduction de la complexité ou de la richesse de la représentation à laquelle on a accédé. On passerait ainsi d'une représentation mentale inconsciente riche et complexe à une représentation consciente abstraite symbolique et réduite.

Avec, à la clé, le mythe romantique et fantasmé d'un prétendu retour à l'ineffable richesse des données premières, immédiates et inconscientes de la perception du monde et de nous-mêmes. Retour pourtant impossible pour une pensée consciente, si ce mécanisme de réduction consciente est véritablement inhérent à toute prise de conscience. Ces mythes peuvent être envisagés comme des échos ou des transcriptions du fameux mythe politique du « bon sauvage » : tout serait mieux en amont de la conscience et de la civilisation. Depuis l'Antiquité (et probablement bien avant) cette énigme ne cesse de nous accompagner ou de nous poursuivre : idéalismes, réalismes, querelle médiévale des universaux et sa géniale solution conceptualiste attribuée à Abélard, phénoménologie, néoréalismes contemporains, etc., mais également violence du discours, richesse et aliénation réductrice du symbole et du concept qui écrasent la notion de singularités incomparables entre elles et donc irréductibles. Bref, derrière cette petite expression (« le format de nos pensées conscientes ») se cachent non seulement de vastes univers spéculatifs, mais aussi des réalités politiques collectives et individuelles fort tangibles.

« Donc, si je comprends bien, pour reprendre un célèbre slogan publicitaire, la lecture cérébrale de la pensée, c'est "si je veux" ? » Il s'agit du spot publicitaire du Club Med réalisé en 1989 par Patrice Leconte, avec la voix de Thierry Lhermitte, qui avait marqué de nombreux esprits dont le mien. Peut-être du fait de sa puissance lapidaire : réintroduire par un slogan d'à peine cinq mots (« Le bonheur si je veux ») la primauté de la subjectivité individuelle dans notre recherche du bonheur, au-delà des critères usuels de satisfaction de contingences normatives conditionnées à une large échelle… mais sans oublier, toutefois, que ce discours publicitaire drôle et stimulant demeurait motivé par la recherche d'un profit commercial aveugle à nos singularités individuelles. Ainsi s'inscrivent en nous les souvenirs, objets mentaux pétris d'impressions multiples et parfois contradictoires.

« *Autrement dit, plutôt que redouter une fantasmatique lecture cérébrale de nos pensées à venir, sauvegardons dès à présent la richesse de notre langage.* » En écrivant cette chronique, je me suis souvenu d'une nouvelle de Philip K. Dick qui m'avait profondément marqué par sa subtilité (« War game »), rédigée en 1958 et publiée pour la première fois en 1959. Une civilisation extraterrestre (celle des Ganymédiens) envisage d'attaquer les Terriens. Ces derniers mettent en place des contrôles d'importation des biens exportés par les Ganymèdes vers la Terre, obsédés par l'idée que des armes de conquête pourraient y être cachées. La nouvelle de Philip K. Dick se concentre sur trois prétendus jeux pour enfants conçus et exportés par les Ganymédiens, et interceptés par cette commission de contrôle dont le chef porte le nom bien choisi de Wiseman (« homme sage », sage au sens de judicieux ou prudent…) : d'une part, un incroyable jeu de guerre animé au cours duquel douze soldats donnent à chaque partie l'assaut à une citadelle, puis disparaissent systématiquement l'un après l'autre. Les enquêteurs terriens, en proie à une légitime paranoïa, étant donné la gravité potentielle d'une décision erronée, imaginent que les différents exemplaires de ce jeu pourraient dissimuler un programme d'arme nucléaire. Ils en interdisent l'exportation vers la Terre. Ils finiront par découvrir qu'il n'en était rien, et que ce jeu participe même à l'édification de la confiance en soi chez les enfants. Le second jeu intercepté était un *virtual reality suit*, un « costume de réalité virtuelle », mais tellement parfait que le retour à la réalité pourrait être rendu difficile, surtout chez des enfants, et que son utilisation à la longue pourrait abolir toute frontière nette entre existence virtuelle et existence réelle*. Il ne vous étonnera pas d'apprendre que ce jeu, lui non plus, ne sera pas autorisé à être distribué sur Terre. Le troisième objet

---

* Lisez à cet égard l'inspirant *Les Liens artificiels* (Albin Michel, 2022) de Nathan Devers (dont l'honnêteté m'impose de signaler que je suis le père).

ludique ganymédien était un jeu de plateau intitulé *Syndrome*, en apparence très évocateur du célébrissime Monopoly. Lui seul sera autorisé à la vente sur la planète bleue. Et la nouvelle laisse entendre qu'une fois distribué ce jeu a fait un tabac planétaire. Un employé d'un magasin de jeux pour enfants en rapporte un exemplaire chez lui. Ils se mettent à y jouer en famille, et le père pense être sur le point de gagner la partie, car il a réussi à accumuler plus de biens que ses enfants. Mais ces derniers le corrigent : il vient de perdre, et non de gagner, car la règle consiste à renoncer au plus d'argent et de biens possible. Dans la dernière phase de la nouvelle, sa fille s'exclame dans un élan extatique, au nom de tous les enfants terriens dont la psychologie sera forgée par ce jeu : « *It's the best educational toy you ever brought home, Dad !* » (« C'est le meilleur jeu éducatif que tu aies jamais rapporté à la maison, Papa ! »). Cheval de Troie cognitif de notre modernité, les Ganymédiens venaient de remporter une bataille capitale, au sens propre et figuré, en conditionnant les futurs adultes terriens à perdre.

Retour à cette chronique sur les technologies de décodage de nos pensées.

Les remarquables progrès de l'IA et du décodage de certains contenus mentaux à partir de l'analyse de l'activité cérébrale me semblent susciter des frayeurs assez largement fantasmatiques (à l'image du jeu de citadelle de la nouvelle de Philip K. Dick, qui était en réalité utile pour les humains). Et le problème soulevé par les frayeurs fantasmatiques n'est pas seulement qu'elles sont erronées, mais surtout qu'elles accaparent nos ressources attentionnelles qui sont fort limitées. Cette distraction par une peur infondée peut conduire à ignorer un problème réel et immédiatement dangereux pour l'humanité (tout comme l'attention des enquêteurs, dans la nouvelle de Philip K. Dick, avait été distraite par les deux premiers jeux, ce qui a contribué à leur faire ignorer le danger du jeu de plateau). De même, le seul risque tangible et potentiellement désastreux associé à ces outils de décodage cérébral me semble être celui d'un appauvrissement de tout ce qui dans notre langage et dans notre pensée échappe à ces outils prodigieux mais simplistes. Ce risque d'appauvrissement de notre pensée et de notre langage est d'autant plus grave qu'il se traduit par un gain de performance des algorithmes de décodage mental et ouvrirait ainsi un cercle vicieux. Répétons-nous donc : *Autrement dit, plutôt que redouter une fantasmatique lecture cérébrale de nos pensées à venir, sauvegardons dès à présent la richesse de notre langage.* La seule différence avec la nouvelle paranoïaque de Philip K. Dick est que nous n'avons pas même ici besoin que des Ganymédiens existent : nul besoin d'une théorie du complot pleine d'intentions cachées malveillantes. Simplement une pente glissante qui n'a besoin que de nous pour être bâtie et empruntée par nous et surtout par les plus jeunes d'entre nous, et par les générations d'humains à venir.

*

Chuts ! de chronique.
Au sujet d'un certain traitement médiatique et sociétal des neurosciences

Bonjour cher Guillaume, l'actualité immédiate étant assez calme, j'ai choisi de vous parler d'un thème qui s'annonce comme l'un des futurs *marronniers* les plus prometteurs pour les journalistes du XXIe siècle : après « le salaire des cadres », « les réseaux francs-maçons » ou « les vertus insoupçonnées du curcuma », sujets récurrents qui font le bonheur de nombre de rédactions, un thème originaire de mon champ d'activité est en train de se faire une place à la une : « Peut-on lire dans notre esprit en analysant l'activité de notre cerveau ? » Comme tout marronnier digne de son rang, ce nouveau thème contient un mélange détonant : un savant dosage de science et de fantasme, d'ambivalence entre fascination et répulsion, et évidemment d'éthique, et donc aussi de politique !

#06 AU SUJET DE LA FIN DU SUJET

▪ *vendredi 6 octobre 2023*

CHRONIQUE

Et tout de suite nous vous rejoignons, malgré la distance. Ce matin vous n'avez pas pu nous accompagner à Blois, mais vous avez trouvé un thème qui compense la distance qui nous sépare.

En effet, inspiré par le thème des Rencontres de Blois, « Les vivants et les morts », j'ai pensé à ce point de jonction entre vivants et morts qu'est la fin de vie. Un point de jonction asymétrique, évidemment, car cette fin de vie est imaginée, pensée, anticipée, et elle sera en définitive vécue par les vivants et non pas par les morts – par chacune des créatures vivantes que nous sommes. Une fin de vie actuellement sous le feu des projecteurs du fait du projet de loi en préparation. Au-delà du consensus sur l'insuffisance criante des ressources en soins palliatifs, l'essentiel des débats se focalisent sur les arguments respectifs des camps en faveur ou opposés à une modification de la loi actuelle, la loi Claeys-Leonetti. J'aimerais pour ma part évoquer un risque qui précède toute forme de législation sur la fin de vie. Je veux parler du risque des pressions normatives exercées sur un individu dans ce moment à haut potentiel de fragilité subjective qu'est la fin de son existence. Le risque que des forces extérieures se substituent à cet individu pour lui indiquer comment il ou elle devrait vivre cette fin de vie. Ces risques normatifs préexistent à toute législation, mais cette dernière – qui est par ailleurs nécessaire – ne les solutionne pas, voire les accentue[glose].

Auriez-vous un exemple à nous donner pour illustrer cette idée ?

En 2011, mes collègues Marie-Amélie Bruno et Steven Laureys ont exploré la qualité de vie subjective de soixante-cinq malades souffrant d'un *locked-in syndrome*[glose], c'est-à-dire d'une paralysie complète et irréversible des quatre membres et du visage qui n'épargne que les mouvements oculaires chez des malades conscients, et conscients de leur handicap moteur. Ces malades communiquent par le regard.

Il s'agit du terrible tableau neurologique popularisé par Le Scaphandre et le Papillon *écrit par Jean-Dominique Bauby par le regard, puis adapté au cinéma*[glose].

Lorsqu'on interroge des bien portants quant à leurs intentions s'ils devaient un jour être touchés par un tel handicap, ils se prononcent massivement en faveur d'une euthanasie. Mais, dans cette étude, les malades, eux, rapportaient de manière majoritaire une bonne qualité de vie subjective, avec pour certains une qualité plus appréciable qu'avant leur *locked-in syndrome* ! De tels décalages entre l'opinion majoritaire et celle de la minorité des individus directement concernés peuvent participer aux effets de normativité évoqués. Je signale toutefois que quatre malades avaient exprimé un désir d'euthanasie, impossible à réaliser chez eux sans assistance extérieure du fait de leur paralysie.

Identifiez-vous d'autres risques de pression normative ?

J'en identifie deux. Le coût économique de la santé chez des patients en situation de dépendance peut lui aussi accentuer cette pression normative, qui plus est lorsque la majorité des citoyens confrontés à une situation comparable opteraient pour une fin de vie. D'autre part, certains effets normatifs sociétaux peuvent être internalisés par l'individu, qui s'y soumet alors implicitement. Voici un exemple qui n'a rien à voir avec la fin de vie. Une étude, menée par Pascal Huguet et Isabelle Régner, a démontré qu'une épreuve de mémorisation de figure complexe était mieux réussie par les filles lorsqu'elle était présentée comme une épreuve de dessin, alors que les garçons surclassaient les filles lorsqu'elle était présentée comme un test de géométrie[glose] ! Ces mécanismes d'internalisation cognitive implicite de stéréotypes ou d'opinions sont très généraux et ils peuvent bien entendu accentuer des normes originaires du cadre social, notamment législatif, en matière de fin de vie, sur le mode : *étant donné ma situation, il serait adapté que je me conforme à ce choix-là.* Pour conclure, quelle que soit la loi qui sera adoptée, il me semble que la fin de vie exige de prendre conscience de toutes ces pressions normatives en puissance, afin de rester capables de penser ce point de jonction entre la vie et la mort par lequel j'ouvrais ma chronique. Un point de jonction qui demeure une interrogation que le sujet doit pouvoir continuer à se poser à la première personne.

HORS ANTENNE

Tout au long de cette année de chroniques, je me suis souvent fait la réflexion qu'il existait quelque chose comme une esthétique des coïncidences. En choisissant le thème de ma chronique qui était enchâssée entre les deux parties de l'interview des invités du jour (entre P1 et P2 dans le jargon de l'équipe des *Matins*), je ne connaissais pas celui (le thème) qui serait abordé ce matin-là. Et, inversement, les choix du thème et des invités par Guillaume Erner et son équipe étaient fixés indépendamment du contenu de ma chronique*. Pourtant, la magie de la coïncidence a souvent permis de créer des ponts entre elle et lui, entre ma chronique et le thème du jour. N'étant ni complotiste ni mystique, je considère que ces coïncidences résultent de trois facteurs : tout d'abord, la difficulté d'avoir une intuition juste

---

* Une seule exception confirme cette règle : la chronique #29 consacrée à la Journée internationale du sommeil.

du niveau du hasard, à l'image du fameux exemple de la probabilité que deux élèves d'une même classe aient la même date d'anniversaire. Ce fameux « paradoxe des anniversaires » permet de calculer que, dès qu'un groupe compte vingt-trois participants, cette probabilité dépasse 50 %, sans même prendre en compte la non-homogénéité des périodes de l'année en matière de natalité, ce qui accentuerait davantage encore l'écart entre l'intuition et le calcul. Au-delà de vingt-trois, cette probabilité converge vers 100 %, et atteint évidemment cette valeur dès que le groupe atteint 366 participants. Bref, mon impression de coïncidence doit évidemment reposer pour partie sur l'imprécision de nos intuitions. Les liens entre ma chronique et le thème du jour seraient bien plus fréquents que je ne l'imagine spontanément. Pour autant, l'examen de toutes ces situations me conduit à penser que deux autres facteurs participent à ce phénomène : d'une part, notre capacité à construire des liens *a posteriori*, à *fictionnaliser* ces liens (notre conscience fonctionne largement sur ce mode, on le verra), et, d'autre part, la nature centripète de ma pensée qui procède en s'ouvrant à de multiples domaines et sujets. Ce dernier facteur pourrait être facilité par le fait que les neurosciences de la cognition, de la conscience et de la subjectivité s'invitent par définition dans la plupart sinon l'intégralité des sujets. Rien de ce qui est humain… n'est étranger à l'humain. Ce matin-là tout de même, la coïncidence était particulièrement troublante : du « Les vivants et les morts » des Rencontres de Blois, à la question de la fin de vie traitée dans ma chronique !

Gloses en prose

« *Ces risques normatifs préexistent à toute législation, mais cette dernière – qui est par ailleurs nécessaire – ne les solutionne pas, voire les accentue.* » Ma position face à la loi en général repose sur un double objectif : minimiser les contraintes imposées par la loi (dans la logique de l'éthique minimale développée par le philosophe Ruwen Ogien) et maximiser la protection de la singularité de nos existences individuelles. Dans cette perspective, la protection de nos singularités conduit nécessairement à se préoccuper de toutes les formes de contraintes normatives, en cherchant là encore à minimiser leur importante. Minimiser ne veut évidemment pas dire annuler. C'est en cela que l'exercice est tout sauf simple.

« En 2011, mes collègues Marie-Amélie Bruno et Steven Laureys ont exploré la qualité de vie subjective de soixante-cinq malades souffrant d'un locked-in syndrome. *»* L'article consacré à la qualité de vie subjective des patients qui souffrent d'un *locked-in syndrome* illustre l'importance cruciale de prêter attention au vécu subjectif *ici et maintenant* de la personne malade, sans substituer à cette information singulière une appréciation générale qui serait considérée, à tort, comme allant nécessairement de soi pour tout être humain. Surtout lorsque cette appréciation générale

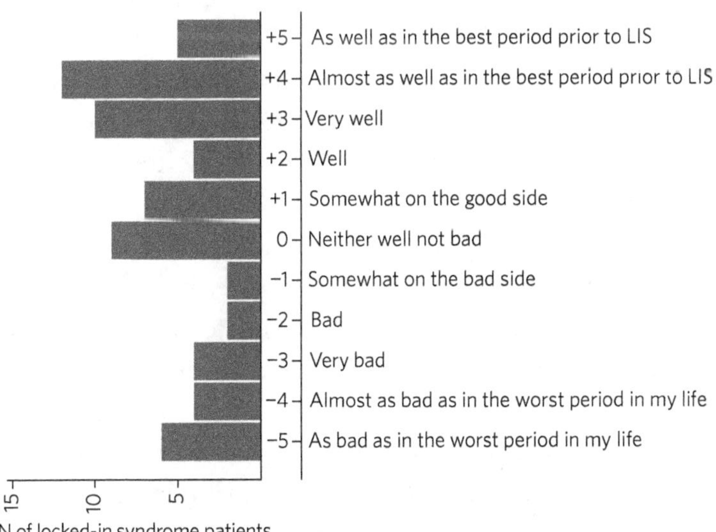

Figure 6.1. L'appréciation subjective du bien-être dans un groupe de patients souffrant d'un *locked-in syndrome* (LIS) *(d'après Bruno et al., 2011).*

émane d'individus bien portants qui projettent sur la personne malade leurs propres appréciations sans s'en rendre compte. Sur la figure 6.1, qui est adaptée de l'article de mes collègues, on peut observer l'histogramme des réponses de chacun des soixante-cinq malades questionnés. C'est chacune de ces réponses individuelles qu'il faut considérer. Considérer à la fois chacune des appréciations positives (scores positifs), qui stupéfient et déroutent en général les projections subjectives des bien portants lorsqu'ils tentent de s'imaginer à la place des patients, mais considérer également les vécus des quelques patients (incapables du moindre mouvement volontaire au-delà de la sphère oculaire) qui rapportent de manière répétée et durable une impression : « *As bad as in the worst period of my life* ».

« *Il s'agit du terrible tableau neurologique popularisé par* Le Scaphandre et le Papillon, *écrit par Jean-Dominique Bauby par le regard, puis adapté au cinéma.* » On pourra consulter deux livres écrits à la force du regard par deux patients français : *Le Scaphandre et le Papillon* déjà mentionné et adapté au cinéma par Julian Schnabel, et *Putain de silence*, écrit par Philippe Vigand et par son épouse Stéphane. Je me souviens aussi d'une impression de lecture dans *Thérèse Raquin* de Zola : la description clinique du personnage d'une vieille femme paralysée et informée des coupables d'un terrible crime qu'elle ne pouvait communiquer à personne. Cette description correspondait précisément à celle du *locked-in syndrome*, bien avant sa définition neurologique officielle. De nombreux autres exemples sont souvent avancés. Je voudrais ici rendre hommage à la mémoire de Philippe Van Eeckhout, homme et orthophoniste hors norme, à l'énergie débordante, à la passion communicante, qui a inventé une méthode de rééducation de l'aphasie très originale (la thérapie mélodique et rythmée), et qui manifestait un niveau d'engagement peu commun à l'égard des patients qu'il s'efforçait d'aider.

« Une étude, menée par Pascal Huguet et Isabelle Régner, a démontré qu'une épreuve de mémorisation de figure complexe était mieux réussie par les filles lorsqu'elle était présentée comme une épreuve de dessin, alors que les garçons surclassaient les filles lorsqu'elle était présentée comme un test de géométrie ! »

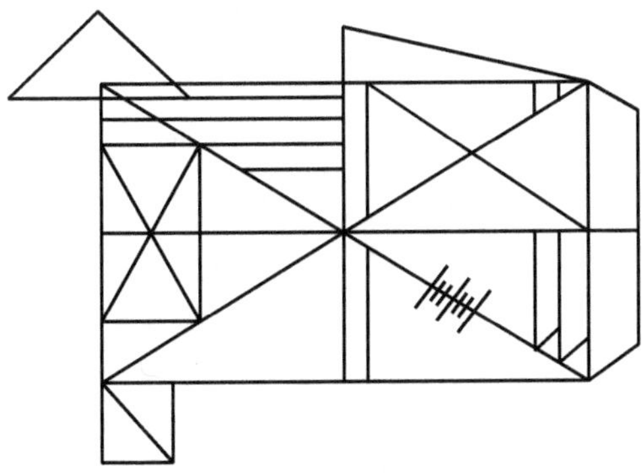

Figure 6.2. La figure géométrique qu'il fallait redessiner de mémoire dans un contexte défini soit comme un « exercice de géométrie », soit comme un « exercice de dessin » *(adapté de la figure complexe dite de Rey ou de Rey-Osterrieth Complex/Rey, 1941).*

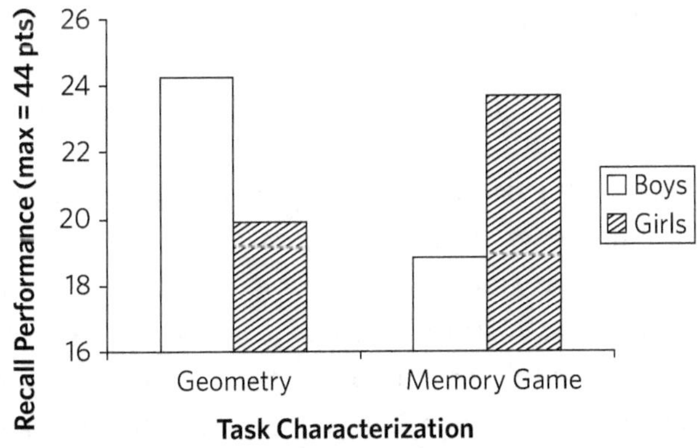

Figure 6.3. L'internalisation d'un stéréotype de genre.
Lorsque l'exercice était présenté comme une épreuve de géométrie (à gauche), les garçons (barre blanche) étaient objectivement meilleurs que les filles (barres grises). Inversement, les filles performaient mieux que les garçons lorsque ce même exercice était présenté comme une épreuve de dessin ou comme un jeu de mémoire (barres de droite) *(adapté de Huguet et Régner, 2007).*

CHRONIQUE

Bonjour Lionel[glose], de quoi allez-vous ce matin nous parler ?

Bonjour Guillaume[glose], je comptais vous parler d'incroyables découvertes relatives au rêve, mais le cauchemar éveillé du carnage du Hamas en Israël fait le siège de mon esprit. Cette tragédie met à l'épreuve l'idée même de communauté humaine universelle, bien au-delà du conflit israélo-palestinien. Il ne sera donc pas ici question de la légitimité, évidente, tant de l'existence de l'État d'Israël que de celle de l'État palestinien.

Pouvez-vous préciser cette idée de communauté humaine universelle ?

L'universalité que j'ai en tête ne se définit pas d'une manière abstraite, anonyme et essentialisée, mais plutôt par l'ensemble des face-à-face entre individus dotés chacun d'un nom, d'une conscience et d'une histoire propres. Dès qu'un humain exerce intentionnellement une cruauté extrême envers autrui, cette universalité humaine est menacée. On ne compte plus les témoignages, récits et vidéos d'exécutions de soldats, de civils, de familles entières, de viols, de mutilations de cadavres, de décapitations, de razzias de femmes, d'enfants, de vieillards, de familles séparées, d'enfants en bas âge, avec en arrière-fond les rires de leurs tortionnaires. En commettant ces actes abjects, leurs auteurs se sont retranchés eux-mêmes de cet universel humain. Chacune de ces transgressions doit être condamnée, et aucune d'entre elles ne saurait être justifiée au nom d'une cause ou au nom d'autres violences passées. Ne pas condamner d'une manière claire et univoque ces transgressions est un désaveu de cette idée d'humanité universelle.

Les neurosciences cognitives s'intéressent-elles à cette extrême violence ?

Même si nul ne saurait aujourd'hui expliquer de telles cruautés, on peut citer les expériences de Stanley Milgram sur la soumission à l'autorité. Ou encore celles de Léon Festinger sur la dissonance cognitive qui ont révélé un phénomène fondamental : lorsqu'un individu réalise volontairement une action qui transgresse ou contredit certaines des valeurs auxquelles il est attaché, il s'expose alors à un glissement de ses valeurs initiales qui vont ainsi se mettre en conformité, *a posteriori*, avec les actions qu'il a commises. Ce mécanisme pourrait participer à une dérive voire à une faillite éthique individuelle, tant chez les auteurs d'atrocités que chez leurs commentateurs. Et c'est, à mon sens, une raison supplémentaire pour savoir nommer et condamner sans ambiguïté une horreur commise. Tous ces travaux qui se prolongent jusqu'à aujourd'hui sont nés au décours des atrocités nazies, pour partie commises par des citoyens d'allure ordinaire.

Et un récit, je crois, a retenu votre attention.

Il s'agit du récit d'un couple de grands-parents israéliens, Rachel et David, qui ont survécu durant près de vingt heures, retenus en otages par cinq terroristes lourdement armés entrés chez eux afin de les exécuter. S'il est impossible de savoir ce qui a pu se jouer dans la tête de chacun de ces sept individus au cours de ce terrible huis clos, le récit de Rachel contient plusieurs indices. Dans cette effroyable atmosphère émaillée de menaces de mort répétées, Rachel n'a cessé de provoquer des bribes de conversation. Elle leur a manifesté de l'attention, leur a proposé du café et des gâteaux. Constatant que l'un d'entre eux était blessé, elle lui a bandé la main. À un moment, plusieurs des attaquants se seraient mis à entonner des chansons de Lior Narkis, chanteur juif israélien d'origine arabe. Il serait stupide, et ignoble pour les autres victimes, de chercher dans ce récit un manuel de survie. Survie dont les ressorts demeurent ici mystérieux. J'ai pensé à la théorie de la déshumanisation, selon laquelle la première étape d'un massacre de masse consisterait en une déshumanisation des victimes aux yeux des criminels. Première étape qui autoriserait ensuite une cruauté que l'on s'interdirait à l'égard de congénères humains. Cette déshumanisation se traduit par un champ lexical qui identifie la victime à un animal nuisible ou à une créature diabolique, et elle consiste aussi en une désubjectivisation de la victime qui est fondue dans un collectif indifférencié. On peut se demander si Rachel, à travers son usage du langage, de la sollicitude et de l'empathie, voire d'une forme de liens avec les terroristes, serait parvenue à infléchir cette déshumanisation, même transitoirement, en les rappelant à leur propre humanité : mon mari et moi sommes des humains, et vous avez le choix, vous aussi, de rester des membres de la communauté humaine universelle.

HORS ANTENNE

Il y a des enseignements qui vous marquent durablement. Alors que j'étais collégien ou lycéen, un professeur d'histoire-géographie nous avait sensibilisés au décalage subtil entre les frontières du calendrier et celles de l'histoire. Des frontières qui ne coïncident en général pas tout à fait. Sa question précise était : « Quand a véritablement commencé le XXe siècle ? Le 1er janvier 1900, ou plutôt avec cet événement inédit que fut la Première Guerre mondiale déclenchée le 28 juin 1914 par l'assassinat de l'archiduc Ferdinand à Sarajevo ? » Quitte à découper l'écoulement continu du temps en tranches discrètes (au sens mathématique du terme « discret »), il semble en effet plus pertinent d'opérer ce découpage en choisissant des événements qui démarquent des périodes vraiment distinctes de la vie des civilisations. Depuis cette leçon, je n'ai cessé de questionner les découpages officiels du temps, notamment en faisant varier mentalement les deux dimensions que sont, d'une part, l'échelle temporelle considérée (le commencement d'un millénaire, d'un siècle, d'une année, d'une journée…) et, d'autre part, la taille du collectif humain considéré (l'humanité, le peuple d'un pays, d'une ville, etc., jusqu'à l'existence d'un individu considéré isolément, par exemple moi). Avec l'idée que notre temps subjectif est ponctué par ce qui nous affecte plutôt que par une métrique aveugle et insensible à tout ce qui marque notre existence. Percuté par l'horreur du 7 octobre 2023, je me suis très rapidement rendu compte que cet événement s'imposait, et s'imposerait définitivement pour moi, comme une date de ce type. Un assassinat d'archiduc. Et, incidemment, une date qui allait opérer un avant/après de mon année de chroniques qui avait pourtant débuté six semaines plus tôt. Leur véritable début en somme. Au cours des six premières chroniques, j'avais introduit d'une manière habitée mais plutôt spéculative le projet et l'enjeu – précieux pour moi – de cet « au sujet du sujet ». Et voilà que le 7 Octobre agissait sur moi comme un crash-test impitoyable : saurais-je, moi le *sujet* Lionel auréolé de ma propre subjectivité, penser le *sujet* du 7 Octobre à la hauteur de ce que l'on est en droit d'attendre d'un « au sujet du sujet » ? Sans sombrer dans ma subjectivité, mais sans l'ignorer non plus, sans faillir, sans défaillir ? Et, au-delà de moi, toute l'année qui a suivi n'a-t-elle pas montré la déflagration de toutes les subjectivités aux prises avec ce même *sujet* ? Presque une démonstration par récurrence de la nécessité et de l'urgence de savoir penser « au sujet du sujet ». La septième chronique et les suivantes appartiendraient à une autre temporalité. Un vrai commencement qui faisait en réalité exploser le cadre temporel qui était censé les contenir. Le 7 Octobre s'en fiche de 2023, de 2024, de 2022… Il est le 7 Octobre, et il ferait désormais le siège de mon esprit – c'est l'étymologie du verbe « obséder ». Il ferait le siège intemporel de mon esprit et serait chez moi chez lui, dès lors que je ne serais plus absorbé par mon activité en cours. Tout tournerait désormais pour moi autour de ce trou noir maudit. Un trou noir auréolé d'une atmosphère effrayante de carnaval cauchemardesque.

Je m'explique.

Les concepteurs du 7 octobre 2023 ont arrêté leur choix le jour de la fête juive qui compte parmi les plus joyeuses entre toutes : Simhat Torah. Littéralement « joie de la Torah » : joie de la « recevoir », joie de la transmettre. Journée d'allégresse, de danses, de chants et d'ivresse contenue, autour de ce texte scruté, interprété, célébré à travers les siècles et les contrées. Qu'il s'agisse de la part des criminels d'un choix délibéré tactique (moins de surveillance militaire et effet de surprise plus puissant ce jour férié, comme pour la guerre du Kippour en 1973), d'un choix délibéré symbolique (se penser en Torquemada ou en Hitler de la bande de Gaza) ou d'un choix mixte n'a pas vraiment d'importance. Ce qui est certain, par contre, c'est que, en caméra subjective juive, la survenue de cette razzia-massacre qui accomplit l'anéantissement des Juifs en tant que Juifs – anéantissement des Juifs pacifiques ou non, anéantissement des Juifs humanistes ou non, anéantissement des Juifs propalestiniens ou non –, la survenue de cette tuerie abjecte non pas un jour associé aux malheurs du peuple juif à travers l'histoire (tel que le jour du 9 Av par exemple), ou un jour « quelconque », mais le jour même de Simhat Torah produit un effet de carnaval cauchemardesque. Pas uniquement pour moi, mais évidemment pour une immensité de femmes et d'hommes de par le vaste monde, juifs et non juifs. Une date cauchemardesque pour des humains, pour l'humanité. Pour ce que nous déposons d'universalité en son sein. L'humanité, cette fragile mais si précieuse construction conceptuelle qui exige d'être reconnue par chacun de ses membres pour nous laisser continuer à croire en son existence. Une existence conceptuelle qui dépend de nous, qui dépend de la nôtre.

Gloses en prose

« Bonjour Lionel… Bonjour Guillaume. » Le choix de conserver ici nos prénoms visait à rappeler l'importance de nos face-à-face incarnés pour faire reculer l'horreur qui cherche à effacer tout ce qu'il y a de singulier et d'irremplaçable dans chacune de nos existences individuelles. Il est Guillaume. Je suis Lionel. Vous êtes vous.

#08 UN SUJET ENDORMI…

CHRONIQUE

Bonjour Lionel, vous m'avez indiqué hors antenne que vous vouliez me faire une confidence.

Effectivement, cher Guillaume. Vous savez, je ne suis pas vraiment un homme du matin. J'aime les soirs qui n'en finissent plus, j'aime me coucher tard, et donc[glose]… me lever pas si tôt. Autrement dit, avant de vous rencontrer, je me voyais davantage au *Cercle de minuit* qu'aux *Matins* ! Mais, bien entendu, tout cela c'est du passé !

Merci de votre sincérité, mais pourquoi cette confidence aujourd'hui ?

Parce que, au-delà de mon empathie pour les nombreux auditeurs qui vous écoutent à moitié endormis, il est désormais possible d'offrir une apologie rationnelle à cette clinophilie matutinale, à ce goût revendiqué pour le sommeil du petit matin ! Notre sommeil est un univers palpitant, et s'y attarder est la marque d'un esprit aventurier, plutôt que celui de l'oisiveté.

N'est-ce pas un peu démagogique de flatter ainsi les endormis ?

En aucune manière, mais cela nécessite quelques explications. Depuis les années 1950, le sommeil est passé du statut d'un état monolithique à celui d'une série de stades qui se succèdent au sein de cycles dont chacun dure environ deux heures : assoupissement, sommeil lent léger, sommeil lent profond puis très profond, et enfin traversée *de l'autre côté du miroir* et entrée dans le fameux « sommeil paradoxal », qui doit son nom au génial neurophysiologiste lyonnais Michel Jouvet. État propice à nos rêves les plus riches, les plus narratifs et les plus mémorables, nous sommes transitoirement paralysés des quatre membres, mais nous pouvons continuer à respirer, et nos yeux toujours fermés ne cessent d'explorer par de rapides mouvements saccadés la scène de notre *cinéma intérieur* onirique ! Lorsque nous entrons en sommeil paradoxal, notre cortex, qui était jusqu'alors très profondément endormi, retrouve soudainement une activité quasiment identique à celle de l'état de veille consciente ! Paradoxe d'un cerveau éveillé et conscient, dans un corps qui a l'air profondément endormi. C'est d'ailleurs à Jouvet que nous devons la première démonstration d'un principe dont j'ai bien conscience qu'il puisse sonner comme une banalité déconcertante : quand nous affirmons avoir rêvé, il est fréquent que nous ayons effectivement rêvé !

En effet, comment savoir si, lorsque nous affirmons avoir rêvé, nous avons effectivement rêvé ?

Essentiellement par le truchement de nos récits de rêve, qui malgré leur sincérité pourraient néanmoins être des « faux souvenirs ». Jouvet a découvert la structure nerveuse – le locus cœruleus –, qui provoque notre paralysie durant le sommeil paradoxal. En la détruisant chez le chat, il a provoqué puis filmé un état stupéfiant : des chats en sommeil paradoxal qui, n'étant plus paralysés, agissent leurs rêves : scènes de léchage, de poursuite d'une proie invisible, scènes de combat ou d'effroi face à un ennemi inexistant. Ces rêves de chats agis sont donc visibles pour un observateur extérieur ! Du chat à l'homme, plusieurs maladies provoquent un état comparable *via* des lésions du même locus cœruleus : dans la maladie des corps de Lewy, par exemple, certains malades endormis n'étant plus paralysés agissent eux aussi leurs rêves, qui peuvent être filmés. Le recueil de leurs récits de rêves permet alors de vérifier la cohérence de ces récits après coup avec les scènes enregistrées. Scènes filmées du laboratoire du sommeil de la Salpêtrière dirigé par ma collègue Isabelle Arnulf : un homme qui se débat avec un crocodile, un officier qui passe en revue ses troupes, un autre qui fume une cigarette imaginaire avec un plaisir évident, etc. Bref, quand nous nous remémorons, quand nous racontons et interprétons un rêve, ce souvenir réfère sans doute à un rêve authentiquement rêvé. Je pourrais d'ailleurs continuer à chanter l'odyssée de notre vie endormie : consolidation des souvenirs, créativité, jachère mosaïque dynamique de nos territoires cérébraux, *replay* nocturne des épisodes vécus la veille, etc. Ce tiers d'existence passé endormi recèle de précieux trésors. Et, pour autant, chaque sonnerie de réveille-matin met brutalement fin à cette épopée onirique.

Attention, vous me donnez presque envie de décaler les Matins *vers une tranche 10 heures-13 heures !*

N'en faites rien ! parce que, même lorsque nous sommes profondément endormis, nous ne sommes pas vraiment déconnectés du monde extérieur, et donc de France Culture ! Rendez-vous vendredi prochain pour la suite de ce *Conte des… mille et un matins.*

HORS ANTENNE

Gloses en prose

« Effectivement, cher Guillaume. Vous savez, je ne suis pas vraiment un homme du matin. J'aime les soirs qui n'en finissent plus, j'aime me coucher tard, et donc… » Au registre des coïncidences qui stimulent nos interprétations (voir chronique #06), le thème de cette chronique que j'avais rédigée peu de temps avant le 7 octobre 2023 fait bonne figure. Cette chronique consacrée à la nuit révèle mon attachement au soir et à la nuit. Il s'avère

que, dans un essai précédent (*Un sujet en soi*), j'avais exploré en quoi nos existences pouvaient s'apparenter à des *traversées de la nuit*. Je m'inspirais notamment du traitement du thème de la nuit dans la littérature rabbinique talmudique : dans le judaïsme, la journée débute à la tombée de la nuit. Le travail de mémoire liturgique et rituel dédié aux malheurs traversés par le peuple juif a inspiré une interprétation eschatologique de cette flèche du temps qui débute par l'obscurité crépusculaire pour finir par atteindre la lumière d'une aube à venir. Mon livre se terminait par un chapitre intitulé : « Petit manuel à l'usage du noctambule juif ». Dans ce contexte, découvrir que ma première chronique du monde d'après le 7 octobre 2023, chronique qui avait été pensée et écrite juste avant cette date, serait consacrée aux découvertes relatives aux richesses long-temps insoupçonnées de notre vie nocturne ne pouvait me laisser indifférent – à l'antenne et hors antenne.

#09 UN SUJET PAS SI ENDORMI...

▪ *vendredi 27 octobre 2023*

CHRONIQUE

Vendredi dernier, votre chronique portait sur les vertus et la richesse longtemps insoupçonnées de notre sommeil.

Absolument et, à bien y réfléchir, on pourrait presque y trouver un motif de nouvelle lutte progressiste pour nos subjectivités endormies, qui sont parfois stigmatisées et dévalorisées par nos subjectivités éveillées, et surtout par le discours ambiant exclusivement porté par les voix d'humains éveillés : à quand, Guillaume, un invité des *Matins* endormi, pour faire évoluer nos représentations ?

Ne vous égarez-vous pas un peu ? Comment conduire l'entretien avec un invité endormi ?

Eh bien figurez-vous que cela pourrait bientôt devenir possible ! Comment ? Grâce à des résultats inédits que nous venons de publier dans le prestigieux journal *Nature Neuroscience* ! Morceau de bravoure scientifique avec dans les rôles principaux les étudiants en thèse : Basak Turker, Esteban Munoz-Musat et Emma Chabani, ainsi que les chercheurs confirmés : Isabelle Arnulf, Delphine Oudiette et votre serviteur. Notre travail a permis de faire vaciller un dogme : l'idée selon laquelle notre cerveau, lorsque nous sommes endormis, est déconnecté du monde extérieur. Voici donc le récit d'une histoire à dormir debout.

En 2021, mes collègues du CHU de la Pitié-Salpêtrière et de l'Institut du cerveau, Isabelle Arnulf et Delphine Oudiette, explorent des « rêveurs lucides », c'est-à-dire des individus qui non seulement rêvent, mais qui savent qu'ils sont en train de rêver lorsqu'ils rêvent. Elles découvrent que lors du sommeil paradoxal, où surviennent la plupart de nos rêves élaborés, il est possible de poser une question à ces rêveurs lucides, puis de recueillir leur réponse en enregistrant l'activité de deux muscles du visage qui ne sont pas paralysés, contrairement à ceux de nos quatre membres : sourire pour répondre « oui », froncer les sourcils pour répondre « non ».

Incroyable ! Mais au-delà du cas très particulier du sommeil paradoxal des rêveurs lucides, le commun des mortels est-il, lui aussi, capable de cette prouesse ?

C'est à cette question que notre nouvelle étude vient de répondre. Et, si étonnant que cela paraisse, la réponse est oui. Nous avons recruté des volontaires, les avons allongés dans un lit du laboratoire du sommeil de la Salpêtrière, truffé de capteurs, et leur avons fait écouter des stimuli auditifs. Parfois des vrais mots (par exemple : « banane ») et parfois des pseudo-mots prononçables (par exemple : « logatome »). Ils devaient indiquer si le stimulus était un vrai mot ou un pseudo-mot en contractant leur visage. Leur activité cérébrale enfin était enregistrée à l'aide d'un électroencéphalogramme. Ils commençaient cette tâche cognitive éveillés, puis s'endormaient. Résultat ? Contre toute attente, les sujets se sont révélés capables de répondre aux stimuli à presque tous les stades du sommeil ! Évidemment, leurs réponses étaient bien plus fréquentes lors de l'éveil, mais le simple fait de révéler l'existence de réponses motrices lors des différents stades du sommeil a permis de contredire le dogme de la déconnexion cérébrale.

Savez-vous pourquoi les volontaires endormis se montraient parfois capables de répondre aux stimuli, et parfois pas ?

Nous avons analysé l'activité cérébrale des dormeurs juste avant que le stimulus ne leur soit délivré, en distinguant les essais où ils ont été capables de répondre de ceux où ils n'ont pas répondu. Chaque fois qu'un dormeur allait répondre au stimulus qui allait lui être présenté dans l'instant suivant, son cerveau, pourtant endormi selon les critères standards, venait de basculer dans un état très évocateur d'un état conscient ! Un état transitoire caractérisé par l'ensemble des signatures cérébrales de conscience que mon équipe a caractérisé dans de nombreuses études précédentes*glose*.

Êtes-vous en train de nous dire que, lorsque nous sommes endormis, nous passons par de brèves périodes de conscience et de reconnexion avec le monde environnant ?

Exactement ! Ce résultat s'accorde avec ce que j'appelle la « discrétion » de la conscience, c'est-à-dire avec son caractère discontinu (mathématiquement « discret »), et non pas continu*glose*. Et, sans doute, symétriquement, passons-nous également par de brèves périodes d'inconscience lorsque nous sommes en état qualifié d'éveil, comme maintenant*glose* ! Ou comment le visage de l'autre, ce thème fondamental de la philosophie de l'altérité chère à Emmanuel Levinas, peut s'enrichir d'un attrait supplémentaire : le visage de l'autre envisagé comme le miroir de ses éclairs de conscience, au cœur de son sommeil !

HORS ANTENNE

Figure 9.1.
Voici l'onirique illustration de nos découvertes sur la mosaïque de conscience et d'inconscience qui caractérise notre sommeil. Cette illustration réalisée par Nicolas Decat a été choisie par la revue *Nature Neuroscience* pour faire la couverture du numéro dans lequel nos découvertes ont été publiées *(dessin : Nicolas Decat)*.

Gloses en prose

« *Un état transitoire caractérisé par l'ensemble des signatures cérébrales de conscience que mon équipe a caractérisé dans de nombreuses études précédentes.* » Il est possible de caractériser l'état de conscience à partir de l'électroencéphalogramme (EEG). Ces mesures combinent plusieurs facettes de l'EEG : puissance spectrale dans différentes bandes de fréquence, complexité, connectivité fonctionnelle, mesures au repos et potentiels évoqués lors d'une tâche cognitive auditive... Nous avons montré que l'entraînement d'algorithmes d'apprentissage machine (*machine learning*) à partir d'une dizaine de ces marqueurs EEG permet de décoder l'état de conscience d'un individu avec une certaine précision. Ces résultats permettent de préciser les bases cérébrales de la conscience, et par ailleurs d'améliorer le diagnostic de l'état de conscience (présent ou aboli) chez des malades incapables de communiquer, et au cours des différents stades du sommeil, comme dans cette nouvelle étude.

« Ce résultat s'accorde avec ce que j'appelle la "discrétion" de la conscience, c'est-à-dire avec son caractère discontinu (mathématiquement "discret"), et non pas continu. » On pourra creuser la dimension cinématographique de notre flux de conscience dans mes ouvrages *Le Cinéma intérieur* et *Apologie de la discrétion* (voir aussi chronique #30).

« Et sans doute, symétriquement, passons-nous également par de brèves périodes d'inconscience lorsque nous sommes en état qualifié d'éveil, comme maintenant ! » Dans une publication de 2018, j'avais énoncé cette prédiction qui dérivait de la théorie de l'espace de travail global conscient que je développe depuis 2001 avec Stanislas Dehaene, Jean-Pierre Changeux et Claire Sergent :

> [...] *between two successive self-reports, a subject may actually not be in a conscious state. This strange possibility, according to which we would be conscious only during temporal islets interspersed with unconscious states, may deserve more attention.* [...] *Taken together, these results could suggest that during conscious wakefulness, a form of high-level filling-in process may join discrete conscious states separated by short periods of unconsciousness into what we subjectively experience as a continuous stream of consciousness*[*] (extrait de Naccache, 2018).

---

[*] « [...] entre deux "self-reports" conscients successifs, un sujet pourrait en fait ne pas être dans un état conscient. Cette étrange possibilité, selon laquelle nous ne serions conscients

*

Chuts ! de chronique. Une autre version de ma réponse à la dernière question... de Levinas à Desnos

Exactement ! Loin d'être monolithique, notre sommeil est une mosaïque dynamique dans l'espace et le temps de notre cerveau. Et, sans doute, symétriquement, passons-nous également par de brèves périodes de sommeil et d'inconscience lorsque nous sommes en état qualifié d'éveil, comme maintenant ! Cette métamorphose de notre compréhension du sommeil me fait songer à Robert Desnos, virtuose du sommeil hypnotique, qui écrivait déjà : « La surprenante métamorphose du sommeil nous rend égaux aux dieux » !

---

que pendant des îlots temporels entrecoupés d'états inconscients, mérite d'être prise en compte. [...] Considérés dans leur ensemble, ces résultats pourraient suggérer que pendant la veille consciente une forme de processus de "remplissage" de haut niveau cognitif relie des états conscients discrets, séparés par de courtes périodes d'inconscience, en un flux de conscience continu dont nous faisons subjectivement l'expérience. »

#10 LE SUJET DU RACISME

▪ *vendredi 3 novembre 2023*

CHRONIQUE

Vous nous emmenez ce matin en Californie, je crois, Lionel ?

Je vous propose, Quentin*glose*, d'embarquer dans une téléportation radiophonique vers le Golden State, et plus précisément dans l'un des 116 *community colleges* de l'État de Californie. Les *community colleges* sont des établissements d'éducation postsecondaire, et ceux de Californie accueillent près de 2 millions d'étudiants pour 61 000 enseignants, ce qui en fait le plus grand système d'éducation supérieure aux États-Unis. Cette superstructure vient de pondre un nouveau règlement en matière de lutte contre les discriminations et le racisme, et en particulier celles qui visent, je cite, les « *people of color* », les « personnes de couleur ». Au départ, l'intention est évidemment non seulement louable, mais nécessaire. À l'arrivée : un texte assez effrayant qui illustre ce que certaines administrations bureaucratiques sont capables de produire. Un mélange de jargon, de pensée binaire et totalitaire qui muselle toute velléité d'identité subjective individuelle. Morceau choisi :

> Les gens sont soit antiracistes, soit racistes*glose*. Les personnes qui disent qu'elles ne sont « pas racistes » sont dans le déni des inégalités et des problèmes raciaux qui existent.

Ce que l'on peut quasiment reformuler de la manière suivante : Un individu est soit raciste, soit antiraciste.

S'il affirme ne pas être raciste… il est raciste.
En découvrant ce texte grâce à un excellent article de Corine Lesnes dans *Le Monde*, j'ai aussitôt pensé au *Procès* de Kafka, au film *Brazil* de Terry Gilliam et à la novlangue prophétisée par Orwell dans *1984*.

Et comment prévenir de telles dérives ?

Tout d'abord, en rappelant que, en amont de nos appartenances sociales, linguistiques, ethniques, spirituelles, politiques ou autres, chacun des individus conscients que nous sommes est un sujet à nul autre pareil. Variation sur le slogan sartrien : « L'existence précède l'essence. » Notre conscience individuelle précède nos appartenances, et nous ne sommes pas en continuité directe avec les autres, si proches puissions-nous nous sentir d'eux. Autrement dit, les indispensables luttes contre les discriminations qui visent certains collectifs ne devraient pas sacrifier la prise en compte du discours individuel au profit de la défense de ces collectifs, qui sont alors essentialisés. Au risque sinon de s'aveugler, et de se transformer en idéologies oublieuses de leur propre nature : des discours qui émanent, eux aussi, d'individus conscients.

Un individu qui se considère comme non raciste ne devrait donc pas se voir taxé inconditionnellement d'être dans le déni.

Exactement, et devoir le rappeler est désolant ! Une source possible de cette attitude me semble provenir d'une exploitation idéologique assez grossière de résultats subtils et complexes issus de la psychologie cognitive. Le discours introspectif d'un individu ne décrit pas exhaustivement ses attitudes et ses comportements. Plusieurs mécanismes implicites ou inconscients opèrent à notre insu, et parfois même en contradiction avec notre discours déclaratif conscient, si sincère soit-il. Il s'agit ici d'une définition cognitive et non pas psychanalytique du terme « inconscient ». Je renvoie à une riche littérature scientifique qui comprend notamment le

« test d'association implicite », les études de biais cognitifs et de stéréotypes ethniques ou de genre[glose]. Mais prendre en compte ces effets implicites ne doit nullement conduire à annuler la valeur de la subjectivité consciente d'un individu. D'abord parce que ces effets affectent tout le monde, et pas uniquement une catégorie d'individus. Ensuite parce que si ces biais cognitifs sont universels, ils sont néanmoins très variables d'un individu à l'autre. Enfin et surtout parce que la prise en compte consciente de nos propres biais permet souvent d'en limiter l'impact. Ce qui me conduit à la conclusion suivante : s'il est erroné de limiter la responsabilité d'un individu à l'examen de sa seule introspection consciente, il n'est pas moins erroné de faire abstraction de cette dernière[glose]. Dans notre recherche perpétuelle d'équité et de justice, ne perdons pas de vue la précieuse boussole de la subjectivité individuelle, celle de chaque individu.

HORS ANTENNE

Gloses en prose

« *Vous nous emmenez ce matin en Californie, je crois, Lionel ? Je vous propose, Quentin…* » Si Guillaume Erner présente les *Matins* l'essentiel de l'année, Quentin Lafay officiait durant ses périodes de congés. Hommage au professionnalisme, à la subtilité et à la gentillesse de Quentin !

« *Les gens sont soit antiracistes, soit racistes.* » En choisissant cet extrait du nouveau règlement des *community colleges* de Californie, il est difficile de ne pas songer aux paroles prophétiques d'Orwell dans *1984* relatives à l'appauvrissement de nos champs de conscience causé par celui de notre langage :

> Tu ne vois pas que le seul but de la nouvelangue est de restreindre le champ de la pensée ? À la fin, on aura rendu le

crimepense littéralement impossible, parce qu'il n'y aura pas de mots pour l'exprimer. Chaque concept dont on aura besoin sera exprimé par un seul et unique mot, au sens rigoureusement défini et aux significations secondaires effacées et oubliées. […] Chaque année, de moins en moins de mots, et un champ de la conscience de plus en plus petit*.

« Je renvoie à une riche littérature scientifique qui comprend notamment le "test d'association implicite", les études de biais cognitifs et de stéréotypes ethniques ou de genre. » Le test d'association implicite inventé par Anthony Greenwald et ses collègues (IAT, pour *implicit association test*) consiste à traduire des associations mentales implicites en des différences de temps de réponse. En voici le principe : à chaque essai, un seul stimulus est présenté et le participant doit y répondre le plus vite possible à l'aide de deux boutons réponses, un pour chaque index. Par exemple, on lui demande de catégoriser des visages selon la couleur de leur peau, en appuyant le plus vite possible sur l'un des deux boutons (exemple : à gauche si le visage est « blanc », à droite si le visage est « noir »). Dans une seconde session, les stimuli ne sont plus des visages mais des mots, et le participant doit catégoriser la valence émotionnelle du mot présenté (exemple : joie est « plaisant », cancer est « déplaisant »). Toute l'astuce consiste alors à inviter le participant à répondre à une série d'essais qui vont alterner aléatoirement entre mots et visages. Lorsqu'il s'agira d'un mot, il ou elle devra catégoriser sa valence émotionnelle, et lorsqu'il s'agira d'un visage, sa couleur de peau. Ces blocs expérimentaux d'essais alternés sont joués plusieurs fois en inversant les codes de réponse : dans certains blocs la main utilisée pour répondre « plaisant » aux mots sera

---

* Version originale : *« Don't you see that the whole aim of Newspeak is to narrow the range of thought ? In the end we shall make thoughtcrime literally impossible, because there will be no words in which to express it. Every concept that can ever be needed, will be expressed by exactly one word, with its meaning rigidly defined and all its subsidiary meanings rubbed out and forgotten. […] Every year fewer and fewer words, and the range of consciousness always a little smaller. »*

la même que celle utilisée pour répondre « noir » aux visages, et dans d'autres la main utilisée pour répondre « plaisant » aux mots sera la même que celle utilisée pour répondre « blanc » aux visages. Il devient alors possible de mesurer l'impact des codes de l'association entre ces codes de réponse. Si le participant est plus lent pour catégoriser un visage comme étant « noir » lorsque le bouton qu'il doit utiliser est associé à la réponse « mot plaisant », par comparaison avec la situation dans laquelle ce bouton est associé à la réponse « mot déplaisant », cela suggérerait que le participant considère implicitement les visages « noirs » comme étant davantage déplaisants que les visages « blancs ». Et inversement. La différence de temps de réponse traduirait l'effort nécessaire pour contrecarrer une association mentale implicite afin de répondre correctement à l'instruction donnée. La subtilité – mais aussi la limite – de cette ingénieuse méthode consiste à mesurer objectivement certaines de ces associations sémantiques implicites en court-circuitant les déclarations explicites conscientes des individus. Depuis l'article original de 1998, qui est cité près de 20 000 fois dans la littérature académique, plus de 1 000 articles ont disséqué, discuté et précisé la nature de ces effets ainsi que leur interprétation. Ce qui est certain c'est que ces effets sont marqués et souvent associés aux communautés (ethniques, religieuses, idéologiques, etc.) des participants.

« S'il est erroné de limiter la responsabilité d'un individu à l'examen de sa seule introspection consciente, il n'est pas moins erroné de faire abstraction de cette dernière. » En étudiant la subjectivité et la conscience, j'ai élaboré l'expression de la « bonne distance » qu'il faudrait s'efforcer de tenir face à nos propres pensées conscientes et face à celles de nos congénères. Ne pas les prendre pour argent comptant au nom de notre intime conviction, de nos émotions, de nos croyances et de nos affiliations culturelles, religieuses ou politiques, mais ne pas les

ignorer non plus au nom du fait qu'elles ne seraient que des matériaux subjectifs qui n'intéressent que nous. L'adoption de cette « bonne distance » me semble permettre : (i) de construire une science objective des conditions de la vie subjective (voir chronique #01) ; (ii) de nous aider à viser une vie politique et sociale collective riche et sereine ; et (iii) de viser la question de la vérité et de la justice, dans toutes les dimensions de ces deux termes. Dans *Un sujet en soi* (2013), j'introduisais cette notion dans les termes suivants :

> Il est ainsi possible de respecter la subjectivité sans fusionner avec ses affirmations et ses croyances : ne pas la rejeter au nom de son inexactitude et ne pas refuser de la critiquer au nom de l'intérêt que vous avez pour elle. Tenir la « bonne distance ». C'est alors que le travail de connaissance peut débuter, sans éliminer le sujet, mais sans en faire non plus une idole aveuglante. Il en va de même avec n'importe quel discours subjectif, celui d'un malade, celui d'un être bien portant, le vôtre ou le mien.

#11 AU SUJET DES CHRONIQUES ANACHRONIQUES

▪ *vendredi 10 novembre 2023*

CHRONIQUE

Lionel, c'est à vous pour vos quatre minutes hebdomadaires !

Quatre minutes précieuses pour moi, mais dont on pourrait questionner la pertinence à l'heure de nos sociétés numériques hyperconnectées, au-delà de mon cas personnel. Une chronique de 4 minutes délivrée à horaire fixe tous les 7 jours × 24 heures × 60 minutes, soit toutes les 10 080 minutes que compte une semaine, a-t-elle encore un sens alors que notre accès à l'information est guidé par le principe d'instantanéité ? N'y a-t-il pas quelque chose de suranné voire d'anachronique dans la temporalité lente et majestueuse de l'art de la chronique qui nous relierait presque à l'âge d'or de l'ORTF ? En réalité, il est important de distinguer d'une part la vitesse de circulation de l'information et son accessibilité, et d'autre part la vitesse d'intégration cognitive et de réaction subjective à l'information. Concernant le premier terme de cette distinction, la logique inhérente à une société de l'information conduit à valoriser une accessibilité maximale, immédiate et généralisée à toutes les informations.

Est-ce que cette même logique s'applique à la réception d'une information ?

C'est ici que les choses se compliquent. Lorsqu'une information nous est délivrée, notre perception se joue en deux temps successifs. Prenons l'exemple d'un stimulus visuel délivré sur un écran de smartphone. Dès 70 millièmes de seconde notre cortex entre en jeu, et une cascade de traitements cognitifs de plus en plus riches conduit à interpréter cette information sous une forme très élaborée durant les 200 millisecondes qui suivent. Le sens d'un mot peut être représenté durant cette première étape. Cette première interprétation très rapide opère inconsciemment, elle ne requiert pas d'effort de notre part, mais tout juste un niveau minimal d'attention. Puis, cette première interprétation accède à notre conscience vers 250 à 300 millièmes de seconde sur un mode « tout ou rien ». Et c'est ici que débute l'appropriation subjective de cette première interprétation. Nous avons alors loisir de la mettre en relation avec toutes nos autres connaissances qui n'ont pas été mobilisées lors de la première étape inconsciente. Nous pouvons également exercer notre esprit critique, faire preuve de créativité, dépasser nos automatismes et conditionnements, bref nous pouvons nous mettre à penser cette information. Pour le meilleur et pour le pire ! Mais vous l'aurez compris, cette seconde étape de la perception requiert du temps. Un temps qui ne se compte plus en fractions de seconde voire en minutes, mais le plus souvent en heures qui alternent réflexions intenses et divagations, en plusieurs journées séparées par des périodes de sommeil. Ce deuxième temps exige également un effort mental qui nous est subjectivement coûteux.

Autrement dit, la succession effrénée des images et brefs messages qui bombardent nos écrans pourrait compromettre ce temps long et coûteux de l'appropriation subjective de l'information ?

Surtout lorsque nous y répondons dans un éclair de temps par un tweet, voire par un like ou une émoticône ! Dans un essai intitulé *Perdons-nous connaissance ?*, j'ai précisé la distinction entre information et connaissance. Si la connaissance requiert évidemment un accès à l'information, elle ne se limite pas à cela : la connaissance vise la manière dont notre système d'interprétation subjective du monde va être transformé (ou pas !) lors de cette rencontre avec une information. Une transformation de soi qui exige disponibilité, temps et effort. Connaître consiste à se montrer capable de faire de cette rencontre quelque chose d'inédit pour nous, et donc quelque chose de moins prévisible à la lumière de notre passé, quelque chose de moins automatique.

Vous avez résumé cette transformation sous la forme d'une équation symbolique.

Si notre système d'interprétation du monde est représenté par le symbole X, et si l'information à laquelle nous allons accéder est symbolisée par la lettre Y, l'équation de la connaissance peut être formulée minimalement sous la forme de l'énoncé : XYX'. Ou comment X devient X', nouvelle version de lui-même, sous l'effet de sa rencontre avec l'information Y. Dans ce trio, l'accès aux Y – bien qu'absolument nécessaire – ne résume pas l'aventure de la connaissance ! Et si nos chroniques cherchent à susciter un effet XYX', même minimal, chez les auditrices et les auditeurs, alors la temporalité lente de ces chroniques n'est peut-être pas totalement surannée ou anachronique !

HORS ANTENNE

On rappellera simplement que l'ORTF n'était autre que l'Office de radiodiffusion-télévision française, établissement public dont le siège devait être ensuite occupé par la Maison de Radio France, puis par l'actuelle Maison de la radio et de la musique. En voici le logo dont la perception pourra engendrer une remémoration proustienne chez celles et ceux dont l'enfance s'est jouée, comme la mienne, dans le dernier quart du XXe siècle. Quant aux autres, je leur souhaite une expérience XYX' encore plus riche et épanouissante !

Figure 11.1. Logo de l'ORTF *(source : Wikimedia Commons)*.

#12 NOS DEUX EMPATHIES ? TOUT UN SUJET !

▪ *vendredi 17 novembre 2023*

CHRONIQUE

Vendredi dernier, vous nous parliez des deux temps de la perception.

J'expliquais que notre perception débute systématiquement par un premier temps très rapide, non conscient et élaboré, puis qu'elle se prolonge par la prise de conscience soudaine de l'objet perçu. Ce second temps ouvre alors une période d'une durée fort variable, durant laquelle nous avons loisir de cogiter *ad libitum* les données immédiates de notre perception. N'est-ce d'ailleurs pas ce que nous sommes en train de faire en revenant, une semaine plus tard, vers ce même résultat ?

Ce principe s'applique-t-il également à la perception, non pas d'un objet quelconque, mais d'une personne ?

Non seulement ce principe continue à s'appliquer lorsque nous percevons nos congénères, mais il sous-tend nombre de propriétés de la cognition sociale : notre aptitude à vivre au sein d'une communauté humaine. Ce principe se manifeste notamment dans notre faculté d'empathie : cette capacité à éprouver de la compassion pour la souffrance d'un homme ou d'une femme qui nous fait face. Je ne vous surprendrai donc plus en vous annonçant que nous disposons de… deux formes complémentaires d'empathie. Confrontés à la souffrance d'autrui nous sommes tout d'abord gagnés par un sentiment irrépressible d'identification avec cet *alter ego*, avec cet « autre moi » littéralement. Sa souffrance m'est insupportable parce qu'elle résonne en moi comme si je l'éprouvais moi-même. Certains évoquent ici un *altruisme égoïste*. Il s'agit d'une empathie miroir.

Cette empathie miroir correspondrait à la prise de conscience du premier temps de notre perception d'un humain qui souffre ?

Exactement ! Puis cette première empathie peut être suivie par une analyse volontaire et plus distanciée de cette souffrance d'autrui. Nous devenons alors capables d'éprouver une seconde forme d'empathie qui est décentrée de notre propre personne. Désormais, cette empathie ne relève pas d'une identification à l'être qui souffre, mais de notre tentative d'appréciation, difficile, de ce qu'il ou elle est en train d'éprouver. Cette empathie décentrée est moins narcissique et donc davantage altruiste que l'empathie miroir, mais elle requiert temps, effort et surtout volonté. On peut refuser de l'exercer, même face à d'insupportables horreurs. Certaines dérives idéologiques indignes très récentes l'ont encore démontré. On qualifie parfois, à tort, l'empathie miroir d'émotionnelle et l'empathie décentrée de cognitive, mais en réalité l'empathie décentrée est elle aussi riche de sentiments conscients puissants. Certaines situations neurologiques rares permettent de dissocier ces deux formes d'empathie, et donc de démontrer leur dualité. Le neurologue Nicolas Danziger a ainsi exploré des individus porteurs d'une insensibilité congénitale à la douleur. En raison de mutations génétiques qui affectent les fibres nerveuses requises pour faire l'expérience de la douleur, ils n'ont jamais éprouvé de douleur physique. Sont-ils néanmoins capables d'empathie pour la douleur d'autrui ? Comme on pouvait l'imaginer, les insensibles congénitaux à la douleur ne peuvent pas éprouver d'empathie miroir, ni ressentir viscéralement la douleur d'autrui, mais ils demeurent capables d'exercer l'empathie décentrée et altruiste ! En neuro-imagerie, la matrice cérébrale de l'empathie altruiste s'active bien dans leur cerveau, mais cette activation dépend fortement de leurs scores aux échelles d'empathie décentrée volontaire.

Nos réactions immédiates sont donc dominées par l'empathie miroir, alors que le temps long permet une empathie décentrée !

Ces deux formes d'empathie font partie de notre nature. Mais dans nos sociétés de l'information, où nous sommes bombardés d'informations susceptibles de mobiliser notre empathie, il me semble important de souligner le risque d'un déséquilibre. Le risque d'une empathie dominée par l'empathie miroir au détriment de l'empathie altruiste. L'empathie miroir est irrépressible, ce qui lui confère un *laissez-passer* parfois précieux pour accéder inconditionnellement à notre conscience. À vrai dire la règle d'or éthique universelle *Aime ton prochain comme toi-même* peut être assurée par l'empathie miroir. Mais rappelons que l'empathie miroir est autoréférencée : en croyant, même sincèrement, me préoccuper de toi, c'est de moi qu'il s'agit ! À l'opposé, l'empathie décentrée altruiste et volontaire offre les conditions de la possibilité d'un lien véritable entre deux subjectivités distinctes qui ne sont pas fondues l'une dans l'autre*glose*.
À quand une nouvelle touche « pause » sur nos smartphones, la touche TEA : « Pause ! J'ai besoin de Temps pour mon Empathie Altruiste ! »

HORS ANTENNE

Je n'ai qu'un conseil à vous délivrer : lisez le remarquable *Vivre sans la douleur ?* de mon collègue et vieil ami Nicolas Danziger.

Gloses en prose

« À l'opposé, l'empathie décentrée altruiste et volontaire offre les conditions de la possibilité d'un lien véritable entre deux sub-jectivités distinctes qui ne sont pas fondues l'une dans l'autre. »

On signalera que ce décentrage volontaire face à la souffrance de l'autre est non seulement optionnel (il requiert notre engagement volontaire, notre temps et notre effort), mais qu'il peut être remplacé par d'autres formes de rationalisations conscientes volontaires, et notamment par une mise à distance des effets d'« altruisme réflexe » de l'empathie miroir, au profit d'une indifférence individualiste. Autrement dit, nos efforts conscients ne pointent pas nécessairement tous vers l'altruisme. Ce phénomène n'a pas attendu les neurosciences cognitives et sociales pour être identifié. Rousseau en soulignait déjà l'existence dans sa critique des effets du raisonnement face à nos émotions sociales et notre aptitude de commisération :

> C'est la raison qui engendre l'amour-propre, et c'est la réflexion qui le fortifie ; c'est elle qui replie l'homme sur lui-même ; c'est elle qui le sépare de tout ce qui le gêne et l'afflige : c'est la philosophie qui l'isole ; c'est par elle qu'il dit en secret, à l'aspect d'un homme souffrant : « Péris si tu veux, je suis en sûreté. » Il n'y a plus que les dangers de la société entière qui troublent le sommeil tranquille du philosophe, et qui l'arrachent de son lit. On peut impunément égorger son semblable sous sa fenêtre ; il n'a qu'à mettre ses mains sur ses oreilles et s'argumenter un peu pour empêcher la nature qui se révolte en lui de l'identifier avec celui qu'on assassine. L'homme sauvage n'a point cet admirable talent ; et faute de sagesse et de raison, on le voit toujours se livrer étourdiment au premier sentiment de l'humanité [extrait du *Discours sur les origines et les fondements de l'inégalité parmi les hommes*].

Mais le décentrage volontaire offert par la réflexion consciente n'est pas condamné à cette forme d'égoisme ultime dénoncée par Rousseau. L'empathie volontaire et véritablement altruiste, qui requiert temps et effort de notre part, en est la démonstration.

#13 L'ESPRIT DU SUJET

▪ vendredi 24 novembre 2023

CHRONIQUE

Vous voulez nous parler ce matin des « forces de l'esprit » ? Qu'entendez-vous par là ?

Cette expression suffit à évoquer les derniers vœux présidentiels, émouvants, de François Mitterrand, le 31 décembre 1994. Souvenez-vous, Guillaume :

> L'an prochain, ce sera mon successeur qui vous exprimera ses vœux… Là où je serai, je l'écouterai… Je crois aux forces de l'esprit, et je ne vous quitterai pas…

Si le mot « esprit » renvoie souvent à une dimension spirituelle voire religieuse, il permet également d'évoquer notre vie mentale, indépendamment de tout présupposé dualiste ou spiritualiste. L'esprit est alors entendu comme le *mind* anglais, et parler des *« forces de l'esprit »* revient donc à évoquer celles de notre vie mentale, et en particulier celles de notre vie mentale consciente que nous pouvons nous rapporter à la première personne. Variations sur le cogito cartésien : « Je pense, donc je suis. » Les forces de l'esprit ainsi définies se manifestent sous de nombreuses formes : la puissance de notre imagination, l'émerveillement nocturne de notre activité onirique, les hallucinations, les vertus de l'effet placebo, etc.

Les forces de l'esprit se manifestent-elles uniquement dans ces situations très particulières ?

Loin de se cantonner aux effets spectaculaires du rêve ou de l'effet placebo, les forces de l'esprit sont en réalité omniprésentes dans nos existences, à commencer par la machinerie de notre perception. Notre perception fonctionne comme une double échelle mentale et cérébrale[glose]. Sur cette double échelle, des processus montent depuis le monde extérieur vers notre conscience en suivant une progression hiérarchique, tandis que d'autres descendent depuis notre posture consciente vers les régions moins élaborées de notre cortex. Ma voix, par exemple, monte actuellement en vous depuis votre oreille interne vers votre cortex auditif primaire en 30 millièmes de seconde, puis elle est analysée par d'autres régions cérébrales plus élaborées : la segmentation de ma parole, l'intonation de ma voix, le sens des mots et des phrases prononcées, tout cela se construit en vous en 2 ou 3 dixièmes de seconde. Puis vous prenez subitement conscience de ma voix. Cette montée *bottom-up* opère durant le premier temps de la perception que j'ai évoqué lors des deux chroniques précédentes. Vive le podcast ! Mais dans le même temps, votre posture consciente influence ce qui se joue à chacune des étapes situées en amont de votre prise de conscience : votre attention, vos attentes, vos croyances, votre motivation, l'intérêt que vous m'accordez, tous ces facteurs exercent leurs effets de haut en bas, depuis votre espace de travail mental conscient vers les régions auditives les plus élémentaires. Ainsi opère l'échelle descendante de votre perception, qui fait partie des forces de l'esprit que nous évoquions. À chaque instant, notre perception consciente résulte de cette double échelle. Paraphrasons le psychanalyste Paul-Claude Racamier qui énonçait que la perception est une hallucination réussie. Si l'hallucination correspond à une situation dominée par l'échelle descendante, la perception normale n'est nullement dépourvue de cette influence *top-down* déterminante. Cela explique pourquoi une même scène pourra être perçue différemment par plusieurs individus. Des illusions visuelles aux scènes de nos existences, les forces de l'esprit ajoutent ainsi de la complexité à notre effort de décryptage de la factualité du réel.

Et cette échelle descendante peut-elle même empêcher la perception consciente ?

La suggestion hypnotique permet d'illustrer une telle situation extrême. Nous avons récemment rapporté les mécanismes de la surdité hypnotique chez une volontaire[glose]. Avant la suggestion, elle prenait normalement conscience des sons que nous lui présentions, et l'enregistrement de son activité cérébrale nous a permis d'identifier les deux temps successifs de la perception : le premier temps inconscient, suivi du second temps qui correspond à la prise de conscience. Sous suggestion hypnotique, elle rapportait être devenue sourde aux sons délivrés. Cette phénoménologie était associée à trois résultats : premièrement, le premier temps inconscient de la perception auditive continuait à opérer normalement dans les régions auditives de son cortex. Deuxièmement, les signatures cérébrales de la prise de conscience des sons avaient totalement disparu ! Troisièmement, une région cérébrale impliquée dans l'inhibition volontaire descendante bloquait l'accès au réseau cérébral de la conscience, du résultat du premier temps de la perception.

Tonton avait raison, les forces de l'esprit existent… et elles ne sont pas toujours tranquilles !

HORS ANTENNE

Gloses en prose

« *Notre perception fonctionne comme une double échelle mentale et cérébrale.* » Il s'agit d'un principe fondamental de la manière dont opère notre perception. Cette bidirectionnalité est de mieux en mieux comprise, et elle est notamment indispensable à la perception consciente.

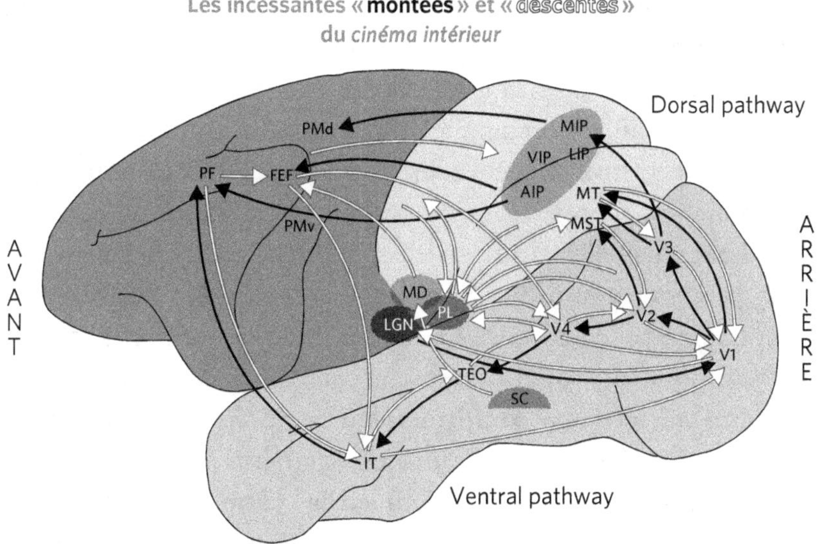

Figure 13.1. La double échelle cérébrale de la perception consciente

Les premières régions du cortex à recevoir les informations en provenance de nos rétines (le cortex visuel primaire de chacun des deux hémisphères, ou V1 sur la figure) sont situées à l'extrémité postérieure de notre cerveau. Sur ce schéma de cortex de primate non humain, avec lequel nous partageons une architecture neuronale très proche, les principales régions de notre machinerie cérébrale visuelle sont représentées. La plupart d'entre elles sont situées dans le cortex (V1, mais aussi V2, V3, V4, MT, FEF, TEO, IT...), tandis que deux régions nichées dans les profondeurs du cerveau (LGN et SC) sont des relais entre la rétine et le cortex. Chaque flèche noire correspond à une connexion « montante » (*bottom-up*) dans cette architecture visuelle hiérarchique de V1 en arrière aux régions frontales en avant (PF sur la figure) et chaque flèche blanche correspond à une connexion « descendante » (*top-down*). Le cinéma intérieur repose ainsi sur des connexions réciproques entre la plupart des régions décrites : les images que nous percevons résultent de cette combinaison variable entre processus montants et processus descendants selon les situations envisagées (perception, efforts attentionnels, imagerie mentale, rêve, hallucinations variées, etc.) *(adapté de Gilbert et Li, 2013).*

« *Nous avons récemment rapporté les mécanismes de la surdité hypnotique chez une volontaire.* » La suggestion hypnotique permet d'induire volontairement chez un individu des états mentaux conscients très variés. À ce titre elle fait l'objet de nombreuses recherches dans le cadre des neurosciences de la conscience. Dans une perspective thérapeutique elle est souvent utilisée afin de diminuer l'expérience douloureuse associée à une intervention chirurgicale chez un sujet éveillé conscient. Dans un travail de recherche, nous avons induit une surdité hypnotique transitoire chez une femme en bonne santé qui présentait des scores élevés de suggestibilité hypnotique selon les échelles usuelles, tout en disséquant les étapes cérébrales de sa perception auditive à l'aide de la technique de l'électro-encéphalographie (EEG) à haute densité qui permet de suivre la dynamique du fonctionnement cérébral à l'échelle fine du millième de seconde. Conformément aux prédictions que nous avions formulées dans le cadre de la théorie de l'espace de travail neuronal global conscient (voir chronique #31), nous avons montré que : (i) les premières étapes corticales de la perception d'un stimulus auditif qui sont dominées par des traitements montants *bottom-up* étaient préservées durant la surdité hypnotique ; (ii) la surdité hypnotique était associée à la disparition totale d'une onde cérébrale tardive qui résulte d'une amplification descendante *top-down* et dont la présence signe la prise de conscience d'un stimulus (la P3b pour les experts) ; (iii) et enfin que cette inhibition de l'accès à la conscience était associée à l'activation d'une région clé de l'inhibition cognitive (le cortex cingulaire antérieur), qui exerçait un contrôle descendant *top-down* inhibiteur sur les régions perceptives auditives. Autrement dit, *via* les « forces de l'esprit », la participante avait réussi à empêcher sa propre prise de conscience d'un stimulus auditif tout à fait saillant. Nous avons réalisé cette expérience sur deux participantes avec des résultats similaires. L'une d'entre elles nous a rapporté le processus narratif subjectif qui avait accompagné la mise en place de sa surdité hypnotique. Lors de la période d'induction, nous avions inséré des petites séquences durant lesquelles des sons lui étaient présentés afin de tester sa surdité subjective, et elle devait nous répondre par un code moteur convenu d'avance, afin de ne pas avoir à parler. Signalons que cette participante était elle-même médecin et, qui plus est – cela ne s'invente pas –, spécialisée dans la prise en charge de patients sourds, ce que nous ne savions pas au moment de son inclusion dans cette étude ! Elle nous rapporta ensuite que, durant la première demi-heure d'induction, menée par le médecin hypnothérapeute Jean-Marc Benhaiem, elle ne parvenait pas à « devenir sourde ». Puis, subitement, un souvenir assez récent lui revint à l'esprit. Elle accompagnait son jeune enfant à la crèche, comme tous les matins, mais tomba ce jour-là, en arrivant, sur un groupe de parents contrariés. Elle comprit rapidement la raison de ce mécontentement collectif. Un ouvrier en bleu de travail nettoyait les vitres de l'entrée de la crèche et tournait le dos à tout cet aréopage. Plusieurs parents avaient salué cet ouvrier qui, pourtant, jamais ne se retourna ni ne répondit à ces paroles de politesse. Notre participante se souvint d'avoir aussitôt pensé que cet ouvrier était sourd, ce qui se révéla exact et lui permit de résoudre ce mouvement de colère collective. Fin du souvenir. Aussitôt, et jusqu'à la fin de l'expérience, elle se glissa mentalement dans le bleu de travail de l'ouvrier et nettoya la vitre sans s'interrompre. Ce jeu subjectif imaginaire fut contemporain de l'installation soudaine de sa surdité subjective objectivée par nos mesures d'activité cérébrale. Puis elle quitta ce rôle imaginaire et retrouva l'ouïe, ou plutôt la perception auditive consciente. Ainsi procèdent les forces de notre esprit… Au sujet des riches et subtiles interactions entre cognition consciente et inconsciente, on pourra consulter la chronique #35, et notamment le concept de « blanchiment sous les topiques ».

#14 LES AVENTURIERS DE LA CARTE MENTALE PERDUE

Épisode 1

▪ *vendredi 1ᵉʳ décembre 2023*

CHRONIQUE

Vers où allez-vous ce matin nous emmener, Lionel ?

Nous parlons, Guillaume, depuis le studio 341 situé au troisième étage de la Maison de la Radio à Paris. Pourquoi commencer par nous géolocaliser ? Simplement pour rappeler une évidence transcendantale : nous ne pouvons penser notre existence sans l'inscrire dans l'espace. Kant, déjà, posait dans sa *Critique de la raison pure* que le temps et l'espace constituent les deux « formes *a priori* de notre sensibilité » : des conditions nécessaires à toute représentation mentale. Comment pensons-nous ces espèces d'espaces au sein desquels nous déambulons ? Mes trois prochaines chroniques seront consacrées à cette question. Nous parcourrons le temps et l'espace de plusieurs civilisations éclairées par de multiples disciplines scientifiques.

Je reconnais bien là votre goût pour les feuilletonistes du XIXᵉ siècle. La maison de Balzac est d'ailleurs à deux pas d'ici !

À deux pas d'ici oui, et cette évocation suffit à faire naître en nous, et chez tous les auditeurs parisiens ou amateurs de Paname, une carte mentale sur laquelle nous situons la Maison de la Radio, celle de Balzac un peu plus haut, la Seine en contrebas, la tour Eiffel sur l'autre rive, etc. Et si nous décidions de dessiner cette carte mentale, nous produirions un artefact culturel qui témoignerait de notre aptitude à penser l'espace. Et c'est ici que commence notre histoire. Le 6 juin 2023 à 2 h 06 du matin, l'e-mail mensuel du *Journal du CNRS* arrive dans ma boîte aux lettres. Quelques heures plus tard, je le survole et y débusque une pépite : la découverte de la plus vieille carte d'un lieu jamais produite par un esprit humain ! Rémy Crassard et ses collaborateurs ont découvert dans les déserts saoudien et jordanien deux cartes gravées dans la pierre à l'époque néolithique, il y a presque 10 000 ans, bien avant les premières traces des civilisations de l'écrit ! Les lieux en question sont situés à Jebel al-Khashabiyeh et à Jebel az-Zilliyat.

Et que représentaient ces plans ?

C'est là que l'aventure décolle, si j'ose dire ! Années 1920, ambiance *Mort sur le Nil* des romans policiers d'Agatha Christie : des pilotes de la Royal Air Force qui survolent les déserts du Néguev en Israël, de la Jordanie et de l'Égypte perçoivent depuis le ciel d'étranges formes géométriques dont les contours leur évoquent des « cerfs-volants », d'où leur dénomination : ce sont des *desert kites*, des cerfs-volants du désert. Les Bédouins familiers de ces sites depuis la nuit des temps parlent quant à eux des « constructions des Anciens ». Tous les *desert kites* partagent un même schéma générique : deux murs de pierre distants l'un de l'autre de plusieurs centaines de mètres, qui se rapprochent progressivement, parfois sur des kilomètres, jusqu'à aboutir à un espace fermé, une sorte d'enclos géant, délimité lui aussi par des murs de pierre, et surtout par des fosses de plusieurs mètres de profondeur. Ces constructions servaient de piège de chasse pour y attirer, en les poursuivant, des troupeaux de gazelles ou d'autres gibiers. Un usage pastoral de ces espaces, donc pas uniquement cynégétique, fait l'objet de discussions. On dénombre à ce jour plus de 4 000 cerfs-volants du désert. Et Rémy Crassard et ses collègues ont découvert les premières cartes, à échelle réduite (environ au 1/500e), de cerfs-volants du désert. Ce qui est ici remarquable c'est que le gigantisme d'un *desert kite* ne permet pas de l'embrasser du regard depuis le sol. Sans avion, impossible de le percevoir dans sa totalité. Avoir pu en produire une carte globale démontre ainsi que ses auteurs disposaient d'une carte mentale interne qui leur a servi de modèle ! La carte mentale d'un territoire qu'ils n'ont jamais pu voir d'un seul regard. La comparaison de ces cartes datant du néolithique avec les cartes satellitaires des *desert kites* représentés a permis de révéler leur stupéfiante précision. *Homo sapiens* dispose, depuis la préhistoire, d'une représentation cognitive de l'espace dont il a laissé des traces. Serons-nous capables de pénétrer les arcanes cérébraux de cette faculté ?

Aventuriers de la carte mentale perdue[glose], nous devrons nous téléporter à Berkeley en 1948 pour y rencontrer Edward Tolman...

HORS ANTENNE

Voici une vue du ciel d'un *desert kite* comparable à ceux dont l'équipe de Rémy Crassard a découvert des cartes gravées datant du néolithique.

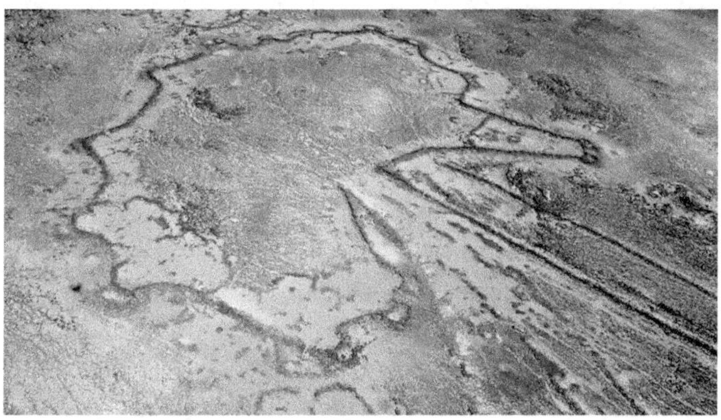

Figure 14.1. Vue du ciel du *desert kite* de Harrat al-Shaam en Jordanie *(photo OB, Globalkites Project, extrait de Crassard et al., 2023/© 2023 Crassard et al., CC BY 4.0).*

#15 LES AVENTURIERS DE LA CARTE MENTALE PERDUE

Épisode 2. Où il sera question de rats et d'hommes

▪ *vendredi 8 décembre 2023*

CHRONIQUE

Vendredi dernier vous nous avez fait découvrir que nos aïeux du néolithique disposaient déjà de cartes mentales des espaces dans lesquels ils déambulaient.

Nous allons ce matin nous rapprocher de la mécanique cérébrale de cette faculté cognitive. Et comme très souvent en biologie, cette découverte a nécessité un détour par d'autres espèces animales, plus commodes à étudier. Cette histoire s'est notamment jouée sur le campus de Berkeley, dans le laboratoire du psychologue Edward Tolman, vers la fin des années 1940. Ce lien étroit entre recherches chez l'animal et chez l'homme transparaît dans le titre de l'article de Tolman publié en 1948 : « Cognitive maps in rats and men » (« Cartes cognitives chez le rat et l'homme »). Un titre qui ne manque pas de faire penser au roman de Steinbeck publié quelques années plus tôt : *Of Mice and Men* (*Des souris et des hommes*) !

Et comment Tolman a-t-il découvert l'existence de cartes mentales chez le rat ?

À l'aide d'une série d'expériences comportementales ingénieuses dont voici l'une des plus célèbres. Un rat est placé au centre d'un espace circulaire délimité par des murs et qui ne présente qu'une seule ouverture, droit devant lui. Par souci de clarté nous allons comparer cet espace circulaire à un cadran de montre et désigner chaque direction par celle de l'aiguille des heures qui pointerait vers elle. Dans ce premier exemple, l'ouverture proposée au rat est située à midi (droit devant). Le rat s'engage dans cette ouverture unique et arrive alors dans un couloir qui tourne parfois à gauche, parfois à droite, pour finalement le conduire à une position située à 45° à droite du centre de la pièce circulaire d'où il était parti. C'est-à-dire vers 2 heures sur notre cadran de montre. Vous me suivez, ou plutôt parvenez-vous à suivre le rat qui ressemble un peu au Lapin blanc d'Alice au pays des merveilles ? Ce point d'arrivée situé donc à 2 heures contient un véritable festin. Enfin, un festin de rat, ce qui le motive à se souvenir de sa position. On lui fait répéter plusieurs fois ce même parcours. Une fois ainsi entraîné, le rat est alors soumis à une véritable énigme du Sphinx des rongeurs. Tolman le replace au centre de la pièce circulaire. Mais cette fois... *Damned !* l'ouverture située droit devant est bouchée ! À la place, le rat a maintenant le choix entre de nombreux couloirs radiaires. Le couloir de midi (droit devant) est bouché, mais d'autres directions lui sont désormais proposées : celles que l'aiguille des heures occupe lorsqu'il est 12 h 15, 12 h 30, 12 h 45... 2 heures... jusqu'à l'autre côté du cadran vers 11 h 45.

Pourquoi imaginer une telle variante, démoniaque, du labyrinthe initial ?

Parce que cette variante allait permettre à Tolman de trancher entre deux hypothèses alternatives :

• Si le rat ne dispose pas d'une carte mentale de l'espace, il devrait essayer de reproduire ses trajectoires surapprises, et s'orienter alors vers l'un des couloirs les plus proches de celui qui est bouché. Par exemple 12 h 15 ou 11 h 45.

• Si, au contraire, le rat dispose d'une véritable carte mentale de l'espace, il devrait alors savoir que le festin se trouve dans la direction qui pointe vers 2 heures, et se réjouir de l'existence d'un nouveau couloir qui pointe précisément dans cette direction.

Réponse ? Le rat fonce à 2 heures et parvient sans difficulté sur le lieu du festin ! Ce résultat suggère fortement l'existence d'une carte mentale abstraite de l'espace chez le rat. Guidé par cette découverte, John O'Keefe revèle, dès 1971, les premiers neurones du cerveau du rat qui codent sa position dans l'espace. Ce GPS cérébral est lové dans les replis de l'hippocampe. Hippocampe dont la destruction provoque justement une désorientation spatiale, tant chez le rat que chez l'homme. John O'Keefe recevra le Nobel 2014 pour cette découverte des *place cells*, les « neurones de lieu », première brique fondamentale de notre sens de l'espace. Mais il n'était pas tout seul à Stockholm cette année-là. May-Britt et Edvard Moser le partagèrent avec lui.

Pourquoi ?

Les Moser ont découvert la deuxième brique neuronale de cette faculté. Et avec elle la géométrie intime de nos espaces mentaux : la nature de l'espace qui nous permet de penser l'espace.

À vendredi prochain…

HORS ANTENNE

Cette chronique consacrée aux cartes cognitives était habitée par le travail fondateur de Tolman. Plongeons donc, allégrement, sous la surface de ses 700 mots pour faire plus ample connaissance avec sa découverte majeure. Voici la figure, extraite de l'article original de Tolman publié en 1948 (cité plus de 10 000 fois dans la littérature scientifique, ce qui est considérable), qui permettra de visualiser l'expérience clé que je rapportais dans cette chronique.

Je ne connais pas la vie de Tolman, mais la lecture de son article de 1948 me fait me sentir proche de lui, ou plutôt de ses préoccupations profondes : viser, à travers la biologie et notamment les neurosciences, une meilleure compréhension de la condition humaine et de toutes les contraintes qui agissent sur elle, et donc sur chacun d'entre nous. Cette dimension profondément lucide et humaniste habite l'article de Tolman, depuis son titre jusqu'à sa conclusion. Il s'y autorise même quelques envolées métaphysiques mesurées et concises, sans s'interdire parfois d'y joindre une pincée de lyrisme. Cet alliage précieux, cette alchimie entre objectivité et subjectivité pour sonder la connaissance de soi, donne tout son sens à l'origine de la science moderne au XVIIe siècle, aux confins de la physique et de la métaphysique. L'une des traces vestigiales de l'origine philosophique d'un certain courant de la science moderne tient dans la traduction anglaise (et américaine, donc mondialisée) de la thèse de doctorat du troisième cycle universitaire. Ce diplôme porte en anglais le nom de PhD, c'est-à-dire de *philosophiæ doctor*. Docteurs en « philosophie naturelle », les chercheurs ont la possibilité d'enrichir la connaissance de notre

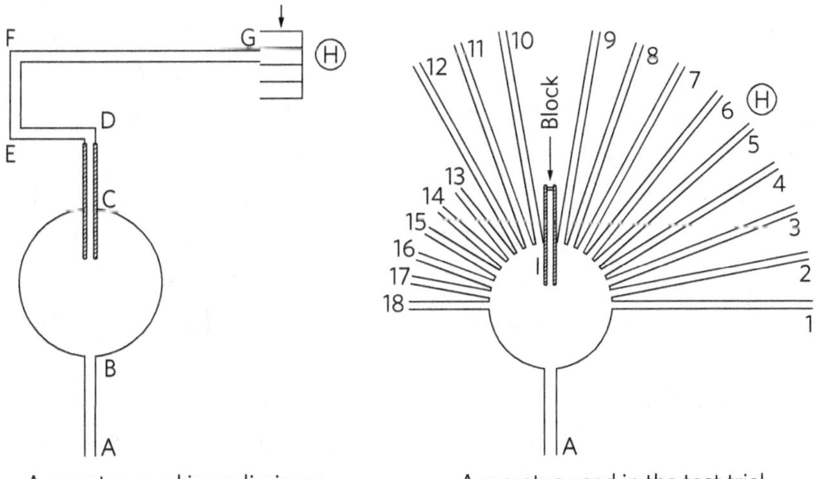

Figure 15.1. Le révélateur d'une carte mentale de l'espace chez le rat *(Tolman, 1948/© 1948, American Psychological Association, domaine public).*
Relisez ma description de l'expérience de Tolman à l'aide de cette figure.

aptitude à connaître. Et si le naturalisme philosophique a pu par le passé – et peut encore aujourd'hui ou demain – exposer à des réductionnismes étriqués, voire à des éliminativismes, c'est-à-dire à un désintérêt radical pour nos existences subjectives, il ne conduit pas nécessairement à ces écueils. Il est possible d'être pleinement naturaliste tout en s'attachant à l'existence subjective de chacun. Surtout à l'heure d'une redéfinition inédite des liens entre nature et culture. Le naturalisme ne confond pas la souris et l'homme, ni ne fond d'ailleurs tous les exemplaires individuels d'une même espèce dans un moule unique indifférencié, mais il s'autorise à chercher des principes généraux qui gouvernent certains comportements et certaines modalités de la cognition et de la vie mentale. Le titre de Tolman contient explicitement cette conception car si cet article ne contient que de subtiles expériences sur les rats, il n'hésite pas à y inviter l'espèce humaine : « Cognitive maps in rats and men ». Ce parti pris suggère ainsi l'existence de principes communs entre les cartes mentales de l'espace des rats et celles des hommes. Variation sur la fameuse formule attribuée au grand biologiste français Jacques Monod : « Tout ce qui est vrai pour la bactérie *Escherichia coli* est vrai pour l'éléphant », qui donnerait ici : « Ce qui est vrai pour les cartes mentales du rat est vrai pour celles de l'homme. » Il est également possible de lire dans le titre de Tolman, chercheur nord-américain, une référence au chef-d'œuvre de Steinbeck *Of Mice and Men (Des souris et des hommes)*, paru onze ans avant son article et qui d'une certaine manière renvoie lui aussi à une conception naturaliste de l'existence.

Un dernier commentaire. Je suis depuis longtemps stupéfait et intrigué par la créativité scientifique et intellectuelle d'individus dont la vie quotidienne n'a pourtant pas eu le loisir de se déployer dans un environnement paisible qui leur aurait permis de consacrer l'ensemble de leurs efforts à leurs travaux de recherche. En physique, en biologie ou en mathématiques

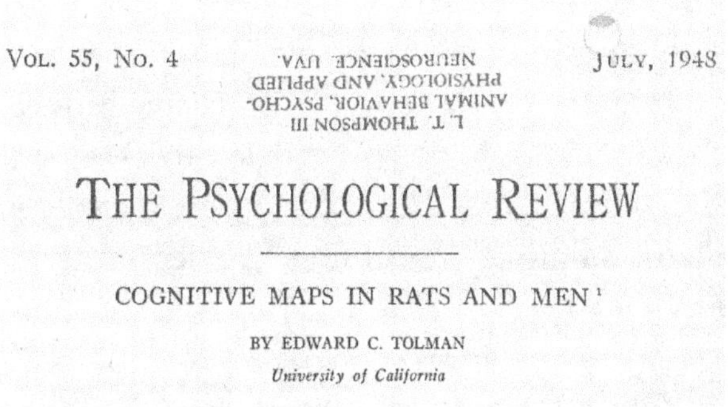
VOL. 55, NO. 4 JULY, 1948

THE PSYCHOLOGICAL REVIEW

COGNITIVE MAPS IN RATS AND MEN[1]

BY EDWARD C. TOLMAN

University of California

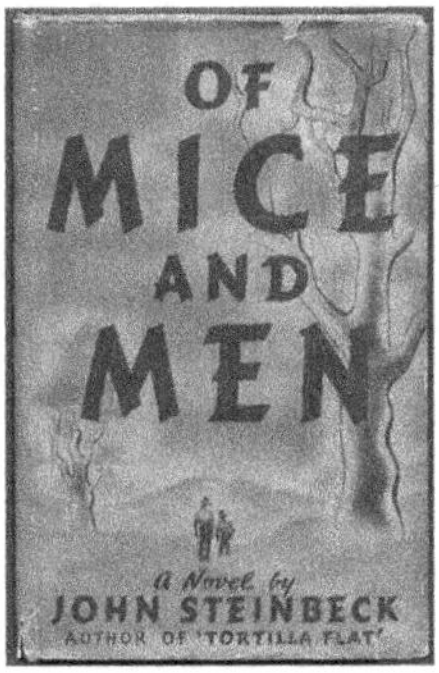

Figure 15.2. Des souris (ou des rats) et des hommes *(Tolman, 1948/© 1948, American Psychological Association, domaine public ; Wikimedia Commons, domaine public).*
Je ne connais pas les lectures de Tolman, mais la superposition de son article fondateur avec le chef-d'œuvre de Steinbeck paru onze ans plus tôt (1937 *versus* 1948) ne me laisse pas indifférent. Surtout lorsqu'on tient compte de l'humanisme de Tolman et de sa préoccupation naturaliste pour les tribulations existentielles des créatures que nous sommes : celles des souris (et des rats), et surtout celles des femmes et des hommes que nous sommes.

par exemple, les chercheurs ballottés au XXe siècle par les atrocités des deux guerres mondiales sont légion. Le prix Nobel de médecine 1965 attribué à André Lwoff, Jacques Monod et François Jacob en est un exemple typique. Résistants, prisonniers, combattants, charge mentale hors du commun durant de longues périodes. Cela ne semble pas avoir empêché ces accomplissements remarquables. La créativité prodigieuse du mathématicien Alexandre Grothendieck en est un autre. Né en Allemagne d'un père juif qui sera déporté et assassiné par les nazis, lui-même réfugié en France avec sa mère, interné dans un camp puis enfant caché au Chambon-sur-Lignon, et longtemps apatride. Avec l'intuition que ce qui manquerait dans nos vies pour nous épanouir pleinement ne serait pas tant le temps brut (mesuré en heures, jours, années…) que la capacité à habiter subjectivement ce temps avec une densité d'existence maximale. Et la vie de Tolman n'échappe pas à ce principe. Son œuvre scientifique semble habitée par la poursuite d'une coexistence rationnelle et bienveillante entre les individus et les peuples, au-delà de leurs attributs spécifiques. Lisez la section de « Discussion » de son article de 1948, qui insiste sur l'interdépendance des humains, au-delà de leur nationalité ou de leur religion. Terminons par les mots de Tolman lui-même :

We must, in short, subject our children and ourselves (as the kindly experimenter would his rats) to the optimal conditions of moderate motivation and of an absence of unnecessary frustrations, whenever we put them and ourselves before that great God-given maze which is our human world. I cannot predict whether or not we will be able, or be allowed, to do this; but I *can* say that, only insofar as we *are* able and *are* allowed, have we cause for hope.

Nous devons, en bref, soumettre nos enfants et nous-mêmes (comme le ferait le gentil expérimentateur de ses rats) aux conditions optimales d'une motivation modérée et d'une absence de frustrations inutiles, chaque fois que nous les plaçons et que nous nous plaçons nous-mêmes devant le grand labyrinthe donné par Dieu qu'est notre monde humain. Je ne peux pas prédire si nous pourrons ou serons autorisés à le faire ; mais je peux dire que nous avons des raisons d'espérer seulement dans la mesure où nous en sommes capables et dans la mesure où cela nous est permis.

Figure 15.3. Des rats... mais surtout des hommes *(Tolman, 1948/© 1948, American Psychological Association, domaine public).*

#16 LES AVENTURIERS DE LA CARTE MENTALE PERDUE

Épisode 3. Où il sera encore question de rats, d'hommes... et de Modiano

▪ *vendredi 15 décembre 2023*

CHRONIQUE

Ce matin, Lionel, vous clôturez votre trilogie consacrée à notre représentation mentale de l'espace ?

Absolument, Guillaume. Vendredi dernier, nous avons rencontré la première brique de notre GPS cérébral, découverte en 1971 par John O'Keefe : un ensemble de neurones (les *place cells*) qui codent notre position dans l'espace. Cette découverte en a engendré deux autres, non moins essentielles. En 1994, Wilson et McNaughton enregistrent simultanément plusieurs dizaines de neurones de lieu chez le rat. Tels des hackers informatiques virtuoses, ils décryptent ainsi le code neuronal du GPS en corrélant la trajectoire du rat à la dynamique des réponses de ses cellules de lieu. Au terme de déambulations éreintantes le rat s'endort, mais les électrodes implantées dans son hippocampe continuent d'enregistrer les signaux de son GPS. Sérendipité oblige, Wilson et McNaughton découvrent alors que durant des périodes de sommeil profond, le GPS du rat se « rallume » et rejoue les trajectoires parcourues avant de s'endormir ! Ce *replay* survient des milliers de fois, en accéléré.

Avons-nous une idée de la fonction de ce replay *?*

Cette réactivation des trajectoires parcourues permet leur mémorisation par le rat, mais elle permet également la mémorisation de ce que le rat a vécu lorsqu'il était là où il se trouvait. Et *idem* chez l'homme ! La mémoire consciente des épisodes de notre vie est enracinée dans celle de nos déambulations ! Clin d'œil aux urbanistes : la conception de nos lieux de vie pourrait intégrer ce résultat afin d'enrichir nos mémoires subjectives. Partir à la recherche du temps perdu nous impose ainsi un détour par l'espace des lieux où nous avons vécu ce que nous avons vécu ! Et les astres parfois sont merveilleusement alignés. J'avais indiqué vendredi dernier que le prix Nobel de médecine 2014 avait récompensé les découvreurs du GPS cérébral. Vous souvenez-vous du récipiendaire du prix Nobel de littérature cette année-là ?

Patrick Modiano, non ?

Tout juste ! Modiano, ou l'écrivain du GPS cérébral : dans ses romans la mémoire subjective des personnages est indissociable de leurs déambulations*glose*. Souvenez-vous : *La Place de l'Étoile, Rue des boutiques obscures, De si braves garçons*, et nous voilà en train de nous promener mentalement dans le quartier de Cimiez à Nice, mais aussi dans un certain Paris, quelque part entre la rue Boileau et les abords du parc Monceau. Ces liens entre codage cérébral de nos trajectoires et mémorisation permettent également d'expliquer l'immémoriale méthode des lieux, déjà mentionnée par Cicéron : pour apprendre par cœur une longue tirade, on peut imaginer un trajet familier puis associer chaque fragment du texte à une étape de cette promenade.

Incroyable ! Mais vous nous aviez annoncé que la découverte des cellules de lieu avait conduit à deux autres grandes découvertes. Quelle est la seconde ?

Si John O'Keefe a découvert les neurones de lieu, ce sont May-Britt Moser et Edvard Moser qui ont découvert la seconde brique de notre GPS : les cellules de grille. Lorsque nous sommes dans un lieu, nos cellules de lieu codent pour des positions précises au sein de ce lieu donné. Et, lorsque nous entrons dans un autre lieu, toutes ces cellules se reconfigurent aussitôt et codent pour de nouvelles positions au sein de ce nouveau lieu. Comment dans de telles conditions disposer d'une représentation générale de l'espace ? Les Moser ont découvert qu'en plus des cartes mentales locales et changeantes de nos cellules de lieu, notre cerveau code l'espace global sous la forme d'un pavage d'hexagones réguliers stables. Un neurone donné code pour toutes les positions qui correspondent aux sommets de ces motifs hexagonaux répétés sur toute la surface de l'environnement. Un autre neurone fera de même pour des hexagones décalés du précédent, etc. L'enregistrement simultané de centaines de cellules de grille a permis aux Moser de découvrir la topologie de cette carte mentale de l'espace : notre représentation abstraite de l'espace présente la forme d'un tore, c'est-à-dire la forme d'un donut ou d'une bouée^{glose} ! Des cerfs-volants du désert néolithiques à notre GPS cérébral, nous touchons du doigt la chair de ce qu'est pour nous l'espace, ce « cadre dans lequel l'esprit est contraint de construire son expérience de la réalité », comme l'énonçait déjà… Kant.

HORS ANTENNE

La découverte du codage cérébral de nos cartes mentales constitue tout simplement l'une des plus grandes découvertes des neurosciences cognitives. La caractérisation des cellules de lieu, puis des cellules de grille et de leur organisation en réseaux a permis d'identifier le fondement biologique de ce que Kant qualifiait de « représentation pure *a priori* de l'espace », c'est-à-dire notre capacité à nous représenter mentalement la notion d'espace, en amont de toute expérience vécue de l'espace. Cette histoire philosophico-scientifique est notamment balisée par le travail de Tolman que nous avons décrit dans la chronique précédente, jusqu'aux accomplissements de O'Keefe et de Moser et Moser et de tous leurs collègues. Le comité Nobel ne s'y est pas trompé, en établissant lui-même cette généalogie qui court de Kant aux Moser, lors de l'attribution du prix de 2014 à ces trois grands chercheurs :

During the 18th Century the German philosopher Immanuel Kant (1724-1804) argued that some mental abilities exist independent of experience. He considered perception of place as one of these innate abilities through which the external world had to be organized and perceived. A concept of a map-like representation of place in the brain was advocated for by the American experimental psychologist Edward Tolman, who studied how animals learn to navigate (Tolman, 1948). « Au cours du XVIIIᵉ siècle, le philosophe allemand Emmanuel Kant (1724-1804) a soutenu que certaines capacités mentales existent indépendamment de l'expérience. Il considérait la perception des lieux comme l'une de ces capacités innées à travers lesquelles le monde extérieur devait être organisé et perçu. Le psychologue expérimental américain Edward Tolman, qui a étudié la façon dont les animaux apprennent à naviguer, a défendu le concept d'une représentation cartographique des lieux dans le cerveau (Tolman, 1948). »

D'autre part, le fait que cette brique fondamentale de notre cognition semble également essentielle pour la mémoire consciente de ce que nous vivions lorsque nous étions là où nous étions – c'est-à-dire pour la représentation subjective du temps vécu – suggère une sorte de noyau commun à la notion de représentation mentale de l'espace et du temps. Cette convergence semble d'une certaine manière cohérente avec l'unification par la théorie physique de la relativité de ces deux concepts au sein du concept plus général d'espace-temps. Il y a ici tout un champ de réflexions à explorer, en analysant notamment les arguments de grands penseurs ou philosophes, tel Henri Bergson, qui abhorraient l'idée d'une spatialisation du temps, c'est-à-dire d'une assimilation du temps vécu à la description de la métrique d'un espace. Mais si la représentation de l'espace répond à une métrique plus complexe que celle imaginée par Bergson, alors cette unification du temps et de l'espace, ou du moins de la manière dont nous sommes capables de les penser, n'est peut-être plus si impossible, aux yeux mêmes des adeptes du statut inaliénable du temps vécu. À suivre.

Gloses en prose

« Modiano, ou l'écrivain du GPS cérébral : dans ses romans la mémoire subjective des personnages est indissociable de leurs déambulations. » J'ai déjà glosé, en 2014 dans le quotidien *Libération*, juste après l'annonce des Nobel, au sujet de cette coïncidence malicieuse entre d'une part le prix Nobel de médecine et physiologie qui récompensait la découverte de notre GPS cérébral, et d'autre part celui de littérature qui en récompensant Modiano avait choisi le romancier qui, par excellence, ancrait la mémoire épisodique consciente dans les pérégrinations urbaines de ses personnages (voir figure 16.1).

« Notre représentation abstraite de l'espace présente la forme d'un tore, c'est-à-dire la forme d'un donut ou d'une bouée. » Deux facettes de la découverte des « cellules de grille » par le couple Moser me fascinent tout particulièrement. La première est d'ordre méthodologique, et correspond à ce que l'on appelle la sérendipité, c'est-à-dire la capacité à comprendre qu'une observation imprévue renferme quelque chose de profond qui mérite d'être creusé. L'une des idées qui a permis à Edvard et May-Britt Moser de découvrir ce pavage hexagonal mentionné dans la chronique tient en effet à la taille des espaces de navigation offerts aux rongeurs enregistrés. En s'autorisant à élargir considérablement cette taille, avec des dimensions dépassant le mètre là où des générations d'expérimentateurs utilisaient des labyrinthes de quelques dizaines de centimètres. En sortant, littéralement, de la boîte ou plutôt de la taille de la boîte dans

De Modiano au Nobel de médecine, un hasard ?

Figure 16.1. Ma glose en prose du 16 octobre 2014 *(avec l'autorisation de Libération).*

laquelle on proposait jusqu'alors aux animaux de déambuler, les Moser et leurs collaborateurs ont réussi, incidemment, à repousser les limites de notre propre carte mentale de celle des animaux… et à découvrir les cellules de grille et leur propriété de réponse structurée par des motifs hexagonaux sur de longues distances. Ces motifs permettent un pavage neuronal de l'espace sur de grandes espaces. Ils n'étaient pas facilement détectables tant que les parcours proposés aux rats s'étendaient sur des distances trop courtes pour les révéler.

La seconde facette fascinante de leur travail tient à une découverte plus récente encore du groupe des Moser. Ils ont cherché à identifier dans quel type d'espace la réponse neuronale d'une cellule de grille (c'est-à-dire ses potentiels d'action) pourrait être expliquée le plus simplement possible ; plus précisément, ils se sont demandé s'il existe une représentation de l'espace parcouru dans laquelle une cellule de grille répondrait lorsque l'animal occupe une position donnée unique, et non pas une multitude (voire une infinité) de positions différentes organisées en hexagones. L'intuition géométrique sous-jacente à ce questionnement est parcimonieuse et lumineuse : si la même cellule de grille répond de manière identique lorsqu'elle occupe plusieurs positions différentes de l'espace réparties suivant un motif régulier, alors il devient possible de replier l'espace parcouru afin de faire coïncider ces différentes positions en une seule et unique position occupée dans ce nouvel espace abstrait. On voit bien sur la figure 16.2 que, en repliant une section de la surface parcourue selon deux axes de rotation distincts, les quatre positions différentes où la cellule de grille répond deviennent une seule et unique position dans cet espace replié. La forme de cet espace neuronal abstrait est celui d'un tore, c'est-à-dire d'une sorte de donut que l'on peut aussi décrire comme un tuyau d'arrosage ou un tube courbé refermé sur lui-même. Il devient alors possible de coder l'ensemble des positions d'une cellule de grille : l'ensemble des trajectoires possibles de l'animal dans un espace infini correspondent à des trajectoires sur un seul et unique tore. Répétons-nous. On conçoit par exemple que si l'on se promène sur un tore qui possède donc deux dimensions circulaires (le grand cercle de la plus grande dimension du tore et la plus petite courbure circulaire du tuyau), on finira par revenir à la même position sans avoir fait marche arrière. Comme ces cellules de grille qui émettent des potentiels d'action à des positions différentes et régulières de l'espace réellement parcouru. Autrement dit, cette représentation abstraite courbée en forme de tore de l'espace réel permet de paver un espace illimité avec une population limitée de neurones.

Forts de cette intuition, les chercheurs du groupe des Moser ont enregistré non pas une cellule de grille isolément, mais plusieurs centaines de cellules de grille simultanément. Ces cellules de grille appartenaient à un même module, c'est-à-dire à un pavage de l'espace qui utilise la même taille d'hexagones mais dont les réponses de chaque cellule sont décalées les unes des autres dans cet espace, ce qui permet précisément de paver l'entièreté de sa surface. À partir de ces enregistrements simultanés de larges populations de cellules, ils ont alors eu la bonne idée de collaborer avec des mathématiciens spécialistes de géométrie algébrique (de cohomologie plus précisément)

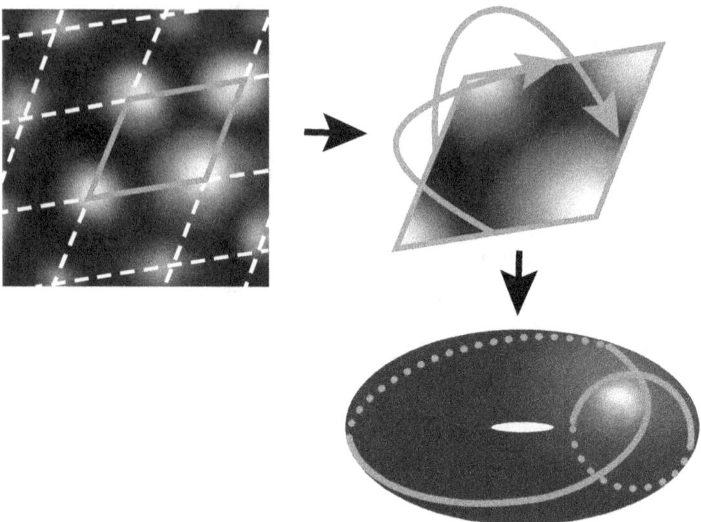

Figure 16.2. À « tore » et à travers, ou la lumineuse intuition du tore.
En haut à gauche, les régions de l'espace parcouru associées à une réponse
d'une cellule de grille sont représentées par des halos dont l'intensité reflète
celle de la réponse neuronale (le taux de potentiels d'action émis). Les régions
sombres correspondent à toutes celles qui ne sont pas codées par ce neurone.
Si l'on s'intéresse exclusivement au losange délimité par les traits gris, le même
neurone s'active donc lorsque l'animal parcourt quatre positions distinctes qui
forment ce motif. Si l'on découpe ce losange et qu'on le replie sur lui-même dans
l'espace, il se transforme en une sorte de tube ou de cylindre. Si l'on effectue
un second repliement du cylindre obtenu selon la direction orthogonale, on
obtient alors un tore qui a donc la forme d'un beignet. Sur ce tore, les quatre
positions codées par ce neurone dans l'espace délimité par le losange ne forment plus qu'une seule et même position. On réalise alors que cette position
ainsi identifiée peut être appliquée à l'ensemble des régions de l'espace codées
par ce neurone, bien au-delà du petit losange considéré. Suivant cette approche,
chacune des autres positions du tore correspond au codage de l'espace d'autres
neurones de grille. Cet espace torique se révèle ainsi capable de structurer le
codage neuronal d'un espace illimité, et donc de toutes les trajectoires possibles
de l'animal. Avancer dans cet espace illimité revient à réemprunter des positions
du même tore *(schéma d'après B. Dunn, « Toroidal topology of grid cell ensemble activity », https://
www.youtube.com/watch?v=Hlzqvde3hOM).*

afin d'étudier si le codage de l'espace de toutes ces cellules de grille s'organisait bien sous la forme du fameux tore « intuitionné » lorsqu'on réfléchit à la signification possible du motif de réponse répété de chaque neurone. Et, surtout, ces chercheurs allaient-ils identifier un espace abstrait commun à tous les neurones d'un même module ? C'est ainsi qu'ils ont pleinement confirmé l'intuition évoquée en montrant que l'activité de chacun de ces neurones peut être représentée comme une position spécifique sur un seul et même tore (voir figure 16.3). Cette représentation de l'espace est abstraite non seulement parce qu'elle s'abstrait de la forme de l'espace parcouru (qui est ici replié en tore), mais également parce que ces neurones ne sont pas regroupés en forme de petits tores ou donuts dans le cerveau du rat ou dans les nôtres. Cette représentation est une forme abstraite de l'espace physique dont la structure est définie à partir de l'activité de ces neurones. La chair neuronale d'un concept mental abstrait. Répétons-nous : cela explique pourquoi, lorsque l'animal continue à avancer dans l'espace réel, une cellule de grille qui avait répondu lorsque l'animal était ailleurs se remet à répondre et ceci de manière régulière. Si l'espace réel concret est représenté sous la forme d'un tore abstrait, on voit bien qu'avancer dans l'espace réel revient parfois à tourner sur un tore, et chaque fois que l'on revient à la position spécifique du tore on retombe sur la même position dans cet espace abstrait, et donc la même cellule répond à nouveau. Autrement dit, ces chercheurs ont découvert la forme qui structure le codage neuronal de l'espace dans lequel nous naviguons. Il est remarquable que ce codage abstrait de l'espace qui échappe à notre introspection consciente participe pourtant à la structure mentale qui est à l'origine de notre représentation subjective de la notion d'espace. De Kant aux Moser, il devient possible d'incarner, de donner chair à notre aptitude à penser l'espace. Il devient d'ailleurs possible d'étudier à quel moment du développement cette représentation de l'espace apparaît, et si elle dépend ou pas de la navigation dans un espace réel : les modalités de notre sensibilité transcendantale pure *a priori* seraient-elles à portée de main ?

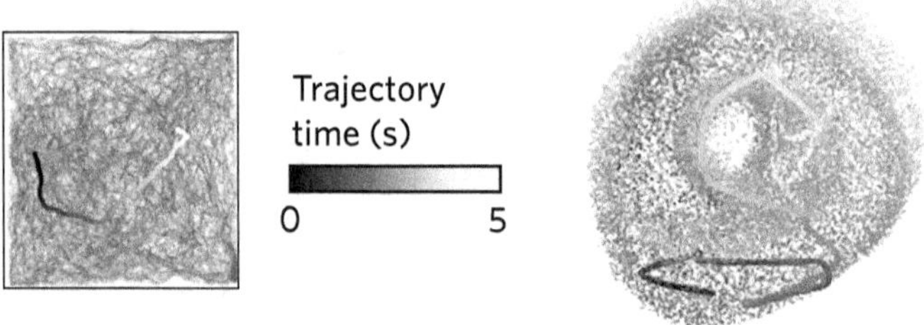

Figure 16.3. Notre représentation mentale pure *a priori* de l'espace est bel et bien en forme de... donut !
La trajectoire d'un rat qui déambule est représentée dans l'espace de navigation réel (à gauche) par la courbe en gris dont l'intensité indique la position de l'animal selon le temps. Cette même trajectoire est représentée à droite sur la structure en tore qui permet de rendre compte au mieux de l'activité de l'ensemble des neurones qui appartiennent à un même module de cellules de grille *(extrait et adapté de Gardner et al., 2022/© 2022, Richard J. Gardner et al./CC BY 4.0)*.

#17 À NOS CONTES ET LÉGENDES !

▪ *vendredi 22 décembre 2023*

CHRONIQUE

Ce matin, quel sujet a-t-il retenu votre attention ?

Proximité des fêtes de fin d'année oblige, mes associations libres m'ont conduit au thème des *contes et légendes* :

Fêtes de fin d'année → Noël → Père Noël → Contes de Noël → L'intemporelle collection « Contes et légendes » des Éditions Fernand Nathan ! → Contes et légendes.

Nous y sommes !
J'aimerais jeter un pont entre les *contes et légendes*, qui sont des matériaux culturels dotés d'une histoire collective, et nos *souvenirs* individuels les plus anciens.

Nos souvenirs envisagés comme nos contes et légendes personnels ?

D'une certaine manière, oui. Par définition, nos souvenirs ont traversé le temps non pas d'une civilisation, mais de notre histoire individuelle. Et, comme il est possible d'envisager notre existence comme un ensemble composé des « moi » qui successivement ont été nous à des moments différents, l'analogie avec les véritables contes et légendes commence à montrer le bout de son nez. Nos souvenirs envisagés comme nos contes et légendes personnels ! Nos souvenirs les plus anciens sont le plus souvent le fruit d'une scène originaire et d'un processus de narration qui se répétera. À chaque remémoration s'ouvre, pour quelques heures, une fenêtre dite de « reconsolidation mnésique », durant laquelle ce souvenir réactivé va pouvoir être modifié par le contexte présent et se reconsolider sous une forme différente. La psychologue américaine Elizabeth Loftus a brillamment mis en évidence ces effets subtils qui peuvent aller, à l'extrême, jusqu'à l'induction d'un faux souvenir dépourvu d'une scène originaire vécue ! Un souvenir ancien est donc un objet mental vivant qui a traversé notre existence, un palimpseste qui contient plusieurs strates de notre vie subjective. Nos souvenirs vont également faire l'objet de sémantisation et de cristallisation : ou comment la scène originaire qui charrie la complexité folle du présent se transforme en nous en un parchemin enluminé qui en propose une narration nécessairement réduite et colorée de significations. Cette couche narrative commence en fait à opérer dès la scène originaire, car notre perception correspond à un irrépressible processus d'interprétation de ce que nous sommes en train de vivre.

Et quel crédit accorder alors à nos propres souvenirs ?

Nos souvenirs sont précieux car ils parlent à la fois de ce que nous avons vécu et de la manière dont nous avons vécu ce que nous avons vécu ! Dans *W ou le Souvenir d'enfance*, Georges Perec se livre à ce type d'enquête avec lui-même. Neuropsychologues de la mémoire subjective, mes collègues et moi sommes ici étonnamment proches des historiens qui doivent, eux aussi, faire preuve de lucidité en manipulant des récits originaires du passé. L'historien Carlo Ginzburg parle de paradigme indiciaire : partir à la chasse de précieux indices qui font accéder à des pans de ce passé originaire, mais également à la manière dont il a pu être déformé, volontairement ou pas, à travers le temps. Et ce voisinage méthodologique avec les historiens nous rapproche des *contes et légendes*.
En 2016, Sara Graça da Silva et Jamshid Tehrani ont utilisé la classification Aarne-Thompson-Uther qui collige plus de 2 000 contes regroupés par contes types dans de nombreuses cultures et langues.

Leur idée a consisté à coder la présence ou l'absence de chaque conte dans chacune des langues sondées. Ils ont alors projeté cette information sur l'arbre des familles de langues indo-européennes qui retrace la chronologie des divergences de toutes ces langues à partir d'une proto-langue ancêtre commune. Comme en génétique. Si un même conte n'apparaît que dans deux langues issues tardivement d'une même branche, il s'agit sans doute d'un conte produit récemment. À l'inverse, si ce conte type se retrouve dans l'ensemble des langues indo-européennes, cela suggère l'existence d'un ancêtre commun remontant à il y a *fort, fort longtemps* ! Au bout du conte*glose*, ils ont identifié que celui dit « du forgeron et du diable » serait le plus ancien de la culture indo-européenne, et qu'il était probablement conté oralement dès la période de l'âge du bronze, il y a plus de 6 000 ans. Les fêtes de fin d'année, où la narration intergénérationnelle de contes et légendes est au rendez-vous, sont un moment propice pour établir des liens profonds entre ces deux temporalités : de la préhistoire de nos sociétés à celle de nos mémoires individuelles.

Souvenez-vous, il était une fois…

HORS ANTENNE

La possibilité de croiser des outils quantitatifs originaires de la phylogénétique pour éclairer l'histoire culturelle de produits de nos imaginaires collectifs (les contes et légendes des civilisations humaines) illustre merveilleusement ce que j'entends par le croisement de l'objectif et du subjectif (voir chronique #01). Il est également possible de savourer l'usage détourné d'outils mathématiques (ici les algorithmes de phylogénie) afin d'illuminer ces édifices imaginaires qui traversent le temps en se métamorphosant : analogie féconde entre évolution naturelle et évolution culturelle. J'y perçois aussi l'illustration réjouissante de notre impossibilité à anticiper tout ce que les générations à venir pourront inventer

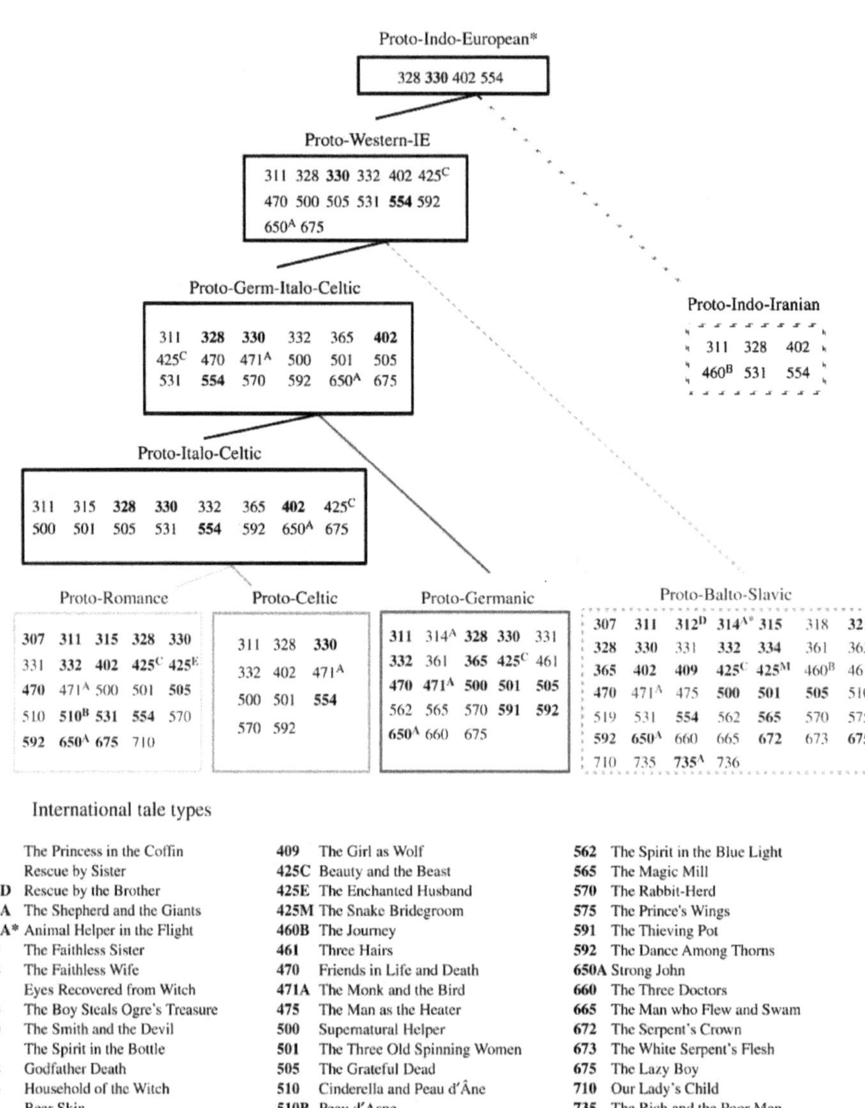

International tale types

307	The Princess in the Coffin	**409**	The Girl as Wolf	**562**	The Spirit in the Blue Light
311	Rescue by Sister	**425C**	Beauty and the Beast	**565**	The Magic Mill
312D	Rescue by the Brother	**425E**	The Enchanted Husband	**570**	The Rabbit-Herd
314A	The Shepherd and the Giants	**425M**	The Snake Bridegroom	**575**	The Prince's Wings
314A*	Animal Helper in the Flight	**460B**	The Journey	**591**	The Thieving Pot
315	The Faithless Sister	**461**	Three Hairs	**592**	The Dance Among Thorns
318	The Faithless Wife	**470**	Friends in Life and Death	**650A**	Strong John
321	Eyes Recovered from Witch	**471A**	The Monk and the Bird	**660**	The Three Doctors
328	The Boy Steals Ogre's Treasure	**475**	The Man as the Heater	**665**	The Man who Flew and Swam
330	The Smith and the Devil	**500**	Supernatural Helper	**672**	The Serpent's Crown
331	The Spirit in the Bottle	**501**	The Three Old Spinning Women	**673**	The White Serpent's Flesh
332	Godfather Death	**505**	The Grateful Dead	**675**	The Lazy Boy
334	Household of the Witch	**510**	Cinderella and Peau d'Âne	**710**	Our Lady's Child
361	Bear Skin	**510B**	Peau d'Asne	**735**	The Rich and the Poor Man
363	The Corpse-Eater	**519**	The Strong Woman as Bride	**735A**	Bad Luck Imprisoned
365	The Dead Bridegroom	**531**	The Clever Horse	**736**	Luck and Wealth
402	The Animal Bride	**554**	The Grateful Animals		

Figure 17.1. Recherchez et traquez le conte 330 de la classification Aarne Thompson Uther (« Le forgeron et le diable ») à travers l'évolution des langues indo-européennes (© 2016, Sara Graça da Silva et Jamshid J. Tehrani/CC BY 0.4).

pour revivifier des faits de conscience antiques, voire préhistoriques (ici l'évolution culturelle d'un conte). Par association d'idées, je me souviens, en écrivant ce « Hors antenne », d'une interview du prix Nobel de physique Georges Charpak qui rêvait que l'on puisse un jour lire, par exemple avec un rayon laser, les sillons d'une poterie antique. En caressant le rêve de restituer, plusieurs dizaines de siècles plus tard, l'environnement sonore dans lequel baignait le potier au moment où il faisait tourner son tour. Un environnement sonore qui aurait provoqué de minuscules irrégularités de surface sur ce sillon du potier (la transcription mécanique des ondes sonores). Ces minuscules irrégularités du sillon seraient alors à leur tour lues pour réaccéder aux ondes sonores originaires. Voire même pour redonner voix à des paroles et à des bribes de conversation prononcées par le potier et ses congénères. Contredire le *verba volant, scripta manent* (« les paroles s'envolent, les écrits restent ») à l'aide d'une forme d'inscription analogique médiée par l'impact des ondes sonores sur l'œuvre du potier. Et tant que nous y sommes, étant donné qu'il existe des traces de poteries qui remontent à bien avant l'Antiquité, pourquoi ne pas nous autoriser à imaginer de faire parler les sillons d'un potier de l'âge du bronze, fort longtemps avant l'invention des premiers systèmes d'écriture ? Un potier qui serait précisément en train de raconter à ses petits-enfants une version antédiluvienne de l'histoire… du « forgeron et le diable ».

Gloses en prose

« *Au bout du conte* ». Hommage au regretté Jean-Pierre Bacri et à Agnès Jaoui, à travers l'évocation de leur film éponyme. Et cette homophonie entre « conte » et « compte » conjuguée à l'article scientifique qui a fait l'objet de cette chronique permet de suggérer de « compter des contes » et de « conter des comptes ». Cette formule illustre ainsi cette possible coexistence de l'objectif et du subjectif qui nous anime.

*

Chuts ! de chronique.
Mon fil d'associations libres complet
de début de cette chronique

Proximité des fêtes de fin d'année oblige, mes associations libres m'ont conduit au thème des contes et légendes :

Fêtes de fin d'année → Noël → Père Noël → Irruption d'un souvenir : je suis en moyenne section de maternelle. Je viens de dire à mes petits camarades que le Père Noël n'existait pas, et je suis en train de courir dans un couloir poursuivi par une meute aussi agressive que désespérée → Contes de Noël, de *La Petite Fille aux allumettes* d'Andersen au *Conte de Noël* d'Arnaud Desplechin → La légendaire collection reliée « Contes et légendes » des Éditions Fernand Nathan ! → Contes et légende.

Nous y sommes !

#18 CHATGPT EST UNE TECHNOLOGIE TRAGIQUE !

▪ *vendredi 29 décembre 2023*

CHRONIQUE

Vous voulez clôturer 2023 en revenant sur l'une des stars de l'année, le désormais cultissime ChatGPT

Mon ultime chronique de l'année tient en une formule slogan : *ChatGPT est une technologie tragique !* Je m'explique. Comme chacun sait, ChatGPT est un algorithme capable de générer d'époustouflantes réponses en langage naturel. C'est un algorithme à l'architecture très complexe, riche de dizaines de milliards de paramètres dont les valeurs sont affinées lors d'une période d'entraînement abracadabrantesque : ChatGPT est nourri de gigantesques corpus de textes et cherche à répondre statistiquement le mieux possible à une seule et unique question : étant donné une séquence de mots donnée, peut-il prédire le mot suivant ? À l'issue de cette phase d'entraînement, ChatGPT peut être utilisé pour produire des textes en réponse à nos questions. Au-delà de l'authentique prouesse, il faut donc garder à l'esprit que la conception du discours qui a inspiré la fabrication de ChatGPT considère que tout nouvel énoncé provient d'une prédiction fondée sur une masse d'énoncés passés. ChatGPT est incapable de créer un discours inattendu, un discours disruptif, un discours singulier, un discours libre. Vous pourrez évidemment l'entraîner à écrire comme Victor Hugo, comme Virginia Woolf ou comme un poète surréaliste, mais il sera incapable de produire un discours qui n'imite pas des motifs textuels déjà utilisés pour l'entraîner. Pour ChatGPT, tout ce qui pourra être dit se ramène à du déjà dit, à du prédit (au sens de prédiction), à du pré-dit ! Les mots auront beau se démener, ils ne pourront rien y faire, seules leurs combinaisons préétablies compteront. Un peu comme les héros d'une tragédie qui ne pourront rien contre la fatalité de leurs destins qui sont prédéterminés. C'est en cela qu'il est parfaitement légitime d'énoncer que ChatGPT est une technologie tragique.

Il y a ici quelque chose de « Minority Report », la nouvelle de Philip K. Dick : définir le futur de notre discours uniquement comme une projection de tous nos discours passés véhicule quelque chose de totalitaire. Ou pour le dire autrement, en paraphrasant Sartre, ChatGPT n'est pas un humanisme, puisque l'essence de son langage (son caractère statistiquement prédictible) précède ici son existence. Un sort tragique !

Et vous, Lionel, trouvez-vous tragique que ChatGPT soit une technologie tragique ?

Cela dépend des moments ! Nous pouvons parfois prendre plaisir au vertige de cette sorte de voyage immobile qui consiste à désirer demeurer enfermé dans un langage, une atmosphère ou un style déterminés par avance et que rien ne viendra bousculer. L'écriture de certaines séries télévisées partage avec ChatGPT cet attribut totalitaire. À d'autres moments, comprendre ce qui se joue en ChatGPT peut nous aider à identifier ce qui dans notre propre langage s'apparente parfois à ses énoncés : se surprendre à parler et à penser comme un algorithme génératif qui ressasse des automatismes et des régularités surapprises. Vous savez, Quentin, *le petit chat est mort...* euh, *le petit Chat(GPT) est mort !*

La prise de conscience de cette composante tragique peut nourrir notre optimisme : se réjouir de pouvoir vivre, penser et parler, non pas comme ChatGPT, mais comme un homme ou une femme libre, ce qui n'a aucun sens pour un algorithme génératif. Se réjouir de pouvoir envisager le langage comme une occasion de produire de l'inédit ! Du jamais dit.

Et il y a enfin la possibilité de jouer avec tout cela. Jouer à parler comme ChatGPT, tout en n'en pensant pas moins, et en rire avec soi et les autres. Avec à la clé la possibilité de s'amuser à dissocier notre existence de nos performances (ici nos actes de discours), ce qui par les temps qui courent est bienvenu ! Grâce à ce tour de passe-passe, le tragique vient de se muer en comique, ou en tragi-comique.

Pouvez-vous illustrer cela ?

Je vais vous souhaiter, Quentin, ainsi qu'à toute l'équipe et à toutes les auditrices et auditeurs des *Matins*, une excellente année 2024. Cette phrase peut évidemment être produite par ChatGPT, mais vous et moi savons, désormais, que nous y déposons bien autre chose que ce fade énoncé !

Je vous souhaite une très bonne année !

HORS ANTENNE

Il y avait un réel plaisir pour moi à produire cette analyse critique de ChatGPT – méga-algorithme statistique sec de toute subjectivité – en y invitant certains des auteurs ou des textes qui chantent la subjectivité avec génie : Victor Hugo, Virginia Woolf, les poètes surréalistes, Philip K. Dick, Jean-Paul Sartre, les séries télévisées, Molière, sans oublier, dès le titre de cette chronique, Eschyle, Sophocle, Euripide… jusqu'à Corneille et Racine, et leurs successeurs contemporains. Une chronique *proof of concept* de la possibilité de transformer le tragique en fête, pour les créatures subjectives que nous sommes et qui avons le privilège de l'existence. Ou, pour le dire encore autrement, ChatGPT et ses consorts – fort utiles et intéressants par ailleurs – pourraient être également définis à la Pirandello (+1 ☺*) : *mots en quête d'auteur* !

---

* Dans un essai consacré à nos irrépressibles interprétations subjectives des symboles écrits (*Le Chant du signe*, 2017), j'ai justifié ainsi mon usage délibéré des émoticônes, symboles pourtant pauvres et « autoritaires » du fait de la faible marge de manœuvre dont nous disposons le plus souvent pour les interpréter : « Je pense d'ailleurs que la coexistence dans un message de phrases ouvertes aux diverses interprétations de son destinataire et d'émoticônes qui sont aussi fermées qu'un panneau stop ou un feu vert peut procurer un supplément poétique à ces échanges. C'est-à-dire que le contraste né de leur juxtaposition permet, parfois, de faciliter chez le lecteur (et même chez l'auteur) la prise de conscience de son statut d'interprète des signes : je fais sens de ce message, il ne s'impose pas à moi. »

#19 POURQUOI CHOISIR LE SUJET COMME SUJET ?

▪ *vendredi 5 janvier 2024*

CHRONIQUE

De quoi sera faite votre première chronique 2024 ?

> Hâtez-vous lentement ; et, sans perdre courage,
> Vingt fois sur le métier remettez votre ouvrage.

Ce fameux alexandrin de *L'Art poétique* de Boileau va me permettre de revenir, non pas vingt fois, mais une fois, vers le thème général de mes interventions, celui de notre subjectivité. Grâce soit rendue aux podcasts de France Culture, je livrai ce thème dès le vendredi 1ᵉʳ septembre dernier en intitulant ces chroniques : « Au sujet du sujet ». Mon fil rouge consiste à s'intéresser à la fois à la manière dont nous vivons subjectivement nos existences et à l'étude objective de cette subjectivité[glose].

Alors, *hâtons-nous lentement* en cette première semaine 2024 de répondre à la question suivante : la dramaturgie des actualités du monde ne rend-elle pas caduc, voire ridicule, un tel projet ? N'y a-t-il pas d'autres thèmes plus urgents à traiter que celui de nos subjectivités, dans un monde dévasté par la guerre en Ukraine, les massacres du Hamas, puis la guerre qu'ils ont provoquée, les crises de nos démocraties, etc. ? Ma conviction profonde est que non seulement ce sujet est incontournable, mais qu'il ne s'est jamais montré plus urgent.

De quoi se nourrit votre conviction, Lionel ?

À chaque moment où nous sommes conscients, chacun d'entre nous est conscient de quelque chose, conscient d'un contenu mental spécifique. Ces contenus conscients fondent notre existence subjective. « Je pense, donc je suis » signifie aussi ceci : nul ne peut se dispenser de ce qui se pense en lui, quelle que soit la valeur de ces pensées[glose]. Cette machinerie subjective est au cœur de notre condition humaine, elle participe de notre réalité. Nul ne peut y échapper : ni un conducteur de char ukrainien, ni un soldat russe, ni un terroriste du Hamas, ni un soldat israélien, ni vous, ni moi, ni aucune auditrice ou auditeur des *Matins*. L'étude de nos subjectivités n'a donc rien de superflu, mais s'avère une chose très nécessaire[glose]. Aujourd'hui plus encore que jamais !

Et existe-t-il, selon vous, une dimension contemporaine de cette question de la subjectivité ?

Peut-être une certaine ambivalence à l'égard du terme même de *subjectivité*. Il y a quelques années, j'ai envoyé à un journal scientifique un article dans lequel mes collègues et moi montrions que la mesure du diamètre de nos pupilles permettait de détecter la prise de conscience d'un stimulus auditif. Au terme du processus habituel de révision éditoriale, notre article a finalement été jugé prêt pour publication par l'ensemble des rapporteurs experts qui avaient été choisis par l'éditeur. L'un d'entre eux, toutefois, nous demandait une ultime requête : les auteurs pourraient-ils remplacer partout dans leur article le mot de « sujet/subject » par celui de « volontaire » ou d'« individu », en raison de la dimension « coloniale » du terme sujet ? *dixit*[glose]. Et voici que le mot « sujet » était brutalement ramené à son étymologie latine d'état d'assujettissement à un roi, un empereur ou un seigneur. Être littéralement jeté (*jacere*) sous (*sub*). Ou comment la merveille de notre vie mentale consciente individuelle, sanctuaire de la seule forme de liberté à notre portée, prend soudainement l'aspect d'une servitude !

Au-delà du caractère très discutable de la prétendue connotation coloniale du terme de sujet, cette réflexion invitait au questionnement : de qui sommes-nous les sujets ? À qui sommes-nous assujettis, nous, citoyens des démocraties éclairées ?

Assujettis à la consommation ?

Aux flux d'information en continu, en boucle sur nous-mêmes ?

Aux idéologies religieuses, politiques, sanitaires, individualistes, sectaires ?

Aux conformismes ?

Ou, pire encore, asservis à nous-mêmes ?

Assujettis à notre *cinéma intérieur* ?

À nos croyances, à nos flux de conscience auxquels il est si difficile d'échapper par l'exercice d'une pensée critique authentique ? Du sujet du roi au règne du sujet, j'ai élaboré une possible solution à cette énigme existentielle. Une solution que je me réjouis de partager à la manière d'une résolution de Nouvel An : chérir notre subjectivité sans pour autant lui vouer un culte. La chérir sérieusement, mais sans la prendre trop au sérieux*glose*. Se montrer alors capable d'en rire, avec tendresse. Et s'ouvrir alors à celle des autres.

HORS ANTENNE

Si le cap général de mes chroniques me semblait clair, et si ce cap m'avait jusqu'ici servi de repère ou de boussole pour écrire chacune d'entre elles, cette cohérence interne n'était pas synonyme d'assurance, et elle ne m'empêchait nullement de me remettre en question et d'interroger la pertinence d'une telle démarche. Et s'il va de soi que les guerres, les famines, les désastres humanitaires de toutes sortes ont toujours alimenté et justifié une telle remise en question, l'actualité du monde depuis le 1er septembre 2023 en avait démultiplié la puissance à mes yeux. N'est-il pas superflu de poursuivre l'exploration de nos subjectivités à l'heure où la simple possibilité de continuer à exister se pose de manière urgente pour des myriades de femmes et d'hommes de par le monde ? N'y a-t-il pas, en somme, une certaine indécence à poursuivre cette réflexion centrée sur l'humain à l'heure où notre humanité semble de toutes parts en péril ? C'est pourquoi il m'avait semblé nécessaire, pour les auditrices et les auditeurs, mais avant tout pour moi, de *remettre sur le métier mon ouvrage*. D'expliciter pourquoi cette enquête sur la subjectivité est chose très nécessaire et non pas superflue. Il me devient alors possible de lire ou d'entendre le « vingt fois » du vers de Boileau d'une manière différente. Ce n'est pas uniquement par souci de perfectionnisme qu'il importerait de répéter vingt fois, cent fois, mille fois, ou indéfiniment, certains de nos ouvrages. Certains de nos questionnements doivent être nourris sans interruption, sans croire pouvoir y avoir un jour répondu, une fois pour toutes. Au risque sinon, si l'on considère l'ouvrage comme achevé, de ne plus tenir cette *bonne distance* avec nos propres pensées (voir chronique #10).

> Hâtez-vous lentement ; et, sans perdre courage,
> Vingt fois sur le métier remettez votre ouvrage.

Dans ce contexte, j'avais choisi cette première chronique de l'année 2024 pour formuler ma réponse actuelle à ce questionnement déterminant. Pourquoi ? Sans doute parce que cette année terrible mettait en pleine lumière la multiplicité de nos temporalités qui se superposent sur la scène de nos consciences, avec leurs décalages, leurs asynchronies et leurs télescopages. Je suis depuis longtemps sensibilisé à cette riche idée depuis que Karine, ma femme, l'a forgée et placée au cœur de son roman *Chana Tova Barbara*. Entre le début officiel de cette année de chroniques le 1ᵉʳ septembre 2023, le Nouvel An du 1ᵉʳ janvier 2024 et la nouvelle période marquée par le 7 octobre 2023, voici déjà trois dates distinctes pour découper différemment une même période de temps vécu. En choisissant celle du 1er janvier pour réaffirmer le choix de la subjectivité, j'essayais, je crois, de faire sens de cette multiplicité de calendriers.

Gloses en prose

« *Je livrai ce thème dès le vendredi 1er septembre dernier en intitulant ces chroniques : "Au sujet du sujet". Mon fil rouge consiste à s'intéresser à la fois à la manière dont nous vivons subjectivement nos existences et à l'étude objective de cette subjectivité.* » Vous avez dit idée fixe ? À chacun ses marottes.

« *"Je pense, donc je suis" signifie aussi ceci : nul ne peut se dispenser de ce qui se pense en lui, quelle que soit la valeur de ces pensées.* » Je fais ici référence à un développement présent dans un essai précédent (*Le Chant du signe*, voir dans le chapitre 3 le passage intitulé « Herméneutique de l'accident de collision : les limites de l'empathie »).

« *L'étude de nos subjectivités n'a donc rien de superflu, mais s'avère une chose très nécessaire.* » Une référence explicite à un souvenir – sans doute commun à nombre d'anciens collégiens et lycéens – de dissertation autour de la célèbre citation de Voltaire : « Le superflu, chose très nécessaire. »

« *L'un d'entre eux, toutefois, nous demandait une ultime révision : les auteurs pourraient-ils remplacer partout dans leur article le mot de "sujet/subject" par celui de "volontaire" ou d'"individu", en raison de la dimension "coloniale" du terme sujet ? dixit* » : la publication d'un article scientifique repose essentiellement sur le processus de révision par des pairs (c'est-à-dire par d'autres chercheurs) qui vont en produire une évaluation critique (au sens riche du terme). Les auteurs du travail devront répondre à l'ensemble de ces évaluations critiques, et dans l'immense majorité des cas réviser leur article. Ce processus peut se répéter et conduire à plusieurs tours successifs de révision. C'est dans ce contexte qu'après avoir amélioré notre article en répondant à toutes les questions ou critiques qui nous avaient été adressées, nous avons reçu cette ultime requête : « *Subject/subjects (throughout the paper) : unless Nature journals differ from, say, APA journals, the term participant is preferred to the colonial term subject.* »

« *Chérir notre subjectivité sans pour autant lui vouer un culte. La chérir sérieusement, mais sans la prendre trop au sérieux.* » On re-retrouve ici le concept de la « bonne distance » à adopter pour considérer les données subjectives (les nôtres et celles d'autrui ; voir chronique #10).

#20 L'UTILITARISME EST HORS SUJET

▪ *vendredi 12 janvier 2024*

CHRONIQUE

Ce matin, vous voulez évoquer notre rapport avec les sciences ?

J'aimerais aborder le sentiment de malaise que j'éprouve, parfois, face à certaines des raisons avancées pour justifier l'intérêt que nous devrions accorder aux sciences, et plus largement à la connaissance. Encore me faut-il définir ce sentiment désagréable. Inspiré par l'art achevé du questionnement version Jean Seberg dans les dernières images d'*À bout de souffle* : « Qu'est-ce que c'est, dégueulasse ? », il nous faut donc oser le : « Qu'est-ce que c'est, malaisant ? » Ce sentiment de malaise tient en un mot : l'utilitarisme, et en une attitude, celle qui consiste à adopter une conception exclusivement utilitaire de la science et de la connaissance. Ne s'intéresser aux sciences qu'en raison des progrès dont elles sont effectivement porteuses. La science envisagée uniquement comme la source de solutions à nos problèmes de toute nature : nos problèmes médicaux, technologiques, énergétiques, écologiques, économiques, sociaux, éducatifs, psychologiques, etc. Et comme tout problème vraiment sérieux, cette conception utilitariste est dotée de puissants attraits ! J'y vois d'ailleurs une clé de notre modernité. Soyons clair : il va de soi que l'on ne peut que se réjouir des progrès apportés par les sciences. Mais progrès et promesses de progrès résument-ils la valeur que l'on est en droit d'accorder à l'exercice de la connaissance ?

Et pourquoi une telle conception utilitariste de la science serait-elle l'une des clés de notre modernité ?

Parce que les sciences ont rarement été aussi prolifiques en applications qu'elles le sont aujourd'hui : de l'IA à la reproduction artificielle ou à CRISPR-Cas9, des promesses de l'ordinateur quantique aux époustouflants accomplissements du *deep learning*, sans oublier les nanoparticules, les vaccins à ARN messager ou les interfaces cerveau-machine. En cela, nous vivons une période inédite, qui souligne à gros coups de Stabilo le potentiel utilitaire authentique de la science. Autrement dit, l'époque tend à accentuer ce sentiment de malaise, c'est-à-dire, répétons-le, à nous pousser à ne considérer la science et la connaissance qu'à l'aune de leur valeur utilitaire actuelle ou potentielle.

À ce stade, une question s'impose : quelle serait l'alternative à cette conception utilitariste ?

Roulements de tambours… S'intéresser aux sciences et à la connaissance pour elles-mêmes ! Ou plutôt, pour ce que leur exercice provoque en nous : la connaissance envisagée comme une transformation de soi, de notre système de croyances, de notre représentation du monde et de nous-mêmes. La connaissance envisagée comme une métamorphose ininterrompue, comme une re-naissance perpétuelle à soi, comme une source d'émerveillement rationnel. Le mathématicien Jean Dieudonné a écrit un essai dont le titre illustre magnifiquement ce rapport à la connaissance : *Pour l'honneur de l'esprit humain*. Dans cette perspective, la conception non utilitariste de notre rapport aux sciences et à la connaissance ne méprise nullement les progrès dont elles sont porteuses. Nous nous réjouissons au contraire de ces progrès, nous les poursuivons avec acharnement et motivation (en médecine par exemple en ce qui me concerne), mais sans oublier que nos recherches sont également motivées par le désir de *connaître pour connaître* !

Cette mise en garde contre l'utilitarisme conserve-t-elle sa pertinence au-delà des sciences ?

Nous venons de constater que l'utilitarisme radical obère une dimension essentielle de notre rapport à la connaissance. Cet effet se fait plus évident encore, appliqué à nos relations interindividuelles : envisager nos relations aux autres dans une perspective exclusivement utilitaire ouvre un horizon qui n'a rien d'épanouissant ni de réjouissant. À vrai dire, on peut pousser un peu plus loin encore cette critique en la déclinant à la première personne : résumer la valeur que nous accordons à notre propre personne à l'utilité dont nous faisons preuve à notre égard ! Ne s'intéresser à soi, en somme, qu'à hauteur de notre performance utilitaire. Soumis à cette inédite pression sociétale d'utilitarisme, n'oublions donc pas qu'il est possible d'être contemporain sans renoncer à cet *honneur de l'esprit humain* que nous évoquions. Le vôtre, le mien, le nôtre.

HORS ANTENNE

En me relisant, cette critique d'une conception utilitariste de la science (et plus largement de la connaissance) me semble contenir non pas *Quatre mariages et un enterrement*, mais plutôt quatre idées et un malentendu. Le « Hors antenne » me donne loisir d'égrener ici ces cinq commentaires d'une critique qui ne m'a jamais semblé aussi nécessaire qu'aujourd'hui. À la fois parce que l'utilité de la science ne s'est jamais montrée aussi évidente, mais aussi parce que l'urgence des défis auxquels nous devons apporter des solutions utiles ne s'est jamais faite aussi pressante : défis écologiques et environnementaux, défis sociaux, médicaux et énergétiques. Bref, il me semble utile de clarifier cette posture antiutilitariste. Alors commençons par clarifier le malentendu qu'elle contient. Cette chronique n'est ni un exorde idéaliste ni un cliché romantique. Elle ne défend pas l'idée d'une beauté de la science qui se jouerait en dehors de nous. À vrai dire, de tels idéalismes me semblent toujours suspects du fait de leur antisubjectivisme en puissance et de leur fragilité (sur le mode : *seule compte la beauté des idéaux qui n'ont rien à voir avec nous*). Fragilité de tels idéalismes dont l'adepte éprouve à l'évidence un plaisir à contempler cette beauté idéale de la science ou de la connaissance. Ce faisant, il oublie ou néglige que cette expérience de plaisir n'est pas vécue par l'« idéal » qu'il contemple, mais bel et bien par lui. Or une expérience susceptible de procurer du plaisir à celui ou celle qui s'y prête se voit nécessairement conférer une utilité certaine. Ou comment l'esthétique romantique de l'idéalisme de la science se révèle… un avatar à peine masqué de l'utilitarisme. Un utilitarisme qui s'ignore, un utilitarisme dont on aurait honte, voire un utilitarisme hypocrite ou encore un utilitarisme hystérique (c'est-à-dire qui se jouerait en toute bonne foi), mais un utilitarisme tout de même.

Quelles sont alors les quatre idées que je voulais déposer dans cette critique ?

Les deux premières consistent à dépasser l'utilitarisme… pour en décupler l'utilité ! Tout d'abord, il est classique, et pleinement justifié, d'affirmer que la meilleure manière de rendre la science utile consiste à la produire de manière apparemment inutile. C'est-à-dire en laissant de grands esprits très instruits, très curieux, très originaux et passionnés s'abandonner à leurs cogitations le plus librement possible, sans les astreindre à un cahier des charges borné et explicite, empli d'attentes utiles, et surtout immédiatement utiles. Si ce principe a déjà fait ses preuves en mathématiques pures et en physique, il s'applique également dans les sciences du vivant et notamment en neurosciences. Dernier exemple en date, le prix Nobel de médecine 1965 attribué à Lwoff-Monod-Jacob, notamment pour leur découverte de l'ARN messager (lisez les pages qui sont consacrées à ce processus créatif dans *La Statue intérieure* de François Jacob)… n'allait montrer toute sa « valeur utile » que plus d'un demi-siècle plus tard, à travers les vaccins ARN lors de la pandémie du Covid-19. Cette réflexion invite à reconsidérer la conduite des grands programmes de recherche dont les agences ont de plus en plus tendance – à mon humble avis – à se laisser bercer par les sirènes de l'utilitarisme, et par exemple à conditionner les financements octroyés aux chercheurs à des critères d'utilité immédiate. Cette première idée qui souligne la valeur utile, voire méga-utile, d'une posture antiutilitariste étriquée concerne le collectif, voire l'humanité. En cultivant l'inutile intelligemment, on décuplera l'utile à une échelle globale.

La déclinaison de cette même idée à l'échelle d'un individu considéré isolément renferme un formidable moteur pour apprendre à se propulser vers un au-delà de soi, c'est-à-dire vers un au-delà de ce que l'on identifie subjectivement à un moment donné comme étant le périmètre qui délimite les bénéfices et les intérêts personnels que l'on poursuit. Cet accroissement de notre sphère d'utilité est un mécanisme qui se joue en deux temps : (i) je décide de m'intéresser à une science sans y chercher une utilité personnelle immédiate ; (ii) et une fois sur le chemin de cette quête j'y découvre une utilité personnelle dont je n'avais pas idée avant de me lancer dans l'aventure. Ce dépassement de soi permet ainsi de décupler la valeur utile pour soi de la science et de la connaissance. Que l'on soit un chercheur ou un citoyen ordinaire. On notera incidemment que décider de considérer la science et la connaissance autrement que sous leur seule valeur utile pour soi-même est aussi une école de la générosité, du désintéressement et de l'ouverture aux autres, voire à la notion abstraite d'humanité à travers l'espace et le temps : *connaître non pas pour moi, mais connaître pour l'humanité.*

Notre troisième idée consiste à aller vraiment au-delà du concept d'utilité de la connaissance et à révolutionner notre regard sur l'existence en apprenant qu'il est possible de ne pas la conditionner à une valeur d'utilité ou de performance. Faire ce choix ne se limite pas à faire l'apologie d'une existence « inutile » – c'est-à-dire à défendre son statut d'existence malgré des carences utilitaires ou de performance –, mais plus profondément à poser que la valeur de l'existence n'est pas à rechercher du côté de l'utilité. Que l'on soit performant ou pas, utile ou pas, notre existence ne se juge pas, ne se jauge pas à cette échelle. Ainsi que je le signalais dans cette chronique, cette prise de conscience porte à conséquence pour l'intersubjectivité et pour le rapport à soi. Notre quatrième et dernière idée poursuit le chemin exploré par la précédente. Choisir de s'intéresser à la connaissance pour elle-même permet de se (re)découvrir soi-même, de refaire précisément connaissance avec l'une des facettes les plus essentielles de notre existence : notre dynamique subjective. En effet, dès lors que nous sommes lucides du fait que la connaissance est une expérience qui articule une subjectivité avec un support ou une information dont cette subjectivité va sortir transformée, la défense d'une conception antiutilitariste de la connaissance met en lumière l'importance pour nous de notre propre existence subjective. Pour les plus familiers de ces chroniques : XYX' (voir chronique #11).

On le voit bien, cette critique antiutilitariste combine un double mouvement : d'une part un mouvement de propulsion vers au-delà de soi (deuxième réflexion), d'autre part un mouvement de plongée à l'intérieur de soi (quatrième réflexion). C'est tout cela que j'avais en tête en rédigeant les 700 mots lus à l'antenne ce matin-là. Nouvelle variation autour du fil rouge de ces chroniques : « Sujet, es-tu là ? »

#21 POURQUOI LE CERVEAU ?

Épisode 1. Ni cerveaulâtrie ni *vade retro cerebras*

▪ *vendredi 19 janvier 2024*

CHRONIQUE

Vous nous proposez de réfléchir à la place qu'occupent les sciences du cerveau dans la connaissance de soi, avec une mini-série en trois épisodes ?

J'aimerais répondre à la question suivante : pourquoi le cerveau ? Pourquoi s'intéresser au cerveau lorsque l'on cherche à comprendre notre vie mentale ? Cette question trouve son origine dans mon observation, au fil des années, des rencontres et des discussions, des réactions très diverses suscitées par les neurosciences chez les non-experts du domaine. Ces réactions m'intéressent du fait de leur effet spéculaire sur notre activité de chercheurs : comment nos travaux sont perçus par nos concitoyens, comment ils alimentent leur propre *cinéma intérieur*. Dans le cadre de cette forme d'enquête observationnelle, deux réactions extrêmes m'ont interpellé.
La première pourrait porter le nom de *cerveaulâtrie* : certains discours semblent concevoir les sciences du cerveau comme l'alpha et l'oméga de la connaissance de soi. Presque une sorte de messianisme moderne laïque dont l'avènement rendrait caduc les anciens cultes, euh… les anciens discours : psychologie, psychanalyse, sociologie, anthropologie, des pans entiers des sciences humaines et sociales, voire de la philosophie, seraient à remiser au rang de vestiges sur les étagères du musée de l'Histoire de nos velléités à

nous connaître. Les neurosciences envisagées comme un Nouveau Testament de la connaissance de soi !

Il est facile de disqualifier la *cerveaulâtrie*.

D'abord, en rappelant qu'un cerveau dans un bocal ne fait pas grand-chose. Les fonctions du cerveau n'émergent que dans les interactions de ses constituants avec le reste du monde : avec les autres organes de notre corps, avec l'environnement, et surtout à travers nos expériences de vie et nos interactions interindividuelles, sociales et culturelles. Bref, il est indispensable de conjuguer les sciences du cerveau avec toutes les autres sciences qui se préoccupent elles aussi de l'humain, pour tenter de produire un discours nouveau sur nous-mêmes*glose*. Et ma présence dans cette chronique ouverte aux mille et un sujets qui m'inspirent illustre, humblement, la nécessité de cette difficile et fragile interdisciplinarité.

Ensuite, les connaissances fabuleuses mais balbutiantes de ma discipline sont souvent, ici, instrumentalisées comme de prétendues démonstrations à de très vieilles idées (antérieures aux neurosciences) *relookées* à coups d'usage métaphorique de plasticité cérébrale*glose*, d'ondes cérébrales ou de *deuxième cerveau*.

Vous nous parliez de deux réactions extrêmes. Quelle est la seconde ?

Aux antipodes de la *cerveaulâtrie*, il m'est arrivé de rencontrer des adeptes du *vade retro* non pas *satanas* mais *cerebras* ! Ces derniers se conçoivent comme d'authentiques *neurorésistants* et semblent voir dans les sciences modernes du cerveau un cauchemar antihumaniste réductionniste étriqué. Un cauchemar scientiste dont le fantasme intérieur viserait à mettre à mort notre vie subjective et notre sentiment de liberté en cherchant à les objectiver, à les chosifier. Les neuroscientifiques sont ici conçus comme des chasseurs de nos esprits qui, si on les laissait faire, épingleraient bientôt sur un mur de liège les cadavres de nos subjectivités. Le *vade retro cerebras* me semble résulter d'une combinaison de peur et d'ignorance. La peur d'abord d'un grand remplacement fantasmatique où une nouvelle discipline qui a le vent en poupe (les neurosciences) est vécue comme un envahisseur en puissance qui menacerait un sentiment de territorialité : *vade retro cerebras, la vie de l'esprit est de notre unique ressort, c'est notre chasse gardée.* Cette agressivité s'expliquerait par la crainte, non moins fantasmatique, de recevoir bientôt un *avis d'expulsion.* Cette peur se conjugue à une ignorance alimentée par le conformisme et par une forme de paresse intellectuelle. Franchir la porte des laboratoires de neurosciences, lire les articles, participer à ses débats animés et polyphoniques permet de disqualifier cette imagination pauvre. Les neurosciences sont le lieu d'un bouillonnant questionnement scientifique renouvelé de l'humanisme et elles ne cessent de solliciter les autres disciplines. De nombreux philosophes contemporains plongent d'ailleurs au sein des sciences du cerveau et fécondent la discipline par leurs analyses critiques constructives[glose].

Ayant écarté *cerveaulâtrie* et *vade retro cerebras,* qui se rejoignent dans la pauvreté de leur conception des neurosciences, il devient possible d'examiner notre question inaugurale, qui reste entière : mais pourquoi diable s'intéresser au cerveau pour comprendre notre vie mentale ?

À vendredi prochain !

HORS ANTENNE

« Pourquoi le cerveau ? » est originellement le titre d'une conférence que j'avais donnée dans les locaux du quotidien *Le Monde,* le 13 septembre 2018. Cette série de trois chroniques provient également d'idées formulées à l'occasion d'une autre conférence en l'hommage du penseur Tzvetan Todorov et en sa présence (« Apologie de l'éclectisme en sciences de l'homme » pendant le colloque international intitulé *La Signature humaine. Autour du travail de Tzvetan Todorov*). Une troisième et dernière source enfin : un dossier que j'ai coordonné et auquel j'ai contribué dans la revue *Cités*. Mon texte introductif intitulé « Cerveau et pensée, rien de neuf sous le soleil philosophique ? », puis mon article « Neurosciences et sciences humaines : une relation à inventer » incluent des idées qui ont nourri cette série de chroniques.

Gloses en prose

« *Bref, il est indispensable de conjuguer les sciences du cerveau avec toutes les autres sciences qui se préoccupent elles aussi de l'humain, pour tenter de produire un discours nouveau sur nous-mêmes.* » Cette phrase-adage constitue une sorte de hub sémantique que l'on peut connecter à l'ensemble des chroniques de ce volume.

« *Ensuite, les connaissances fabuleuses mais balbutiantes de ma discipline sont souvent, ici, instrumentalisées comme de préten-dues démonstrations à de très vieilles idées (antérieures aux neuro-sciences) relookées à coups d'usage métaphorique de plasticité cérébrale* [...]. » Pour un développement récent de cette idée on pourra lire mon court article « La plasticité cérébrale n'est pas un credo néolibéral », publié dans un numéro hors-série du magazine *Le Point* en septembre 2024.

« *De nombreux philosophes contemporains plongent d'ailleurs dans les sciences du cerveau et fécondent la discipline par leurs analyses critiques constructives.* » Je pense en particulier à l'immense et regretté Daniel Dennett (voir chronique #37), mais également aux cogitations stimulantes de Ned Block (conscience phé-noménale), de David Chalmers et, en France, à Pierre Jacob (en particulier ses travaux avec le neurophysiologiste Marc Jeannerod), à Denis Forest (on peut lire en particulier son essai *Neuroscepticisme*), à Élisabeth Pacherie, à Jérôme Sackur ou Mathias Michel, et à bien d'autres encore.

#22 POURQUOI LE CERVEAU ?

Épisode 2. La carte (cérébrale) parfois transforme le territoire

▪ *vendredi 26 janvier 2024*

CHRONIQUE

Ce matin, deuxième épisode de votre mini-série « Pourquoi s'intéresser au cerveau lorsqu'on cherche à comprendre notre vie mentale ? ».

Vendredi dernier, nous avons écarté deux premières réponses opposées qui se rejoignent dans leur extrémisme simpliste. Réponses que nous avons respectivement qualifiées de *cerveaulâtrie* et de *vade retro cerebras*. Ni adoration du cerveau ni rejet radical *a priori* du cerveau, donc, pour comprendre notre vie mentale.

Retour à notre question : pourquoi se tourner vers le cerveau pour mieux se connaître ? Cette question peut sembler étonnante, voire incompréhensible, puisque aujourd'hui la vie de notre esprit semble indissociable de celle notre cerveau. Pourtant, elle mérite vraiment d'être posée.

Considérons par exemple que nous cherchions à comprendre la mémoire.

À l'évidence, la mémoire est un phénomène psychologique. En vertu de quels effets l'étude du cerveau enrichirait-elle la psychologie de la mémoire*glose* ? Pourquoi chercher à investir non pas un mais deux champs du savoir (la psychologie et les neurosciences) et courir les risques inhérents à l'interdisciplinarité : le risque de la médiocrité de deux savoirs mal maîtrisés, le risque des malentendus conceptuels entre disciplines distinctes, ou encore le risque d'une interdisciplinarité qui restreint ses explorations à un minuscule territoire balisé de lieux communs. Une interdisciplinarité « peau de chagrin ». Faisons un pas de plus, imaginons que nous ayons franchi ces obstacles avec succès. Que serions-nous alors en droit d'attendre ? Une cartographie cérébrale précise de la mémoire. Assurément, une telle carte enrichirait l'étude du cerveau, mais on voit mal en quoi elle enrichirait notre connaissance de la mémoire…

Votre raisonnement semble implacable. Pourquoi donc ce détour par le cerveau ?

Parce que parfois *la carte transforme le territoire* !
Le détour par le cerveau peut procurer une transformation inédite de notre définition du phénomène mental considéré. Le détour par le cerveau permet ainsi de révolutionner la psychologie ! J'aime parler ici de *cycles dialectiques* qui partent de la psychologie pour aller vers le cerveau, puis revenir à la psychologie.
Reprenons l'exemple de la mémoire.
Vous commencez ce cycle par une définition générale de la mémoire : la mémoire correspond à la capacité d'enregistrer une information, de la stocker puis d'y réaccéder dans le futur.
Vous poursuivez alors ce cycle en vous tournant vers le cerveau. Surprise ! Votre cartographie de la mémoire vous révèle qu'il existe en réalité une dizaine de formes de mémoire différentes et dissociables les unes des autres, qui reposent sur des réseaux cérébraux distincts. Des maladies distinctes causent des atteintes dissociées de ces types de mémoire. La mémoire procédurale, par exemple, est atteinte dans la maladie de Parkinson qui touche les ganglions de la base, alors que la mémoire consciente des épisodes vécus implique les régions hippocampiques et est précocement atteinte dans la maladie d'Alzheimer. Ces atteintes dissociées démontrent la multiplicité et la relative indépendance de nos mémoires.

Retour alors à la psychologie pour la troisième étape de ce cycle dialectique : il faut désormais penser la mémoire au pluriel. Ce que nous pensions jusqu'alors comme un phénomène unitaire correspond en réalité à une collection de systèmes de mémoire distincts. Ce passage du singulier au pluriel a nécessité ce détour par le cerveau et par la neurologie de la mémoire. Je pourrais multiplier à souhait les illustrations de tels cycles dialectiques féconds. Souvenez-vous par exemple de la découverte, évoquée dans une chronique passée, des liens profonds entre notre représentation de l'espace et la mémoire consciente des épisodes de notre existence*glose*. Bref, à notre question initiale : « Pourquoi s'intéresser au cerveau lorsque l'on cherche à comprendre notre vie mentale ? », nous sommes désormais en mesure d'apporter une réponse réfléchie qui n'a rien de commun avec la *cerveaulâtrie* ou avec le *vade retro cerebras* : le détour par les sciences du cerveau offre, parfois, un enrichissement insoupçonné de la psychologie !

Vous annonciez trois épisodes. Il en reste donc encore un ?

Si la psychologie peut bénéficier des sciences du cerveau, il en va de même pour l'enjeu primordial de la connaissance, qui est une aventure qui se vit nécessairement à la première personne. Vendredi prochain, nous relirons donc la plus fameuse des maximes de la philosophie : le *connais-toi toi-même* du divin Socrate !

HORS ANTENNE

Gloses en prose

« *À l'évidence, la mémoire est un phénomène psychologique. En vertu de quels effets l'étude du cerveau enrichirait-elle la psychologie de la mémoire ?* » J'ai connu, il y a fort longtemps, d'éminents chercheurs en psychologie cognitive et en psycholinguistique qui revendiquaient une posture qualifiée de « fonctionnaliste », c'est-à-dire qui considéraient que l'étude de l'implémentation cérébrale des phénomènes psychologiques qu'ils étudiaient ne présentait pour eux strictement aucun intérêt. Pire, ils considéraient que de tels efforts pourraient introduire de la confusion et un appauvrissement dans leur discipline. Bien que je considère que porter cet avis de manière irrévocable constitue une profonde erreur, il m'a toujours paru essentiel d'examiner avec attention la nature des risques potentiels de l'interdisciplinarité. Afin, notamment, de conjurer ce jugement sans appel de certains collègues « fonctionnalistes » et de rappeler qu'un risque potentiel n'est pas un risque certain !

« Souvenez-vous par exemple de la découverte, évoquée dans une chronique passée, des liens profonds entre notre représentation de l'espace et la mémoire consciente des épisodes de notre existence. » Voir les trois chroniques de la mini-série : « Les aventuriers de la carte mentale perdue » (chroniques #14, #15 et #16).

#23 POURQUOI LE CERVEAU ?

Épisode 3. Au sujet qui se connaît lui-même

▪ *vendredi 2 février 2024*

CHRONIQUE

Pour clôturer votre mini-série « Pourquoi s'intéresser au cerveau pour se connaître ? », vous vous tournez vers le « connais-toi toi-même » socratique.

Si le projet de se connaître (le *connais-toi* du *connais-toi toi-même*) constitue à l'évidence le cœur de l'aventure de la connaissance, c'est bien entendu la fin de la formule socratique qui est plus énigmatique : que vient nous apprendre le *toi-même* final ? Ce *toi-même* qui apparaît tout autant dans le texte grec originel que dans ses traductions latine ou française. Serait-il d'ailleurs possible de se connaître sans que cela ne passe par nous-même ? Pourquoi donc redoubler d'insistance sur ce *toi-même* final ? Le texte gravé à l'entrée du temple de Delphes semble nous hurler à travers les siècles quelque chose comme : *tu vois bien que ma formulation attend de toi que tu m'interprètes…* toi-même !

Se connaître soi-même sonne avant tout comme une invitation à une connaissance de soi directe, et non pas une connaissance de soi indirecte, de seconde main, qui relèverait d'une déférence à l'égard de savants ou de philosophes qui sauraient, eux, me dire qui je suis. Variation contre un « c'est quelqu'un qui m'a dit que j'existais encore », chanté avec la voix de Carla Bruni.

On croiserait ici la formule socratique avec le *ose connaître* de Kant pour proposer un *ose te connaître* !

Retour à Descartes et au cogito : au début et à la fin de tout, il y a moi, la prison sans échappatoire de ma conscience subjective. C'est parce que je sais que je pense que je suis certain d'exister, quelle que soit la validité de mes pensées. Dans un tel contexte, il serait illusoire de croire pouvoir connaître*glose* quoi que ce soit en faisant l'économie de soi. Le *toi-même* permet aussi de souligner le double statut, unique et vertigineux, de la connaissance de soi : être à la fois le sujet et l'objet de cette démarche de connaissance. Le projet fou de s'objectiver subjectivement*glose*.

Un tel projet est-il simplement possible ?

L'oracle de Delphes nous indique que la connaissance de soi ne peut être qu'une aventure sans fin. Dans ma chronique du 10 novembre dernier je proposais de définir l'expérience de connaissance comme la collision entre le système subjectif X d'un individu (riche de ses fictions, de ses interprétations, de ses croyances) et une information Y. Une collision dont l'issue ne serait autre que la transformation de notre système subjectif X en une version mise à jour de lui-même X'. La connaissance résumée par l'équation XYX'. Chercher à se connaître correspond ici à ce que le Y ne soit autre que X lui-même ! L'équation XYX' devient alors XXX', et puisque X vient de se transformer en X', se connaître vraiment nécessitera de poursuivre l'aventure par un X'X'X'', etc., indéfiniment. La connaissance de soi se révèle ici comme un mouvement ininterrompu de mises à jour d'un système subjectif tourné vers lui-même. Se connaître revient à se transformer soi-même : un art de la métamorphose perpétuelle.

Mais où sont les sciences du cerveau ?

Cette aventure de la connaissance de soi comporte un « os », une zone aveugle, qui n'a jamais été aussi visible que depuis la naissance des neurosciences cognitives. Nous ne sommes pas totalement transparents à nous-mêmes ! L'introspection est précieuse, mais également pleine de carences et de fausses pistes sur soi[glose]. Bref, pour oser se connaître, il faut oser sortir de soi et mettre à contribution une observation de soi à la troisième personne. C'est ici que les sciences du cerveau peuvent jouer un rôle unique à travers un projet qui porte le nom d'hétéro-phénoménologie. Mais si se connaître exige de sortir de soi, cette étape n'est guère suffisante ! Se connaître vraiment impose de se connaître *soi-même*, c'est-à-dire de conduire cette enquête en quête de soi depuis l'intérieur de soi. Non pas connaître ce que « je » est, c'est-à-dire ce que cet humain spécifique qui porte mon nom est pour quiconque aimerait le connaître depuis l'extérieur, mais connaître ce que je suis. Une énigme que seul moi suis capable de résoudre, ou pas. Connais-toi toi-même…

HORS ANTENNE

Gloses en prose

« *Croire pouvoir connaître* ». Mon usage fréquent de triplets de verbes à l'infinitif est un hommage à cette pensée à l'infinitif, initiée et explorée par le neurophysiologiste polymathe Emmanuel Fournier (disparu tragiquement le 2 avril 2022) et exposée dans son opus aux élans oulipiens *Croire devoir penser*.

« *Le projet fou de s'objectiver subjectivement.* » « Au sujet du sujet » *bis* (voir chronique #01, et de nombreuses autres), avec ces multiples manières d'explorer l'immémoriale énigme de la connaissance toute subjective du monde objectif, et l'épineuse énigme de ces rencontres entre d'une part le feu de la subjectivité et d'autre part la glace de l'objectivité.

« *L'introspection est précieuse, mais également pleine de carences et de fausses pistes sur soi.* » Ce principe est universel et extrêmement général car il est vérifié dans des champs de notre cognition aussi distincts que la perception, la mémoire épisodique, la prise de décision, etc. En de multiples situations non seulement nous ignorons des pans entiers de ce qui opère inconsciemment en nous, mais notre introspection surestime nos capacités conscientes. Dans *Le Cinéma intérieur*, j'ai par exemple montré à quel point nous sommes sujets à ce que j'appelle l'« illusion de complétude visuelle », c'est-à-dire l'illusion de voir consciemment tout ce qui se trouve devant nous, alors qu'il est possible de montrer que nous ne prenons conscience que d'une infime partie de ce qui est là et que nous inventons à notre insu tout le reste. Avec, au final, cette intime conviction d'avoir vu tout ce qui se trouve face à nous. Répétons-nous, ce type de phénomène n'est pas restreint à la perception, mais concerne la plupart des domaines de notre vie mentale consciente.

#24 TOMBEAU NEURO-SCIENTIFIQUE DE PIERRE DAC

▪ *vendredi 9 février 2024*

CHRONIQUE

Vous nous proposez ce matin un mystérieux tombeau neuroscientifique ?

Il y a quelques jours encore, je ne savais pas de quoi ma chronique serait faite[glose]. Où dénicher mon sujet ? Je restai coi, jusqu'à ce qu'une voix enveloppée par le *Chant des partisans* m'indique le chemin à suivre :

Je vais vous dire où vous pourrez le trouver.
Si, d'aventure, vos pas vous conduisent du côté du site Wikipédia, entrez la date du 9 février, cliquez, puis descendez à la rubrique des décès et, au paragraphe dédié au XXe siècle, arrêtez-vous à la douzième ligne. C'est là que reposent les lettres qui composent le nom de ce qui fut un beau, brave et joyeux garçon, disparu le 9 février 1975.
C'était Pierre Dac.

Vous venez, Lionel, de pasticher la magnifique réponse de Pierre Dac qui réagissait, depuis Londres en 1944 sur les ondes de la BBC, aux propos antisémites de Philippe Henriot en évoquant la mort de son propre frère, tombé pour la France en 1915[glose].

En effet, Guillaume, et j'invite tous les auditeurs à lire ce texte accessible en ligne. Nous sommes au cœur de mon tombeau pour

Pierre Dac, c'est-à-dire de mon hommage tissé de mots, à la mémoire de ce grand résistant, en ce 9 février, date anniversaire de sa disparition. Pierre Dac savait transformer l'absurdité de l'existence en éclats de rire, suspendus entre joie et désespoir. Et pour que ce tombeau ait une résonance neuroscientifique, j'aimerais l'ancrer dans l'un de ses aphorismes :

> Si la matière grise était plus rose, le monde aurait moins les idées noires.

Une fois traversés par la fulgurance de cette saillie drolatique, amusons-nous à la commenter. En associant notre matière grise, donc nos neurones, à nos idées, Pierre Dac se révèle penseur matérialiste. Son matérialisme se fait plus clair encore lorsqu'il imagine qu'une modification de certaines propriétés de notre cervelle (la colorer en rose) se traduirait par une modification équivalente de nos contenus mentaux (nos idées seraient moins noires) !

Plus impressionnant encore, la formule de Pierre Dac serait visionnaire car elle croise la dynamique de nos sentiments à celle de notre cortex : nos émotions n'échappent pas aux autoroutes de l'information neuronale que certains pensaient réservées à la circulation de nos seules pensées rationnelles. Raison et émotions partagent une promiscuité neuronale longtemps insoupçonnée. À vrai dire, on pourrait même entendre son aphorisme comme une invitation avant-gardiste aux projets actuels de neuro-amélioration : colorer notre cortex en rose à coups de molécules ou de stimulations cérébrales pour voir la vie en rose !

Le prince des humoristes, un neuroscientifique en herbe visionnaire ?

On peut le dire, cher Francis Blanche... euh, cher Guillaume, mais on pourrait aussi bien affirmer le contraire ! Car la puissance corrosive de l'humour permet parfois d'inverser le sens littéral d'une formule. Une sorte de multiplication par (– 1) appliquée à un énoncé qui a alors valeur d'antiphrase. Presque une démonstration par l'absurde :

Si la matière grise était plus rose, *alors* le monde aurait moins les idées noires.

L'absurdité d'une telle conclusion disqualifierait l'hypothèse de liens entre cerveau et pensée, posée en prémisse. Presque un CQFD.

On peut y voir aussi une critique sociologique du langage des neuroscientifiques pour qualifier les objets et concepts qu'ils manipulent : pourquoi avoir choisi la couleur grise pour dénommer la substance éponyme, au-delà des arguments biologiques/histologiques souvent mis en avant ? De la matière grise aux idées noires, sans oublier l'usage du rose un brin genré au féminin par l'évidente évocation de *la vie en rose*, Pierre Dac ne se poserait-il pas en lutteur intersectionnel, révolté par toutes ces stigmatisations chromatiques ? À moins qu'il ne faille, plus raisonnablement, revenir à la poésie et à l'art de la synesthésie, cette forme de correspondance qui permet d'inventer des liens inédits et intimes entre couleurs et concepts. « La Terre est bleue comme une orange ! » disait Éluard.

Dans une échappée belle, Pierre Dac montre que nous pouvons colorer nos cortex (et donc nos émotions) par la magie du langage, et faire ainsi un pied de nez à l'absurdité de l'existence dans un éclat de rire plein de panache.

HORS ANTENNE

Gloses en prose

« *Il y a quelques jours encore, je ne savais pas de quoi ma chronique serait faite.* » C'est tout ce qu'il y a de plus vrai. Certaines de mes chroniques dont celle-ci illustrent pour moi la démarche qui me procure le plus grand plaisir : me lancer sur une piste (ici la date du jour de ma chronique, puis l'attrait pour Pierre Dac) sans vraiment savoir si elle sera satisfaisante, puis tomber inopinément sur des idées, des réflexions ou des sentiments que je n'avais pas prévus, que je n'avais pas pré-vus. J'aime cette forme de course à la fois raisonnée et folle, ce que je décrivais déjà dans le « Hors

antenne » de la chronique #03 qui explorait la création artistique :
« Des textes qui résultent d'un étrange mélange de nécessité et de
hasards. » Je ne pourrai évidemment pas ici, par écrit, restituer
l'effet spécial radiophonique que j'avais concocté : ma voix chan-
geant de timbre, de prosodie et de rythme pour jouer une voix
autre que la mienne, imposante, spectrale, presque une voix de
Commandeur ou d'Esprit, es-tu là ?, plutôt que Sujet, es-tu là ?,
et qui prononçait ces mots qui m'étaient adressés avec en arrière-
plan la musique et les paroles du *Chant des partisans*. Il m'est
tout de même possible d'en copier les paroles. Ce qui devrait
compenser l'écart entre radio et lecture... d'autant plus que ce
jour-là, la bande-son que j'avais concoctée n'a pas été jouée ☹*.

> *Ami, entends-tu le vol noir des corbeaux sur nos plaines,*
> *Ami, entends-tu ces cris sourds du pays qu'on enchaîne,*
> *Ohé ! partisans, ouvriers et paysans, c'est l'alarme !*
> *Ce soir l'ennemi connaîtra le prix du sang et des larmes.*
> (Paroles de Maurice Druon et de Joseph Kessel.)

« *Vous venez, Lionel, de pasticher la magnifique réponse de Pierre
Dac qui réagissait, depuis Londres en 1944 sur les ondes de la BBC,
aux propos antisémites de Philippe Henriot en évoquant la mort de
son propre frère, tombé pour la France en 1915.* » Je vous invite
à lire (ou relire) ce texte magnifique lu par Pierre Dac depuis
les locaux de la BBC à Londres le 11 mai 1944, qui répon-
dait aux diatribes antijuives d'Henriot qui remettait en cause
l'attachement de Dac à la France. Voici la fin de cette lettre
qui contient le paragraphe que j'ai pastiché (texte en italique) :

> Un dernier détail. Puisque vous avez si obligeamment, et si
> complaisamment cité au cours de votre laïus me concernant, le
> nom et prénom de mon père et de ma mère, laissez-moi vous
> dire que vous en avez oublié un : celui de mon frère.
> *Je vais vous dire où vous pourrez le trouver.*

---

* Voir le « Hors antenne » de la chronique #18 au sujet de la présence d'émoticônes.

> *Si, d'aventure, vos pas vous conduisent du côté du cimetière Montparnasse, entrez par la porte de la rue Froidevaux, tournez à gauche dans l'allée, et à la sixième rangée arrêtez-vous devant la dixième tombe. C'est là que reposent les restes de ce qui fut un beau, brave et joyeux garçon, fauché par un obus allemand, le 8 octobre 1915, aux attaques de Champagne.*
>
> *C'était mon frère.*
>
> Sur la modeste pierre tombale, sous ses nom, prénom et le numéro de son régiment, on lit cette simple inscription : Mort pour la France à l'âge de 28 ans. Voilà, monsieur Henriot, je le répète, ce que cela signifie, pour moi, la France.
>
> Sur votre tombe, si toutefois vous en avez une, il y aura aussi une inscription. Elle sera ainsi libellée : Philippe Henriot mort pour Hitler fusillé par les Français.
>
> Bonne nuit, monsieur Henriot. Et dormez bien, si vous le pouvez.

Si la figure du comique habité par le tragique est depuis longtemps un lieu commun, un topos du discours, rappelons que les lieux communs ne sont pas nécessairement inintéressants ! Plus spécifiquement, le sens comique très particulier de Pierre Dac a souvent fait naître en moi un sentiment mixte. Truculences subtiles de ses joutes, de ses duels avec l'absurde, mêlées à une forme d'agacement face à sa persévérance dans cette posture. Une persévérance qui se fait parfois pesante. Ce « Tombeau pour Pierre Dac » m'aura permis de colorer ce sentiment mixte d'une nouvelle résonance. Des duels avec l'absurdité de la vie, c'est-à-dire avec celle de la mort qui n'est jamais aussi manifeste que lorsqu'elle est le fruit de l'injustice, de l'horreur et du crime. Le fleuret de Dac est ici sa langue, ses mots. Et les effets comiques qu'elle provoque ne seraient que le moyen utilisé pour atteindre un autre but : sidérer la mort par le rire. Non pas donc le rire en soi, mais le rire comme moyen, ce qui expliquerait son caractère parfois pesant ou systématique. Variation sur les *Contes des mille et une nuits*, ou comment rester en vie à toute force en riant de son absurdité, et en tenant la mort à bonne distance en la forçant à rire. *Pierre Dac, es-tu là ?*

#25 UNE PUCE NEURALINK DANS LE CERVEAU ?

Épisode 1. Fantasme ou réalité ?

▪ *vendredi 16 février 2024*

CHRONIQUE

Vous revenez ce matin sur l'annonce par Elon Musk du premier implant cérébral humain par sa société Neuralink.

Cette information ultramédiatisée par le propriétaire du réseau social X (ex-Twitter) a fait vibrer, voire vriller, des milliards de cerveaux. Que penser d'une telle annonce et de sa mise en scène planétaire ? Y voir le symbole de l'avènement d'une disruption civilisationnelle inédite ? Ou, au contraire, n'y voir que le discours d'un milliardaire mégalomane cynique à la recherche d'une nouvelle bulle spéculative*glose* ? Le bon sens, renforcé par mon expérience au Comité national d'éthique, m'a conduit à utiliser une approche en plusieurs questions successives face à de telles annonces.

Première question à se poser : Neuralink, fantasme ou réalité ? Les chercheurs de Neuralink viennent d'implanter, à l'aide d'un robot chirurgical, une petite puce électronique dans le cerveau d'un malade tétraplégique – malade qui est donc paralysé des quatre membres. Cette puce enregistre l'activité électrique de plusieurs centaines de neurones. Ce dispositif aurait été implanté dans une région cérébrale associée à nos intentions motrices. J'utilise le conditionnel car, contrairement à la majorité des essais cliniques, très peu de détails sont ici accessibles, ainsi que le souligne d'ailleurs la revue *Nature*[glose]. Un comble, non ? pour le propriétaire du plus gros réseau social de la planète, prétendu adepte de la transparence généralisée ! Une fois implantée, cette puce enregistre et transmet en temps réel, et sans fil, l'activité cérébrale du malade à un ordinateur. Un algorithme d'intelligence artificielle est ainsi entraîné pour décoder les intentions motrices du malade. Appliquant la même stratégie, Neuralink avait montré, il y a deux ans, qu'un macaque pouvait jouer au fameux jeu vidéo d'arcade Pong à l'aide de cette interface cerveau-machine. Bref, la technologie en question n'a rien d'un attrape-nigaud des fêtes foraines d'antan, du genre « venez voir la femme araignée ou l'homme chauve-souris » ! Elle repose sur des fondements scientifiques et neurologiques robustes. Signalons que la valeur ajoutée conceptuelle de Neuralink est proche de zéro : il s'agit d'un usage à vocation industrielle de connaissances scientifiques déjà acquises.

Autrement dit, Lionel, la puce de Neuralink réussit le test de votre première question : plutôt réalité que fantasme.

Exactement. Il devient alors nécessaire de se poser la question du bénéfice-risque. Considéreriez-vous comme raisonnable de vous faire implanter une puce dans le cerveau pour jouer au jeu de Pong ou pour lancer un appel téléphonique sur votre smartphone par le seul exercice de votre pensée ? Pas certain ! C'est pourquoi la plupart de ces neurotechnologies commencent par être testées et appliquées aux situations où ce rapport bénéfice-risque leur est *a priori* le plus favorable : le soin de malades souffrant d'un handicap important. Pensez aux stimulateurs électriques intracérébraux qui ont révolutionné le traitement de la maladie de Parkinson, pensez aux stimulateurs électroniques du nerf auditif dans l'oreille interne (les implants cochléaires), qui permettent de corriger certaines surdités profondes, aux premières rétines artificielles, ou aux nombreux usages thérapeutiques de la stimulation électrique ou magnétique transcrânienne. Pensez aussi à l'utilisation de la sismo-thérapie (les « électrochocs ») qui demeure parfois, aujourd'hui encore, l'unique solution capable de soulager des patients en proie à une dépression très sévère.

Retour à Neuralink : offrir à un malade paralysé la possibilité de retrouver une certaine autonomie motrice semble digne d'intérêt. Sous réserve, toutefois, que cette technologie invasive soit perfor-mante et bien tolérée : il faut mesurer les risques d'infection, de lésion ou d'hémorragie cérébrale, les risques de panne ou d'usure du dispositif, sa durée de vie, vérifier aussi la facilité pour le patient à utiliser cette interface, etc. L'étude en cours vise avant tout à répondre à chacune de ces questions clés. Et, là encore, Neuralink n'est pas le premier dispositif à l'étude.

Si Neuralink présentait davantage de bénéfices que de risques pour les patients, cette technologie serait donc digne d'intérêt en médecine ?

Absolument, et d'autres questions clés devront alors être posées. Quant à l'usage de tels implants cérébraux chez les bien portants, c'est une tout autre histoire. De tout cela je vous parlerai vendredi prochain !

HORS ANTENNE

L'annonce tonitruante d'Elon Musk sur le réseau social X (ex-Twitter) allait m'offrir l'occasion de déployer une méthode ou plutôt un dispositif d'analyse simple mais robuste pour nous aider à *devoir pouvoir penser* (si ce triplet infinitif vous intrigue, relisez la première glose en prose de la chronique #23) le plus librement possible les innovations technologiques qui s'aven-turent dans la sphère de notre vie subjective et donc dans celle de notre cervelle.

(Une digression : je réalise que le tweet de Musk a été diffusé le 29 janvier et que ma chronique a nécessité près d'un mois pour être pensée, écrite puis lue le 16 février. Ce temps écoulé incluait des périodes d'incubation et de cogitation nécessaires pour moi. De quoi s'interroger quant au délai optimal pour réagir à l'actualité : entre la chaîne d'information en « temps réel » et le temps long des historiens, pourrions-nous imaginer de systématiser des délais intermédiaires à la fois suffisamment proches de l'événement commenté et suffisamment longs pour tirer profit de nos capacités d'élaboration et des interactions entre cognition consciente et processus inconscients ? À quand le JT de 21 h 23 réservé aux réactions à l'actualité avec trois semaines non pas de retard, mais riches de maturation féconde ? À moins que je ne cherche ici à ériger en système mon manque de repartie et d'à-propos qui souvent me désolent. Fin de la digression.)

J'ai élaboré le dispositif qui est appliqué dans cette série en trois épisodes près de dix ans plus tôt, lors de ma participation au Comité consultatif national d'éthique (CCNE). Cette aide à l'analyse n'a rien d'original ou de remarquable, sinon que de commencer par refuser les positions radicales *a priori* en matière de « neuro-amélioration », puis d'examiner par le simple exercice de notre raison les raisons – précisément – d'adopter ou pas l'innovation proposée.

Figure 25.1. Le tweet de Musk à propos de Neuralink lu par plus de 57 millions de Terriens en quelques heures.

Cette méthode commence donc par écarter les positions *a priori* systématiques et radicales : ni diaboliser l'innovation technologique considérée, ni l'adopter sans hésitation.

On se pose alors la série de quatre questions selon l'ordre suivant :

• *Question 1. Fantasme ou réalité ?* On commence par examiner le niveau de performance réel de l'innovation proposée. À cet égard on remarquera que malgré son évidente supériorité pour impressionner les rétines puis les esprits (au sens propre, puis figuré), un tweet lu par la moitié de l'humanité sera le plus souvent de bien moindre valeur pour apporter des réponses à cette question que des publications scientifiques éprouvées par les règles de la discussion ouverte mais exigeante et rigoureuse.

• *Question 2. L'analyse bénéfice-risque est-elle favorable ?* Une innovation qui aurait franchi le cap de la question précédente imposerait alors de peser les bénéfices et les risques de son usage. Sur le plan tant physique que psychologique, et à l'échelle tant individuelle que collective. Ces analyses peuvent bien entendu délimiter des périmètres d'usages favorables (par exemple chez des malades) et des périmètres défavorables.

• *Question 3.* Quid *de la justice et de l'équité sociale pour l'accès à une telle innovation ?*

• *Question 4. Existe-t-il des risques d'effets normatifs préoccupants à grande échelle ?*

Contrairement aux deux premières questions, les réponses apportées aux deux dernières ne sont pas nécessairement des réponses binaires à l'emporte-pièce (oui/non). Comme on le lira, cette grille d'analyse me conduit à considérer que Neuralink ne franchirait, aujourd'hui, que la première question de manière univoque et générale.

Gloses en prose

« *Ou, au contraire, n'y voir que le discours d'un milliardaire méga-lomane cynique à la recherche d'une nouvelle bulle spéculative ?* »
Il est classique, dans les publications scientifiques ou médicales qui présentent les performances d'un nouveau dispositif techno-logique de taille minuscule, de publier une photographie de ce dispositif posé à côté d'un objet de taille connue par les lecteurs afin de les aider à se représenter subjectivement ses dimensions physiques. Elon Musk et son équipe de Neuralink n'ont pas échappé à cet exercice iconographique obligé dans une publica-tion de 2019 parue dans une revue spécialisée. Plus remarquable est toutefois la nature de l'objet de taille connue par les lecteurs qu'ils ont choisi : 1 penny, c'est-à-dire une pièce de 1 *cent* !
Sans psychanalyse de comptoir ni pente glissante complotiste,

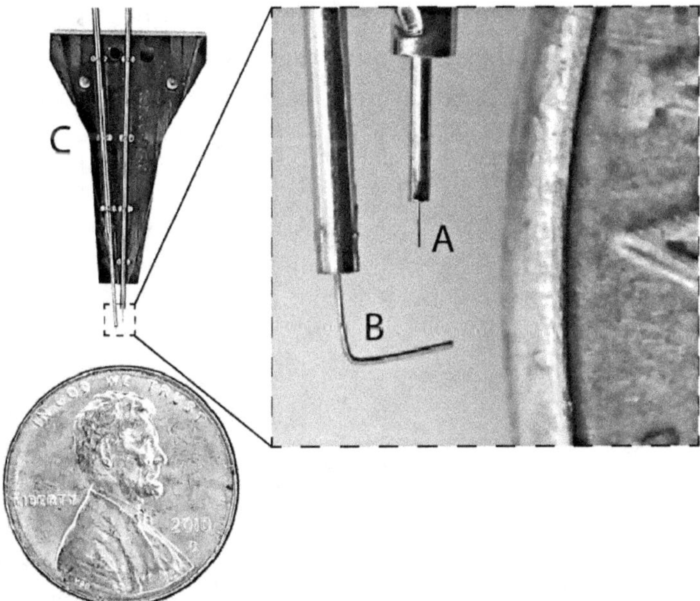

Figure 25.2. Des microélectrodes implantées dans nos cerveaux à la macro-money de Musk ? *(extrait de Musk et Neuralink, 2019/© Elon Musk, Neuralink. Originally published in the* Journal of Medical Internet Research *(http://www.jmir.org), 31.10.2019/CC BY ND 4.0).*

on pourra toutefois sourire, rire ou réagir autrement encore à ce choix : des microélectrodes implantées dans nos cerveaux à la macro-money qui se construit depuis cette unité monétaire fondatrice qu'est le penny nord-américain ? On notera enfin que l'article en question n'est pas signé par la liste nominale détaillée de tous ces auteurs, mais par un « Elon Musk and Neuralink » (dont tous les acteurs sont ainsi désindividualisés) un brin mégalo. La conjonction de ces deux éléments me refait penser à la devise inscrite sur les dollars états-uniens : *In God we trust. In Musk should we really trust ?*

« J'utilise le conditionnel car, contrairement à la majorité des essais cliniques, très peu de détails sont ici accessibles, ainsi que le souligne d'ailleurs la revue "Nature". » Dans l'univers de la recherche scientifique de haut niveau, il est habituel d'observer suite à la publication d'un article important des réactions en cascade sur les réseaux sociaux dont X/Twitter. Le processus inverse est suffisamment plus rare pour être remarqué : le tweet posté par Musk a provoqué une publication de mise en garde dans la plus renommée des revues scientifiques : *Nature.*

#26 UNE PUCE NEURALINK DANS LE CERVEAU ?

Épisode 2. Chez les malades, justice sociale et risques d'invisibilisation de certaines dimensions de la souffrance

▪ *vendredi 23 février 2024*

CHRONIQUE

Ce matin, Lionel, vous poursuivez votre analyse de la puce cérébrale de Neuralink.

Nous avons établi, vendredi dernier, que cette puce cérébrale reposait sur une technologie et un savoir scientifique solides – qui précédaient Neuralink – et qu'elle pourrait se révéler utile pour certains patients paralysés. L'essai clinique en cours annoncé par Elon Musk devra répondre à cette question clé de la balance bénéfice-risque pour les malades concernés. Imaginons que cette réponse soit favorable à Neuralink ou à un dispositif semblable. Deux questions se poseront alors.

Tout d'abord, *quid* de la justice et de l'équité sociale pour l'accès à ce soin innovant ? La Déclaration universelle des droits de l'homme stipule clairement, dans son article 25 :

Toute personne a droit à un niveau de vie suffisant pour assurer sa santé [...], notamment pour [...] les soins médicaux.

L'application de ce principe d'accès aux soins soulève plusieurs défis (défis économiques, politiques, législatifs, sociaux, éducationnels, psychologiques, géographiques) et il requiert une vigilance de chaque instant. Songez aux débats animés autour de l'aide médicale d'État (AME). *Idem* donc pour d'éventuelles puces cérébrales dont l'indication thérapeutique aurait été validée : il faudrait alors résoudre la question de l'accès juste à ce nouveau soin.

Deuxièmement, on se demandera alors comment l'irruption à grande échelle d'un nouveau traitement efficace sur certains symptômes d'une maladie ou d'un handicap pourrait contribuer à transformer la représentation mentale de cette maladie aux yeux de la société. Par exemple, l'image de la maladie de Parkinson est dominée par les symptômes moteurs, qui sont améliorés de manière souvent spectaculaire par les traitements médicamenteux ou par la stimulation cérébrale profonde. Pourtant, cette maladie provoque également d'autres signes moteurs qui résistent aux traitements actuels, et toute une gamme d'autres symptômes moins visibles et non améliorés par ces mêmes traitements : des symptômes qui affectent l'humeur, le caractère, le style cognitif, le rapport aux émotions, le sommeil, etc. Pour un patient donné, sa maladie ne se résume ainsi pas aux signes qui sont améliorés par les traitements actuels qu'il reçoit. Pourtant, il existe parfois des décalages entre le vécu propre des malades et le regard porté sur la maladie dont ils souffrent par les soignants ou par le reste de la société.

Les traitements efficaces peuvent donc transformer notre regard sur une maladie, et surtout sur les malades qui en souffrent ?

Exactement, avec à la clé le risque d'invisibiliser certaines dimensions de cette souffrance qui échappent à l'attention de la société accaparée par l'efficacité remarquable de ces nouveaux traitements. Avec donc le risque, répétons-le, de ne prêter attention, en somme, qu'à ce sur quoi nous pouvons agir. Et ce risque me paraît particulièrement important aujourd'hui, où la notion de performance fait l'objet d'une valorisation inédite, notamment en médecine mais bien au-delà[glose]. Qu'on me comprenne bien, je ne préconise en rien l'abstention d'innovation thérapeutique en médecine. Tout au contraire, et je m'efforce moi-même d'y participer comme chercheur et comme neurologue ! Mais il me semble essentiel d'avoir à l'esprit que plus nos progrès sont efficaces, plus ils risquent de nous faire perdre de vue la globalité du vécu subjectif d'un malade qui, le plus souvent, ne se limite pas aux seuls symptômes accessibles à un traitement. Une sorte d'effet de prisme déformant généré par nos progrès, certes remarquables, mais partiels. Appliquons ce principe à Neuralink et consorts : envisageons un avenir proche où de telles interfaces cerveau-machine se montreraient capables d'améliorer véritablement l'autonomie motrice d'un malade. Il ne faudra alors pas oublier que vivre avec une paraplégie ne se limite pas à un problème de performance motrice. L'observation fine des patients neurologiques met souvent en évidence un cortège de signes, et surtout une expérience subjective vécue, qui débordent la seule motricité. Je renverrai par exemple ici au chef-d'œuvre du neurologue allemand Kurt Goldstein, *La Structure de l'organisme*[glose].

Fort de ces précautions, nous reste-t-il autre chose à envisager au sujet des puces cérébrales ?

Certainement : la question, autrement plus discutable, des projets d'implantation de telles puces dans le cerveau d'individus bien portants.
À vendredi prochain !

HORS ANTENNE

Voici le texte complet de la première phrase de l'article 25 de la Déclaration universelle des droits de l'homme :

> Toute personne a droit à un niveau de vie suffisant pour assurer sa santé, son bien-être et ceux de sa famille, notamment pour l'alimentation, l'habillement, le logement, les soins médicaux ainsi que pour les services sociaux nécessaires ; elle a droit à la sécurité en cas de chômage, de maladie, d'invalidité, de veuvage, de vieillesse ou dans les autres cas de perte de ses moyens de subsistance par suite de circonstances indépendantes de sa volonté.

Gloses en prose

« [...] avec à la clé le risque d'invisibiliser certaines dimensions de cette souffrance qui échappent à l'attention de la société accaparée par l'efficacité remarquable de ces nouveaux traitements. Avec donc le risque, répétons-le, de ne prêter attention, en somme, qu'à ce sur quoi nous pouvons agir. Et ce risque me paraît particulièrement important aujourd'hui, où la notion de performance fait l'objet d'une valorisation inédite, notamment en médecine mais bien au-delà. » Cette idée était déjà présente dans la chronique #04 et son « Hors antenne », consacrés à la maladie d'Alzheimer.

« L'observation fine des patients neurologiques met souvent en évidence un cortège de signes, et surtout une expérience subjective vécue, qui débordent la seule motricité. Je renverrai par exemple ici au chef-d'œuvre du neurologue allemand Kurt Goldstein, "La Structure de l'organisme". » Kurt Goldstein était un neurologue allemand dont les observations cliniques et la pensée extrêmement originales ont révolutionné la question des fonctions nerveuses en défendant l'idée de leur irréductible complexité. En France, notamment, le philosophe Maurice Merleau-Ponty a exprimé l'importance de cette œuvre pour l'élaboration de sa

célèbre *Phénoménologie de la perception* qui, à son tour, a inspiré et inspire toujours de nombreux chercheurs en neurosciences cognitives contemporains, notamment autour de la notion de « cognition incarnée » (*embodied cognition*). Au-delà de la grande admiration que j'éprouve pour les idées de Goldstein, son antilocalisationnisme souvent radical me semble toutefois problématique à de multiples égards (on pourra par exemple consulter le passage que je lui ai consacré dans *Apologie de la discrétion* : scolie 1 de la proposition IX : « Stimulantes oppositions neuropsychologiques à l'hypothèse de *discrétion* »).

#27 UNE PUCE NEURALINK DANS LE CERVEAU ?

Épisode 3. Chez les bien portants, un projet à l'idéologie extrêmement discutable

▪ *vendredi 1er mars 2024*

CHRONIQUE

Voici votre troisième chronique consacrée à la puce Neuralink d'Elon Musk.

Après avoir discuté l'utilisation médicale de l'implant cérébral de Neuralink pour certains malades paralysés, passons au second volet de ce projet, qui a le mérite de la franchise. Sur le site Neuralink. com, Elon Musk n'y va pas par quatre chemins : « Notre mission : créer une interface cerveau-machine généralisée pour redonner de l'autonomie à ceux qui ont aujourd'hui des besoins médicaux non satisfaits [les malades donc] », et je passe en VO : « *unlock human potential tomorrow* ». Après l'amélioration des malades aujourd'hui, Neuralink ambitionne donc pour demain de « déverrouiller le potentiel humain » ! En clair : implanter des puces dans le cerveau d'individus bien portants. Passer du marché actuel du *temps de cerveau disponible* à celui du *cerveau disponible* ! Au-delà de son ambition démesurée, ce projet suinte l'idéologie. Elon Musk *aurait pu dire bien des choses en somme, en variant le ton* pour exprimer cette idée : augmenter le potentiel humain, l'amplifier, l'étendre, l'augmenter, le démultiplier, etc. Mais son choix s'est porté sur un autre verbe, *unlock*/déverrouiller ; retirer un verrou équivaut à une libération, à la possibilité d'être enfin vraiment soi-même. Pour Musk, ce n'est pas uniquement l'individu paralysé qui est verrouillé dans son corps, mais c'est la condition humaine dans son ensemble qui serait verrouillée, bien portants compris ! Pensez à la version extrême d'une paralysie qui porte le nom de *locked-in syndrome*, rendue familière en France par *Le Scaphandre et le Papillon* de Jean-Dominique Bauby. Pour Elon Musk, nous sommes tous verrouillés. Mettons de côté cette idéologie douteuse. Soumettons Neuralink aux questions qui ont structuré mes deux chroniques précédentes.

Question 1 : la performance d'une telle puce relève-t-elle du fantasme ou de la réalité ?

La possibilité de décoder des intentions motrices à partir de l'activité cérébrale permet de court-circuiter nos réponses musculaires, donc d'accélérer nos réponses, et de réduire la fatigue et l'imprécision inhérentes au déplacement de notre corps. Un tel outil ouvrirait une large gamme de possibilités qui pourraient être mises à profit dans nos interactions avec des écrans, des claviers virtuels, des véhicules ou d'autres dispositifs connectés. Sans oublier que ces interfaces peuvent être utilisées afin de décoder d'autres contenus mentaux que nos seules intentions motrices. Bref, on ne parle pas ici d'avions renifleurs, de machines à fabriquer des diamants (lisez les *Pastiches* de Proust !)*glose* ou d'autres escroqueries. Les interfaces cerveau-machine sont fondées sur une technologie sérieuse.

Question 2 : l'implantation de la puce offre-t-elle un rapport bénéfice-risque raisonnable ?

C'est évidemment ici que le bât blesse, enfin blesse Neuralink ! L'implantation chirurgicale, même robotisée, d'un implant cérébral expose à de nombreux risques et complications potentiels.

À mon avis, seules des technologies non invasives seront capables de disposer d'un rapport bénéfice-risque favorable. Certaines sont d'ailleurs en développement. Rappelons, pour ceux que cela effraierait, que notre espèce a déjà connu une révolution technologique culturelle disruptive, en inventant l'écriture il y a 6 000 ans : première prothèse cérébrale symbolique, et déjà en wi-fi[glose] !

Question 3 : l'implantation de puces cérébrales chez le sujet sain relèverait alors du déraisonnable ?

Sans aucun doute. Mais c'est là que l'idéologie de Musk pourrait l'aider à atteindre son objectif : si l'idée que la puce viendrait nous « déverrouiller », nous aider à être enfin nous-mêmes, si cette idée progressait et venait à s'imposer dans les esprits, l'acceptation d'un implant cérébral gagnerait peut-être en adeptes[glose]. Il faut ici dénoncer une médicalisation de la vie saine[glose]. Elon Musk prend les traits d'un Docteur Knock 2.0 qui recycle le fameux : « Tout bien portant est un malade qui s'ignore » en un : « Tout cerveau bien portant est un cerveau verrouillé qui s'ignore. » Et, si certaines entreprises sont accusées de *greenwashing*, Neuralink pratique le *brainwashing* : commencer par l'aide aux malades, pour colorer de bienfaisance et d'humanité un projet hautement discutable. Une autre forme de lavage de cerveau. Enfin, au-delà de Neuralink, et sans évoquer la question de la justice sociale dans l'accès aux neurotechnologies, rappelons que l'amélioration sélective de certaines performances cognitives ne suffit guère à l'épanouissement de notre subjectivité, de notre imaginaire, de notre empathie et de nos liens aux autres. Au risque sinon de produire des hommes unidimensionnels 2.0[glose].

HORS ANTENNE

Au-delà de mon argumentation à charge contre le projet idéologique à souhait de Musk de « déverrouiller » la condition humaine, j'aimerais ajouter une autre de mes réactions que je n'avais pas incluse dans mes 700 mots du fait de sa moindre priorité. À l'heure où tout le monde (ou plutôt presque tout le monde) s'accorde à déplorer la difficulté à se déconnecter du monde numérique ainsi que la part croissante d'impulsivité favorisée par les réseaux sociaux sur nos smartphones, la volonté de produire des interfaces cerveau-machine génériques apparaît comme l'étape ultime de cette forme d'addiction universelle contemporaine : s'affranchir du précieux délai entre d'une part l'intention de répondre et d'autre part la réalisation de ce comportement *via* une action motrice exécutée par nos muscles et qui exige un temps en soi. Lorsque ce temps comportemental, ce temps ultime de délibération interne aura sauté, « grâce » aux puces Neuralink et consorts, alors nous serons définitivement verrouillés (et non pas déverrouillés) à la grande matrice néolibérale d'un marché en prise directe sur nos espaces mentaux. Relisez les chroniques sur les deux temps de la perception (chronique #11), sur les deux formes d'empathie (chronique #12), sur la double échelle de notre perception (chronique #13). La préservation de notre temporalité mentale lente et la protection de nos périodes de temps intérieur – durant lesquelles nous sommes désengagés des interactions de type stimulus-réponse avec le monde extérieur – sont des priorités. Des priorités à la fois pour notre épanouissement subjectif individuel, mais également pour la vie en commun et pour l'avenir de la démocratie.

Gloses en prose

« Bref, on ne parle pas ici d'avions renifleurs, de machines à fabriquer des diamants (lisez les "Pastiches" de Proust !). » Pour les plus

jeunes d'entre nous j'évoque ici l'abracadabrantesque scandale politico-financier des « avions renifleurs » qui avait été révélé par le journaliste d'investigation Pierre Péan dans *Le Canard enchaîné* en 1983. Deux escrocs audacieux avaient réussi à convaincre l'état-major de la plus grande multinationale française de l'époque (Elf-Aquitaine) – avec l'aval du gouvernement français – de faire l'acquisition pour une somme colossale d'avions dotés d'une prétendue technologie révolutionnaire capable de détecter des gisements pétroliers depuis le ciel. Un exemple typique d'une revendication qui aurait dû être stoppée dès la première étape de notre série de quatre questions : fantasme ou réalité ? Cet exemple fameux illustre à mon sens l'importance de cette première étape, en vertu d'un raisonnement *a fortiori* : si l'élite économico-politique d'une des nations les plus évoluées et les plus riches du monde s'est montrée capable de (trop) longtemps prendre un fantasme pour une réalité, alors ce risque s'applique à tous les autres échelons collectifs et individuels.

C'est un physicien français, Jules Horowitz, qui confondra les escrocs avec simplicité et subtilité. Tout comme le physicien et

ELF VICTIME D'UNE ESCROQUERIE DE CENT MILLIARDS DE CENTIMES

LA TRAGIQUE HISTOIRE DES « AVIONS RENIFLEURS » QUI NE RENIFLAIENT RIEN

CETTE fabuleuse histoire des « avions renifleurs » qui devaient découvrir, partout dans le monde, des gisements pétroliers est depuis longtemps considérée comme un secret d'État. Mais c'est pourtant une escroquerie.

En 1979, Giscard en apprend tous les détails mais il demande que chacun se taise. Pierre Guillaumat, pédégé d'Elf jusqu'en août 1977 – l'affaire a commencé sous son règne – obéit. Son successeur Albin Chalandon gardera lui aussi le secret. André Giraud, ministre de l'Industrie, qui découvre le pot-aux-roses à cette époque, ne sera guère plus bavard.

En 1981, le bébé est refilé à Mitterrand. Albin Chalandon l'informe de l'étendue du désastre. Secret d'État toujours, mais Mitterrand laisse tout de même son ministre du Budget, Laurent Fabius à l'époque, déclencher une enquête fiscale dans le groupe pétrolier. Car la direction des impôts estime que cette escroquerie a entraîné une curieuse sortie de capitaux.

Et c'est ainsi qu'en mars 1983 Pierre Boisson, patron de l'Erap qui contrôle Elf, se croit victime d'une hallucination quand il reçoit une petite lettre des Finances. Le fisc lui annonce son intention d'opérer un redressement portant sur cinquante milliards de centimes...

Patron de Chalandon, au moins sur le papier, Pierre Boisson ne comprend pas. Il interroge ses collaborateurs qui nagent eux aussi. Finalement, il apprendra, bribes par bribes, que le fisc, après avoir fait le mort pendant quatre ans, reproche à Elf d'avoir transféré en Suisse environ cinquante milliards de centimes. Avec pour destination possible : une banque et une organisation proches du Vatican.

EN 1975, un scientifique italien et quelques ingénieurs affirment avoir réalisé la découverte du siècle. Un procédé qui permet de détecter, depuis le ciel, les gisements pétroliers et d'en évaluer l'importance. Technique utilisée : un « avion renifleur » bourré d'appareils électroniques survole les régions à explorer. Ce zinc rapporte des « informations ». Ensuite, un ordinateur avale tout, dit s'il y a ou non du pétrole, ou un autre minerai, dans la zone inspectée et précise même l'endroit où il faut forer les puits.

C'est le rêve des compagnies depuis le début du siècle, car elles ont horreur de ces forages inutiles qui coûtent jusqu'à cent millions de francs par trou. Et, en

Bref, le « Projet X » est alors connu et couvert par l'Élysée (où Giscard règne encore), par les Finances, le Sdece et le ministère de la Défense. En effet, certains affirment que l'« avion renifleur » peut aussi déceler la présence de groupes armés dans des forêts ou quelque maquis lointain. Une merveille volante.

Grâce à ces feux tricolores, Elf dépensera dans cette affaire environ un milliard de francs. Car le coût du « Projet X » ne se limite pas aux sommes disparues dans les ténèbres financières de Suisse et du Panama. Elf a dû investir et mobiliser une équipe de géologues.

Un ancien d'Elf se souvient avoir télé-

C'est à Bruxelles qu'est basé le premier « avion renifleur ». Sous le contrôle de la Compagnie européenne de recherches (CER). Directeur de cette société : Philippe Halleux, ancien pilote du 15ᵉ « Wing » aéroporté de l'armée belge. Il est chargé de surveiller la construction d'un hangar situé dans l'enceinte nord de l'aéroport de Bruxelles et d'assurer la gestion de cette petite compagnie qui, au début, ne possède qu'un Boeing blanc, acheté à une société de Tel Aviv, puis acquiert plus tard un Mystère et un Fokker.

Des comtes belges

Cette modeste compagnie vit sur un

Figure 27.1. Illustration d'un échec à la première question, détecté avec un retard dommageable *(avec l'aimable autorisation du Canard enchaîné, 22 juin 1983, p. 4/« Les avions renifleurs », dessin de J. Lap, © Martine Laplaine-Méric).*

prix Nobel Richard Feynman produira l'explication physique de l'explosion en vol de la navette spatiale *Challenger* en 1986, la science et les scientifiques peuvent participer à l'explicitation des phénomènes qui occupent une place de premier plan dans la vie de la cité.

Quant aux *Pastiches* de Proust, je les citais ici dans une optique bien différente. Ou comment, par l'exercice de la littérature, opérer l'alchimie qui transforme le charbon en diamant. Proust s'était saisi d'un autre scandale de type « avions renifleurs » qui avait provoqué un séisme en 1908-1909 : l'affaire Lemoine, du nom d'un inventeur français qui avait prétendu avoir découvert une technologie lui permettant de fabriquer des diamants synthétiques à partir de charbon. Le subterfuge ira jusqu'à convaincre le puissant conglomérat sud-africain De Beers d'investir, à perte, des sommes importantes. Proust publia dans *Le Figaro* une série de pastiches dans lesquels il narrait cette affaire à la manière de plusieurs grands écrivains ou mémorialistes : Balzac, Flaubert, Sainte-Beuve, Michelet… et Saint-Simon (la plus savoureuse à mes yeux). Au-delà de la prouesse stylistique qui préfigure me semble-t-il les contraintes formelles oulipiennes, et *La Recherche* qui était alors en gestation, ce recueil peut être lu comme un hommage ou une mise en abyme de l'alchimie propre à l'écriture : transformer par la (simple) magie du langage du charbon en diamant, avec l'assentiment du lecteur. Charbon du quotidien transmuté en diamant narratif, imaginé, subjectivé. La littérature envisagée comme l'une des manières de répondre positivement à la question qui intitule notre opus : *Sujet, es-tu là ?*

« Rappelons, pour ceux que cela effraierait, que notre espèce a déjà connu une révolution technologique culturelle disruptive, en inventant l'écriture il y a 6 000 ans : première prothèse cérébrale symbolique, et déjà en wi-fi ! » J'ai souvent exploré cette première révolution technologique culturelle, sans doute

la plus importante dans l'histoire de l'humanité, qui sépare la préhistoire de l'histoire. Au-delà de son intérêt en soi, l'examen de cette révolution technologique permet d'illustrer le premier temps de la méthode proposée (chronique #25) : commencer par rejeter d'emblée les positions *a priori* radicales, c'est-à-dire ne pas diaboliser systématiquement toute innovation technologique, et ne pas non plus l'adopter en l'état et sans hésitation. Il est en effet possible d'appliquer nos quatre questions à cette innovation à nulle autre comparable que fut l'invention des systèmes d'écriture (et donc de lecture). On notera que l'histoire culturelle ici considérée se joue sur près de 6 000 ans, à travers des contextes civilisationnels totalement distincts... et qu'elle n'est pas terminée. Néanmoins, il va de soi qu'à la première question, l'invention de mémoires symboliques externes à notre cerveau, sur lesquelles un individu a loisir d'inscrire sous la forme d'un code des pensées, des calculs, des récits, etc., n'a rien d'un fantasme. La deuxième question conduit à une première réponse rapide : l'innocuité physique d'une tablette d'argile, d'un papyrus, d'un parchemin, d'une feuille de papier bible ou... d'une mémoire informatique va presque de soi. Aucune intrusion dans le corps physique de l'utilisateur, et notamment dans son cerveau. On pourrait discuter évidemment la naissance de tous les risques associés à l'idée d'une représentation du réel : du réel à son double, pour reprendre les mots du philosophe Clément Rosset. Je ne m'y attellerai pas ici, mais ma position reviendrait à décaler le problème : si l'écrit participe évidemment de la promotion de cette réalité spéculaire, de ce double du réel (relisez *Don Quichotte* !), il n'est pas le vecteur premier de ce mouvement. Au-delà des querelles actuelles entre représentationalistes et antireprésentationalistes, notre conscience procède toujours ainsi : les deux temps de notre perception, que nous avons souvent eu l'occasion de convoquer dans ces chroniques, et les mécanismes subtils de notre *cinéma intérieur*, tout cela révèle une origine préhistorique de la notion de représentation du réel. Visitez la grotte de Lascaux... ou plutôt son double ouvert au public. Représentation de la représentation première. Bref, l'invention de l'écriture passe avec succès l'épreuve de notre deuxième question. La troisième question s'impose alors : *quid* des risques d'inégalité sociale en termes d'accès à la technologie culturelle de la lecture/ écriture ? Ne pas avoir aujourd'hui accès à cette technologie fait de vous un authentique handicapé culturel : tout ou presque est désormais médié par cette technologie inventée par l'homme. Il suffit pour un francophone de se promener par exemple à Tokyo sans smartphone pour faire l'expérience, très partielle, des effets de ce handicap. S'orienter, recevoir et envoyer des informations essentielles... les sociétés humaines ont fait de cette technologie historique (au sens propre) un *must*. Conséquence ? L'analphabétisme et l'illettrisme sont des handicaps créés par nos sociétés de l'écrit. Est-il possible de répondre à ces risques majeurs causés par cette innovation technologique ? L'article 26 de la Déclaration universelle des droits de l'homme constitue l'une de ces réponses, du moins sur le plan des principes que nous nous devons d'appliquer :

> Toute personne a droit à l'éducation. L'éducation doit être gratuite, au moins en ce qui concerne l'enseignement élémentaire et fondamental. L'enseignement élémentaire est obligatoire.

Nous voici alors aux prises avec notre quatrième et dernière question : existe-t-il des risques d'effets normatifs préoccupants à grande échelle ? Nous nous retrouvons ici avec les usages politiques (au sens riche du terme de politique) possibles du texte écrit : de la propagande aux éléments de langage, au politiquement correct et à la censure des esprits, on perçoit bien tout ce que l'écrit renferme de risques normatifs (voir chronique #10).

À l'opposé, on perçoit également tout ce que l'écrit peut nous offrir pour contrecarrer ces risques normatifs : cultiver l'esprit critique, l'épanouissement de soi et la prise en compte d'autrui, la poésie entendue comme la création d'une surprise permanente face à l'interprétation que nous pourrons faire d'un texte qui demeure ouvert à notre subjectivité, etc. Les textes écrits peuvent rendre possible le tissage de liens précieux entre le passé et nous. Ils peuvent nous aider à « jouer au rugby » (voir chronique #20) à travers les siècles et les millénaires : aller vers l'avant en se tournant aussi vers nos partenaires des temps passés qui nous ont laissé des traces écrites de leur existence consciente. Comme indiqué dans la chronique #25, les obstacles soulevés par les deux dernières de nos quatre questions ne conduisent en général pas à des réponses binaires (technologie valable ou pas), ni d'ailleurs à des réponses définitives pour résoudre ces obstacles : ce processus est un processus ininterrompu qui requiert notre vigilance, notre bienveillance et notre bonne volonté.

« Mais c'est là que l'idéologie de Musk pourrait l'aider à atteindre son objectif : si l'idée que la puce viendrait nous "déverrouiller", nous aider à être enfin nous-mêmes, si cette idée progressait et venait à s'imposer dans les esprits, l'acceptation d'un implant cérébral gagnerait peut-être en adeptes. » À vrai dire, cette possible évolution des esprits semble déjà en marche, ainsi que nous le notions dans l'avis du CCNE mentionné ci-après et intitulé : « Recours aux techniques biomédicales en vue de "neuro-amélioration" chez la personne non malade : enjeux éthiques ». Nous nous étions intéressés à l'opinion des neurochirurgiens nord-américains face à l'utilisation chez l'individu en bonne santé à des fins de « neuro-amélioration » des techniques de stimulation cérébrale profonde (SCP) – techniques qui ont fait la preuve de leur efficacité dans la maladie de Parkinson depuis les travaux pionniers du neurochirurgien grenoblois Alim Louis Benabid et de son confrère neurologue Pierre Pollak :

L'utilisation de la SCP à des fins de neuro-amélioration paraît inimaginable compte tenu de son caractère invasif, avec notamment un risque de 2 à 5 % d'infection ou d'accident vasculaire cérébral, mais le caractère très ciblé de son action, la potentielle réversibilité de ses effets, l'explosion actuelle de son spectre d'investigations cessent de rendre cette perspective irréaliste. [...] Dans une enquête effectuée auprès de 299 neurochirurgiens nord-américains, membres de la World Society for Stereotactic and Functional Neurosurgery, 54 % des répondeurs étaient convaincus que la SCP serait utilisée à l'avenir pour la neuro-amélioration ; seulement 48,6 % estimaient non éthique la pratique de la SCP pour améliorer la mémoire » chez des sujets bien portants (Lipsman *et al.*, 2011).

« *Il faut ici dénoncer une médicalisation de la vie saine.* » Par association d'idées je pensais ici aussi au philosophe protestant Paul Ricœur. Dans un livre d'entretiens avec Jean-Pierre Changeux intitulé *La Nature et la Règle*, ils avaient abordé la question des liens entre subjectivité et neurosciences. Plus spécifiquement, Ricœur s'opposait avec véhémence et radicalité à l'idée selon laquelle l'étude des perturbations de la cognition causées par la maladie neurologique pouvait nous révéler des connaissances généralisables à l'individu bien portant. Invité par Didier Sicard à commenter cet ouvrage avec Jean-Claude Ameisen à l'occasion des vingt ans de la publication de *La Nature et la Règle*, j'avais notamment expliqué tout ce que cette position avait selon moi de problématique, voire de franchement dualiste ou spiritualiste. Une sorte de carte joker opposée sans appel par Ricœur face aux découvertes des neurosciences, qui sont bien plus subtiles et complexes que ce qu'il semblait imaginer de l'extérieur. Par exemple, la multiplicité des types de mémoires découverte essentiellement par la neurologie des amnésies (donc en étudiant des malades) a permis de transformer notre connaissance de la mémoire en général (donc chez tout le monde, bien portants inclus). *Idem* pour le langage, la perception et même la conscience et la narrativité interprétative de notre fonctionnement conscient. Cette organisation modulaire de l'esprit (modulaire et donc dissociable), qui est très souvent masquée par la non-modularité du fonctionnement conscient, s'offre à notre observation d'une manière précieuse en neurologie et en psychiatrie. Bref, cette position véhémente et radicale de Ricœur ne me semble pas tenable. C'est avec tout cela en arrière-plan de mes pensées que l'écriture de cette chronique a reconvoqué la figure de Ricœur sur la scène de ma conscience. La seule concession, mais précieuse, que j'accorde à cette position dogmatique de Ricœur est la suivante : même si, contrairement à ce qu'il affirmait, l'étude du pathologique éclaire l'essence du normal ou de l'état de santé, il est essentiel de ne pas pathologiser cet état de bonne santé. Essentiel de ne pas glisser vers un relativisme qui abolirait, par exemple, la notion de handicap en essayant de définir l'état de bonne santé comme un état empli de handicaps. C'est précisément une telle tentative d'abolition qui est au cœur de la conception d'un Musk : essayer de convaincre que l'individu en bonne santé est un individu verrouillé. Je suis heureux de trouver ici matière à me rapprocher ainsi de Ricœur (dont j'admire par ailleurs l'œuvre), notamment autour de l'importance des processus d'interprétation dans notre vie mentale consciente. Me rapprocher ponctuellement de lui en dénonçant la médicalisation ou plutôt la pathologisation de la vie saine, mais sans adhérer à son dualisme de principe.

« Au risque sinon de produire des hommes unidimensionnels 2.0. » Une référence à l'essai visionnaire de Herbert Marcuse paru en 1964, *L'Homme unidimensionnel,* et dont le sous-titre n'est pas moins explicite : *Essai sur l'idéologie de la société industrielle avancée.*

#28 BIENVENUE À CALLIGRAPHIC PARK

De la « bibliothèque invisible » aux sources de nos artefacts culturels symboliques

▪ *vendredi 8 mars 2024*

CHRONIQUE

Ce matin vous nous emmenez ce matin à Pompéi ?

Plus précisément à Herculanum, la ville romaine antique détruite, comme Pompéi, par l'éruption du Vésuve en l'an 79 de notre ère. Après le cultissime *Jurassic Park* de Spielberg, je vous invite au non moins palpitant Calligraphic Park !

Au XVIIe siècle, on découvre dans une riche villa d'Herculanum un vieux rouleau de papyrus carbonisé et conservé depuis 2 000 ans dans la lave refroidie. Le roi de Naples l'offre à Napoléon en 1802, et il est depuis conservé à l'Institut de France à Paris. Depuis la fin des années 1990, un chercheur en informatique américain, Brent Seales, consacre ses recherches au décryptage d'antiques manuscrits rendus illisibles par les ravages du temps et de l'histoire. Son projet porte un nom saisissant : « La Bibliothèque invisible ».

En 2019, Brent Seales se rend à Oxford et fait scanner le rouleau carbonisé d'Herculanum à l'aide de rayons X très intenses, issus d'un accélérateur de particules unique en son genre. Il en repart avec des images numérisées de très haute précision du rouleau d'Herculanum. Il parvient alors, avec son équipe, à dérouler virtuellement le rouleau carbonisé, un peu comme on déplierait les cernes concentriques d'un tronc d'arbre. Problème : la densité du papyrus et celle de l'encre utilisée sont quasiment identiques. À peine quelques infimes craquelures les distinguent, illisibles à l'œil nu. Un entrepreneur de la Silicon Valley lui conseille alors de créer un concours d'intelligence artificielle ouvert aux chercheurs du monde entier pour faire parler ces mots invisibles : le Vesuvius Challenge est annoncé en mars 2023. Puis, tout s'accélère. Un premier mot écrit en grec il y a 2 000 ans nous parvient : πορφύρα/*porphýra*, qui signifie « pourpre » !

Et le reste du papyrus a-t-il été décodé ?

Une équipe, composée d'un Américain, d'un Égyptien et d'un Suisse, remporte le Grand Prix de 1 million de dollars et décryptent les pages du papyrus soumises à la compétition. Un traité de philosophie épicurienne. Il y a bien ici quelque chose du vertige de *Jurassic Park*, dans la possibilité de faire ainsi réaccéder à nos consciences des pensées couchées par écrit il y a plusieurs milliers d'années, puis longtemps demeurées inaccessibles. Les 280 autres rouleaux d'Herculanum, et d'innombrables autres volumes de La Bibliothèque invisible disséminés sur le globe terrestre sont désormais à portée de notre regard !

Cet exploit permet-il de créer de nouveaux liens entre le passé et notre temps présent ?

Absolument. Au-delà de sa valeur propre, cet exploit permet d'affronter avec plus de force les défis du monde numérique actuel, qui parfois nous sidèrent. Il y a 6 000 ans, nous, les *Homo sapiens*, avons inventé les premiers systèmes d'écriture : la possibilité jusqu'alors inédite d'externaliser un contenu mental explicite depuis notre cerveau vers un support externe sous la forme d'un code symbolique. Date de naissance de l'Histoire avec un grand H, il s'agit surtout de la révolution culturelle la plus importante de l'humanité. 6 000 ans plus tard, nous sommes, depuis quelques décennies, entourés d'une quantité sans cesse croissante d'objets numériques dont les technologies sous-jacentes, la variété et surtout l'ultramodernité concourent à nous les rendre subjectivement étrangers et extérieurs à notre condition de vieux hominidés : Internet, smartphones, format html, fichiers pdf, clés USB-c, liens hypertextes, identité numérique dématérialisée, réseaux sociaux, intelligence artificielle, etc. Mais, en réalité, le simple fait que des algorithmes de *deep learning* puissent rendre lisibles ces textes illisibles permet de renouer avec nos origines : nous sommes, par nature, une espèce qui ne cesse de créer des artefacts culturels symboliques. L'utilisation de codes symboliques externalisés pour représenter nos pensées n'est pas l'apanage des geeks du XXIe siècle mais bien le fondement de notre rapport au langage écrit. Et il y a ici comme par une sorte d'hommage aux Anciens : les derniers rejetons de nos technologies de l'écriture nous donnent un coup de main pour relire leurs prédécesseurs. Autrement dit, des papyrus d'Herculanum à notre société numérique, il y a bien une complexification de nos artefacts culturels, mais nullement une différence de nature !

HORS ANTENNE

Cette prouesse technologique possède une dimension profondément humaniste en rendant possibles des retrouvailles avec des moments conscients révolus de sujets *Homo sapiens* de l'Antiquité. Des moments conscients révolus capturés sur ces prothèses mnésiques externes que sont nos écrits (voir la deuxième glose de la chronique #27). Si le rêve du romancier Michael Crichton, auteur du cultissime *Jurassic Park* – ensuite transformé en blockbuster cinématographique planétaire éponyme par Steven Spielberg –, visait des sortes de retrouvailles naturalistes avec le passé animal de notre faune, le projet de La Bibliothèque invisible vise en effet très spécifiquement les origines des écrits humains. Sans gloser ici sur les effets antagonistes de l'éruption du Vésuve qui a ainsi provoqué à la fois annihilation et conservation, ce « fait divers » me fait penser au film de Jean-Jacques Annaud : *La Guerre du feu* (inspiré d'un roman que je n'ai pas lu d'un certain J.-H. Rosny aîné). Du feu naturel du Vésuve, qui sera à l'origine de ce désastre, au « feu » de rayons X surpuissants de l'accélérateur de particules d'Oxford utilisé par Brent Seales pour réaccéder à l'état originel du papyrus, ne s'agit-il pas d'une illustration quasi mythologique de ce que signifie vraiment la maîtrise du feu par l'homme ? La naissance de la technique est, ne l'oublions pas, une naissance célébrée par le plus ancien conte à ce jour connu, le conte « Le forgeron et le diable » ! Ce conte que nous avons rencontré à la chronique #17 – plagiat par anticipation d'un pacte faustien avec *happy-end* – était déjà une histoire de maîtrise du feu par l'homme. Technique, imaginaire, écriture, nous sommes bien dans ce territoire merveilleux à la poursuite duquel nous nous sommes élancés, un territoire dans lequel cohabite ce que nous avons qualifié de « feu de la subjectivité » et de « glace de l'objectivité ». Cette possibilité de réaccéder à des pensées subjectives transcrites en mots à partir de leurs cendres me rappelle le rêve de Charpak que nous avons déjà évoqué, où il s'agissait déjà de retrouvailles avec des enregistrements involontaires antiques, voire préhistoriques, de conversations humaines, grâce à la magie d'une technologie inspirée.

Figure 28.1. Un des 1 100 rouleaux de papyrus d'Herculanum enfouis et carbonisés suite à l'éruption du Vésuve en l'an 79 (crédit photo : EduceLab/ extrait du site de University of Kentucky : Herculaneum Papyrus Scrolls – Digital Restoration Initiative (uky.edu)).

Figure 28.2. De la rose pourpre du Caire... à la redécouverte du mot pourpre (πορφύρας/porphyre) dans l'un des rouleaux, décrypté par les aventuriers du Vesuvius Project (crédit photo : Vesuvius Challenge/ extrait du site de University of Kentucky).

#29 AU SUJET DE LA MOSAÏQUE MENTALE ET CÉRÉBRALE DE NOTRE SOMMEIL

▪ *vendredi 15 mars 2024*

CHRONIQUE

Que nous avez-vous concocté pour cette Journée internationale du sommeil ?

Le sommeil illustre merveilleusement la manière dont les connaissances progressent en neurosciences et d'ailleurs en sciences en général : non pas d'une manière continue, mais par sauts brusques, dont chacun met à terre un dogme jusqu'alors tenace, ouvrant un champ de questionnements dont nous n'avions souvent pas même idée. Avec parfois la naissance de nouveaux dogmes dont la formulation motive les nouvelles générations de chercheurs à les contredire. La science se distingue en cela de l'opinion ou de l'idéologie.

Au commencement, une femme ou un homme dort. Paraphrasant Rimbaud :

> *C'est un trou de verdure où chante une rivière*
> *Un homme est étendu dans l'herbe*
> *Les pieds dans les glaïeuls, il dort.*

Pour un observateur extérieur, tout suggère que cet état qui occupe le tiers de notre existence est d'un seul tenant : premier dogme, le sommeil serait un état monolithique.

Ce dogme a été renversé au cours des années 1950 et 1960, avec notamment en France les travaux révolutionnaires du Lyonnais Michel Jouvet, l'un des maîtres de ma collègue Isabelle Arnulf. L'utilisation de mesures de l'activité électrique cérébrale (l'électroencéphalogramme) couplées à celles de la respiration, des mouvements oculaires et de l'activité électrique musculaire a ainsi permis de dissocier le sommeil en quatre stades principaux très différents les uns des autres. Chacun de ces stades contribue à des aspects fondamentaux de notre vie mentale : consolidation de nos souvenirs et donc de notre identité subjective, créativité, riches interactions entre la vie consciente et non consciente. Du sommeil lent léger au sommeil lent profond jusqu'au plus étonnant de ces stades : celui qualifié par Jouvet de sommeil paradoxal, où notre cerveau retrouve un mode de fonctionnement quasiment identique à celui de l'état d'éveil conscient*glose*. Paradoxe d'un cerveau conscient dans un corps paralysé, animé de mouvements oculaires rapides qui reflètent l'exploration de la scène visuelle onirique.

Le sommeil paradoxal est-il le stade exclusif de nos rêves ?

On l'a longtemps cru mais, si le sommeil paradoxal est le siège de nos rêves les plus complexes, les plus narratifs et les plus remémorés, les travaux de plusieurs collègues – dont Isabelle Arnulf et Francesca Siclari – ont permis de détruire ce nouveau dogme : l'activité onirique est également présente aux autres stades du sommeil !

D'autres dogmes ont-ils également vacillé sur leurs assises ?

L'un des dogmes les plus tenaces affirmait que le dormeur était déconnecté du monde extérieur. Avec Isabelle Arnulf et Delphine Oudiette, ainsi que nos thésards Basak Turker, Esteban Munoz-Musat et Emma Chabani, nous avons démontré qu'il n'en était rien (relisez la chronique #09). À chacun des stades du sommeil, nous passons par de brèves fenêtres temporelles durant lesquelles nous sommes non seulement capables d'intégrer des informations en provenance du monde extérieur, mais d'y répondre*glose* ! Plus stupéfiant encore, lors de ces fenêtres de communication, notre activité cérébrale présente tous les signes d'un état conscient ! Autrement dit, notre sommeil n'enchaîne pas une suite de stades stables, mais il ressemble davantage à une mosaïque qui alterne entre périodes d'inconscience et brèves périodes conscientes. Seul leur dosage respectif diffère entre les stades du sommeil.

Notre sommeil serait donc bien plus conscient qu'on ne l'imagine !

Exactement. Et *vice versa* : je pense que cette mosaïque temporelle qui alternerait conscience et inconscience est non seulement présente durant nos nuits, mais également durant l'éveil : même éveillés, nous passerions par de brèves périodes d'inconscience[glose]. Cette structure en mosaïque de notre sommeil se déploie également dans l'espace de notre cerveau. Plusieurs chercheurs ont notamment montré que, alors que certains réseaux de notre cerveau sont endormis, d'autres semblent éveillés, comme des champs transitoirement mis en jachère. Notre cerveau endormi est une mosaïque temporelle et spatiale sans cesse mouvante, traversée par de brefs moments conscients.

Et ce soir, quand vous vous endormirez, songez bien à tout ce qui distingue notre incroyable vie endormie de cette mort apparente par laquelle j'ouvrais cette chronique en citant « Le dormeur du val ».

Presque une idée à dormir debout !

HORS ANTENNE

Journée internationale du sommeil oblige, cette chronique est la seule dont le thème m'ait été demandé, sans injonction aucune, par l'équipe des *Matins*. C'est avec plaisir que j'acceptai ainsi de revenir sur ce thème, après mes deux chroniques délivrées cinq mois plus tôt (voir les chroniques #08 et #09, respectivement intitulées : « Un sujet endormi… » et « Un sujet pas si endormi… »). Avec en bonus la possibilité de suggérer l'invitation à cette matinée dédiée au sommeil de ma collègue experte renommée du monde de Morphée : Isabelle Arnulf. Je vous invite à écouter le podcast de cette émission, et notamment l'évocation fascinante du « dorveille », cette habitude médiévale qui a disparu à l'époque de la révolution industrielle et qui consistait à entrecouper le sommeil nocturne par un îlot de veille entouré de sommeil, durant lequel les individus se retrouvaient. Cet îlot de vie éveillée était en effet entouré par le premier sommeil qui le précédait, d'environ 19 heures à minuit, puis par le second sommeil qui le suivait jusqu'à l'aube. « C'était, de toute la journée, la période où l'intimité était la plus grande », écrit l'historien nord-américain Roger Ekirch dans son essai *La Grande Transformation du sommeil*.

Gloses en prose

« [...] jusqu'au plus étonnant de ces stades : celui qualifié par Jouvet de sommeil paradoxal, où notre cerveau retrouve un mode de fonctionnement quasiment identique à celui de l'état d'éveil conscient. » L'expression « sommeil paradoxal » m'est chère pour la raison suivante : le paradoxe formulé par Michel Jouvet tient à ce qu'un corps qui semble à première vue profondément ensommeillé pour un observateur extérieur soit en réalité le siège d'un état d'éveil cérébral quasiment invisible du fait de la paralysie de nombreux muscles. Prendre en compte ce paradoxe est essentiel notamment pour réfléchir correctement aux relations entre état d'éveil et état conscient. L'état de veille est une condition nécessaire mais non suffisante à un état conscient défini comme une expérience vécue en première personne et donc rapportable à soi-même (je vois X, j'entends Y, je ressens Z…). Il existe en effet des situations durant lesquelles un individu est éveillé mais inconscient, par exemple dans les états qualifiés de « végétatifs » (voir la chronique #41)

ou certaines crises d'épilepsie comme le « petit mal absence » ou les crises d'épilepsie partielles complexes. Pour autant, si l'état de veille ne semble pas suffisant pour garantir un état conscient, il en constitue une condition nécessaire. Lorsque j'enseigne ces principes et que j'interroge les étudiants en leur demandant de songer à une situation qui pourrait invalider ce résultat, plusieurs d'entre eux convergent vers le rêve : vivre une expérience onirique est bien un état conscient au sens où nous l'avons défini (nous nous rapportons subjectivement l'expérience onirique), pour autant le sujet n'est-il pas dépourvu d'éveil, ce qui correspondrait ainsi à un état conscient sans éveil, et donc à une invalidation de notre postulat ? Jouvet fut le premier à répondre à cette apparente contradiction : la plupart de nos rêves élaborés et narratifs surviennent lors du sommeil paradoxal. Or ce sommeil paradoxal correspond bel et bien à un état d'éveil cérébral. Ce qui permet de confirmer le statut nécessaire de l'éveil cérébral pour l'état conscient. Et si l'on sait depuis que nous rêvons également en dehors de cet état propice à l'activité onirique, ce principe ainsi semble toujours valide (on pourra par exemple se référer à l'article de Siclari *et al.* publié en 2017 dans *Nature Neuroscience*). Pourtant, l'appellation officielle du sommeil paradoxal porte un autre nom : celui de *REM sleep* (pour *rapid eye movements sleep*, « sommeil à mouvements oculaires rapides »). On le voit bien, cette appellation révèle un attachement à une tradition épistémologique empirique qui valorise les faits au détriment des cadres interprétatifs : nous savons que les yeux de dormeurs sont agités de mouvements oculaires rapides qui participent à la définition de cet état et nous nous fichons de savoir si vous trouvez cela paradoxal ou pas. Si cette tradition est évidemment féconde, elle comporte également une profonde naïveté intrinsèque, celle qui consiste à ne pas prendre en compte qu'il est en réalité impossible de chasser l'interprétatif, même lorsque nous pensons être en prise directe avec les faits. Du noumène au phénomène de Kant, à la formule XYX' (voir chroniques #11 et #23) ou à l'idée de « bonne distance » à nos propres pensées (voir chroniques #10, #19 et #37). Conséquence très factuelle : nombre de chercheurs qualifient l'état de *REM sleep* d'« état de conscience sans éveil », oubliant la richesse de la définition de Jouvet, et surtout son importance théorique fondamentale dans les théories biologiques de la conscience.

« À chacun des stades du sommeil, nous passons par de brèves fenêtres temporelles durant lesquelles nous sommes non seulement capables d'intégrer des informations en provenance du monde extérieur, mais d'y répondre ! » Voici un exemple de réponse de l'un des participants enregistrés dans notre étude qui utilisait la contraction musculaire de ces muscles faciaux pour produire une réponse motrice. Sur la figure 29.1, plusieurs signaux physiologiques sont représentés. L'électroencéphalogramme sur les deux premiers canaux (EEG), puis les mouvements oculaires (les deux canaux EOG pour « électro-oculogramme ») qui permettent notamment de repérer les mouvements oculaires rapides du stade *REM sleep*, puis l'électromyogramme d'un des muscles paralysés durant le *REM sleep* (en l'occurrence le muscle du menton, EMG-chin), puis enfin les deux canaux qui enregistrent l'activité électromyographique des deux muscles non paralysés utilisés pour établir un code de réponse binaire : le muscle corrugateur (« EMG-corru » sur la figure), qui permet de froncer les sourcils, et le muscle zygomatique (« EMG-zygo ») mobilisé durant le sourire. Le dernier canal enfin représente l'instant où un stimulus auditif est joué (canal « Trigger »).
Les sujets volontaires étaient enregistrés dans le laboratoire de sommeil du service dirigé par Isabelle Arnulf et étaient invités à effectuer une tâche dite « de décision lexicale ». À chaque essai, un stimulus auditif préenregistré était joué : soit un vrai mot, soit un pseudo-mot prononçable (appelé aussi logatome),

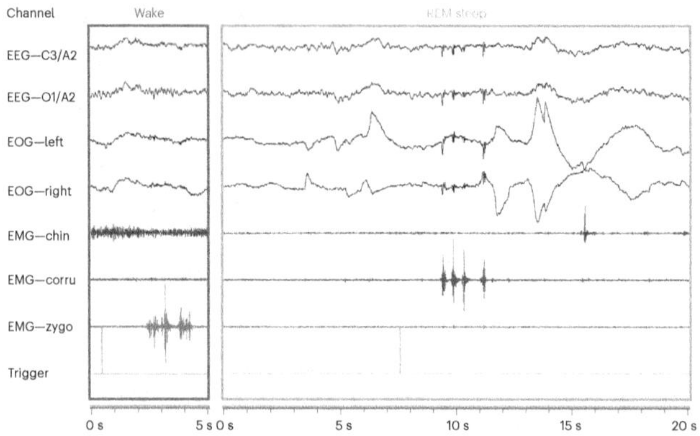

Figure 29.1. Répondre à des questions durant le sommeil à l'aide d'un code moteur facial *(extrait de Turker et al., 2023/© 2023, Basak Turker et al./CC BY 4.0).*

c'est-à-dire un stimulus qui pourrait très bien figurer dans notre lexique, mais qui n'existe pas en tant que mot de la langue française. Les participants devaient catégoriser ce stimulus en tant que mot ou pseudo-mot à l'aide d'un code moteur : par exemple contracter leurs zygomatiques (sourire) pour répondre « mot » et contracter leurs corrugateurs (froncer les sourcils) pour répondre « pseudo-mot », ou l'inverse. Ils commençaient par accomplir cette tâche cognitive éveillés et conscients (voir le panneau de gauche intitulé « Wake »), puis ils s'endormaient pour une sieste et traversaient plusieurs stades du sommeil. Sur l'exemple figuré ici, on observe un essai où le volontaire est en *REM sleep* et pourtant répond correctement au stimulus joué lors de l'essai représenté (voir le panneau de droite intitulé « REM sleep ») en contractant quatre fois de suite le corrugateur. Si les réponses se montraient moins fréquentes à mesure que le stade de sommeil était plus profond, elles étaient néanmoins encore présentes de manière très significative durant les différents stades de sommeil enregistrés. Ainsi avons-nous pu briser le mythe de la déconnexion cognitive du dormeur de son environnement extérieur. Et si l'on ajoute à ce résultat la possibilité d'être parfois conscient que nous sommes en train de rêver (paramètre que nous avons exploré dans cette même étude), alors les enchâssements vertigineux de rêve dans un rêve dans un rêve… imaginés dans de nombreux romans, traités de philosophie ou blockbusters cinématographiques tels que le film *Inception* ne sont plus très loin…

« *Et* vice versa *: je pense que cette mosaïque temporelle qui alternerait conscience et inconscience est non seulement présente durant nos nuits, mais également durant l'éveil : même éveillés, nous passerions par de brèves périodes d'inconscience.* » Je renvoie ici directement aux gloses en prose de ma chronique #09. Je me suis certes renouvelé entre d'une part mes deux premières chroniques consacrées au sommeil, au rêve et à la conscience et d'autre part celle-ci que l'on m'a demandé de produire sur le même thème, mais des liens forts les relient.

#30 AU SUJET DE NOTRE EXISTENCE « MOUVEMENTÉE »

▪ vendredi 22 mars 2024

CHRONIQUE

Il y a deux semaines, vous nous avez transportés, pour les besoins d'une passionnante actualité scientifique, à Herculanum, près de Pompéi. Où nous conduirez-vous ce matin ?

Je vous propose de faire une halte sur le site de Pompéi. Et de nous poser cette question qui obsède tous les visiteurs de ce lieu unique, de Stendhal à Proust ou Freud : d'où provient le puissant sentiment que nous éprouvons face au spectacle de cette cité et de ses habitants figés depuis l'explosion du Vésuve en l'an 79 ? Pour tenter d'y répondre, je voudrais évoquer ma rencontre avec l'immense écrivain et scénariste Jean-Claude Carrière. Je venais de donner une conférence à Paris dans laquelle je proposais une analogie entre la circulation des informations dans un cerveau et celle qui opère dans nos sociétés de l'information. Jean-Claude Carrière, qui y assistait, me fit part de ses impressions, notamment sous la forme d'un conseil qui me fit, à moi, forte impression : « Le mouvement, pensez aussi au mouvement, c'est très important le mouvement. » Depuis, cette phrase me revient souvent à l'esprit. Et si je la partage avec vous aujourd'hui c'est qu'elle n'est pas sans lien avec notre sujet. Nous, les humains, faisons en effet partie du règne animal. Nos corps se meuvent dans des espaces, et nos esprits se meuvent, eux, dans des espaces plus vastes encore. Nous sommes, littéralement, des êtres vivants animés, c'est-à-dire des créatures en mouvement. Même lorsque nos corps semblent inertes, au plus profond de notre sommeil, nos mouvements respiratoires trahissent notre condition animale. Nous bougeons encore à travers notre souffle. À travers ce pneuma que les Grecs identifiaient à l'esprit. Chez nous, les êtres animés, l'immobilité du corps et de l'esprit équivaut à la mort. La rigidité cadavérique est d'ailleurs l'un des signes cliniques clés de l'absence de vie. La mort nous fige en un clin d'œil. Le vieux français possédait le puissant mot « figement » pour saisir ce passage brutal de vie à trépas. La mort animale est un figement définitif.

Si Pompéi nous frappe tous de manière si forte, c'est sans doute parce qu'elle donne à voir ce terrifiant *figement* – lui-même figé depuis près de 2 000 ans –, le figement, non pas d'un homme ou d'une femme, mais d'une cité entière : maîtres, esclaves, philosophes, soldats, cuisiniers, vieillards, enfants, tous figés dans l'ultime position de leur corps avant qu'ils ne s'immobilisent à jamais.

Vous avez ainsi donné raison à Jean-Claude Carrière : le mouvement, c'est très important !

Pompéi nous donne à voir, par son absence à l'échelle d'une cité entière, l'importance du mouvement dans nos vies animales. À vrai dire, une autre dimension du mouvement est ici à l'œuvre. Non pas uniquement le mouvement objectif de nos corps, mais la manière dont nous percevons subjectivement tous ces mouvements. Attention, si cela se corse légèrement, c'est parce que cela ne va pas de soi : le mouvement que nous percevons consciemment ne s'identifie pas au mouvement objectif ! Il est le fruit d'une construction inventive qui opère dans notre cerveau, à laquelle j'ai donné le nom de *cinéma intérieur*.

Que recouvre précisément cette expression « cinéma intérieur » ?

Comme chacun sait, la magie du cinéma repose sur le phénomène suivant : alors qu'on nous projette sur un écran une suite d'images fixes (le fameux 24-images-par-seconde), nous percevons un film continu[glose]. Comment ? Notre cerveau invente le mouvement qui relie une image fixe à la suivante. Tout cela opère inconsciemment. Là où ce concept de *cinéma intérieur* décolle, c'est que nous fonctionnons exactement de la même manière en dehors d'une salle de cinéma ! Lorsque vous me regardez, Guillaume, votre cerveau effectue des sortes de clichés instantanés, et il invente ce mouvement que vous percevez.

Retour à Pompéi : que voyons-nous en contemplant le figement d'une cité entière ? L'interruption de la vie animée objective de ses habitants, mais également celle de chacun de leurs *cinémas intérieurs* respectifs qui se sont simultanément arrêtés à jamais de tourner en eux.

Je vois dans cette perte dédoublée de mouvement comme un écho de l'insistance énigmatique avec laquelle Jean-Claude Carrière s'était exprimé.

Le mouvement, oui, c'est vraiment très important !

HORS ANTENNE

Cette chronique devait, en toute logique, suivre l'avant-dernière consacrée à Herculanum, mais elles ont été séparées par l'irruption de la Journée internationale du sommeil. Cet imprévu a ainsi rapproché incidemment l'univers du sommeil et mon souvenir de cette rencontre brève mais marquante, pour moi, avec Jean-Claude Carrière. Un souvenir me revient en écrivant ce « Hors antenne ». J'avais déjà rencontré Jean-Claude Carrière une première fois, quelques années avant l'épisode relaté ici. J'étais dans un TGV en partance pour

Marseille où je devais donner une conférence lors d'un colloque scientifique. Nous étions assez peu nombreux dans le wagon, il faisait plein jour, nous devions être au printemps ou en été. Concentré sur mon ordinateur, je ne remarquai pas immédiatement la présence de Carrière. De mémoire, ce n'est que vers la toute fin du voyage que je m'en rendis compte. L'idée d'aller le saluer – lui dont j'admirais l'œuvre depuis longtemps – me traversa l'esprit, mais, n'ayant jamais été fan de ces « auto-invitations » dans le périmètre d'un autre, cette idée sut se contenir. Le train entra en gare, nos quelques covoyageurs du wagon en sortirent très rapidement. Tous, sauf un. Un homme dormait d'un sommeil qui semblait à la fois profond et récupérateur. Carrière s'approcha de lui et, d'un geste tendre et délicat, sut l'éveiller sans le brusquer, en accompagnant cet éveil de quelques mots sympathiques. Puis il passa devant moi en m'adressant un regard de connivence à l'égard de cette scène de vie dont j'étais, avec lui, le seul témoin éveillé tout du long. Je ne trouvai pas le temps de vraiment le saluer. Fin de la séquence. Un souvenir de mouvement et de sommeil, en somme ! Un ajout à la chronique de mes coïncidences, ou plutôt une nouvelle coïncidence au sein de mes chroniques.

Gloses en prose

« Comme chacun sait, la magie du cinéma repose sur le phénomène suivant : alors que l'on nous projette sur un écran une suite d'images fixes (le fameux 24-images-par-seconde), nous percevons un film continu. » J'ai exploré ce phénomène dans deux essais précédents sous de multiples facettes qui vont de notre perception subjective du mouvement jusqu'aux conséquences politiques de notre invention du continu à partir du discontinu (*Le Cinéma intérieur* et *Apologie de la discrétion*). Depuis la rédaction du *Cinéma intérieur*, j'ai élaboré et interprété à quelques reprises une

conférence-spectacle afin de faire prendre conscience de cette propriété essentielle de notre conscience. Dans ce contexte, cette conférence débute par la projection de l'un des tout premiers ancêtres des films actuels : la décomposition du galop d'un cheval par le photographe britannique Eadweard Muybridge à l'aide de la technique de chronophotographie qui consiste à déclencher successivement une série d'appareils photographiques afin d'obtenir une série chronométrée de clichés d'un même objet en mouvement. Les seize clichés contenus dans la planche démontrent ainsi que lors du galop, l'animal passe bel et bien par des positions durant lesquelles aucun de ses quatre sabots ne touche le sol (voir notamment les trois premiers clichés de la figure 30.1), question qui était encore débattue à la fin du XIXᵉ siècle. Ma conférence débute par la projection animée de ce film, puis enchaîne par un effet de montage élémentaire :

Figure 30.1. Décomposition d'un mouvement continu en une série d'images discrètes *(extrait de la série de chronophotographies de Muybridge publiée en 1879/domaine public).*

je présente la planche en seize clichés, tout en remplaçant le 16ᵉ cliché (l'image en bas à droite de la figure 30.1) par la projection dans ce rectangle du film du galop. En confrontant le spectateur à la fois à la série d'images fixes qui forment le film et au film qui est perçu comme un mouvement continu, le principe du cinéma intérieur apparaît : « Lorsque vous mirez l'écran de vos prunelles, lové dans un fauteuil, vous faites en réalité l'expérience subjective d'un film qu'on ne vous a pas montré ! En effet, sur l'écran sont projetées vingt-quatre images par seconde. Pourtant nous percevons un film continu et non la succession stroboscopique d'images discrètes. Autrement dit, le cinéma permet de révéler cette sorte de cinéma qui tourne à l'intérieur de nous. »

Plus d'un an après mes premières représentations, je visionne le nouveau film d'un réalisateur noir américain prodigieux : Jordan Peele. Ses films explorent avec intelligence et sensibilité la condition des Noirs américains aujourd'hui, de *Get Out* à *Us*. Les premières images de son troisième long métrage, *Nope** (formule familière pour exprimer le refus, équivalent de notre « nan » pour dire non) défilent sur mon écran et induisent en moi la perception continue de ce film. Pour y découvrir aussi-tôt… le film chronophotographique de Muybridge que j'avais moi-même choisi pour ouvrir ma conférence ! *Étonnant, non ?* (voir chronique #01). À vrai dire, cette saisissante coïncidence me permet d'illustrer ce que j'appelle l'illusion de la complé-tude visuelle : croire percevoir tout ce qui se trouve devant nous (voir la chronique #23 qui explorait déjà les limites et les affres de l'introspection). Peele avait perçu dans ce film de Muybridge quelque chose qui m'avait échappé : l'un des attri-buts du jockey. L'homme qui chevauchait la monture capturée dans le tout premier film de ce qui allait devenir l'industrie

---

* *Nope* est une véritable ode au cinéma, une œuvre baroque qui parvient à combiner avec brio l'univers du western avec ceux de la science-fiction et du film politique.

cinématographique mondiale, et notamment nord-américaine, était un homme noir. Pourtant, il semble avoir disparu de l'histoire de ce film historique. Plusieurs noms sont en effet associés à cet exploit : celui de l'inventeur et photographe Muybridge, celui de Leland Stanford (le futur fondateur de la Stanford University) qui commanda à Muybridge ses premières expériences de chronophotographie, et même celui des juments mises à contribution dans ces séances, dont Sallie Gardner puis Annie G., qui figure dans cette animation. Mais du jockey ne demeure que l'anonymat. Jusqu'à l'inspiration de Peele qui permet de lutter contre cet effet de l'illusion de complétude propre à nos cinémas intérieurs. Un effet de cécité subjective qui se joue, ici, non pas seulement au niveau d'un individu, mais à celui de la majorité des spectateurs. On ne va pas laisser les choses se poursuivre ainsi, non ? *Nope !*

*

CHUTS ! DE CHRONIQUE.
La magie de notre cinéma intérieur
et les origines de nos fictions complexes

Notre esprit/cerveau produit une perception continue à partir d'une série d'images discontinues. La magie du cinéma est mathématique : ou comment passer d'une série mathématiquement discrète (les images) à une perception consciente continue (le film). Nous inventons, inconsciemment, les images que nous n'avons pas reçues. Comme j'aime à le dire, au cinéma, nous percevons un film que l'on ne nous a pas montré ! Ce phénomène illustre la nature fictionnelle fondamentale de notre vie mentale consciente : remplir les trous, deviner l'invu, inventer la signification, produire du sens subjectif. En cela le cinéma est un révélateur de nos fictions les plus élémentaires. Nos proto-fictions.

#31 LE SIMPLE ET LE COMPLEXE

Épisode 1. Nos capacités cognitives limitées nous permettent-elles de penser de manière adéquate la complexité du monde ?

▪ *vendredi 29 mars 2024*

CHRONIQUE

Ce matin, Lionel, vous ouvrez une série de chroniques sur le simple et le complexe.

Mon point de départ est une question classique : sommes-nous capables de penser la complexité du monde avec nos capacités intellectuelles limitées ? Et si tel n'était pas le cas, nos échecs à penser cette complexité, et surtout les conséquences de ces échecs (c'est-à-dire leurs effets sur nos opinions, nos croyances, nos engagements, nos actions, nos décisions, nos jugements), tous ces échecs contribueraient-ils à aggraver la situation, et à amenuiser un peu plus encore nos chances d'y parvenir ?

Mais nos capacités cognitives sont-elles vraiment si limitées ?

Les sciences cognitives ont permis de formaliser les limites universelles de notre conscience*glose* : nous ne manipulons consciemment qu'un objet mental à la fois, celui qu'à chaque instant nous pouvons nous rapporter à nous-même, sur un mode sériel et lent, au prix d'un effort cognitif. Effectuer par exemple une soustraction aussi simple que « 11 − 3 » nous demande environ 1 seconde, ce qui est très long ! Nous ne pouvons stocker en mémoire de travail consciente qu'un nombre très limité d'objets, environ 4 à 5. Telle est notre condition, d'Albert Einstein à Marie Curie en passant par chacun d'entre nous. Notre qualificatif autodélivré d'*Homo sapiens* relève-t-il donc d'un réflexe narcissique désespéré[glose], qui en appellerait à une pensée positive prétentieuse qui se rêverait performative, ou renferme-t-il une once de vérité ? Loin de constituer un symptôme névrotique spéculatif, cette question conditionne notre rapport aux affaires du monde. Des affaires du monde qui, chaque jour, transforment un peu plus cette question en obsession brûlante et urgente : sommes-nous simplement capables de penser d'une manière adéquate cette complexité du monde ?

Devrions-nous dès à présent renoncer à appréhender le complexe, et par exemple remplacer nos cogitations des Matins *de France Culture par des plages musicales ?*

Je ne crois pas car, si j'ai commencé par énoncer ces limites, je n'ai pas encore introduit les autres composantes clés de notre cognition. Tout d'abord, notre conscience permet de mettre en relation une information donnée avec tout ce que nous savons par ailleurs, on parle de disponibilité cognitive – avec à la clé cette capacité à inventer des relations inédites fécondes entre des connaissances distantes. D'autre part, consciemment, nous pouvons inhiber des pensées qui vont de soi, nos automatismes de l'esprit, nos réflexes mentaux. La célèbre formule de Camus dans *Le Premier Homme* : « Un homme ça s'empêche » doit être précisée : « Un homme conscient ça s'empêche. » Enfin, lorsque nous manipulons consciemment un objet mental, nous pouvons le garder à l'esprit aussi longtemps que nous le désirons. Autrement dit, notre pensée peut alors échapper à l'évanescence et aux contingences de l'immédiateté.

Je remarque que, depuis le début, vous ne parlez que de notre conscience.

Bien vu, car la conscience n'est qu'une fraction de notre cognition : l'essentiel de notre vie mentale n'est pas conscient, au sens descriptif et non psychanalytique du terme. Et il existe une complémentarité entre ces deux secteurs de notre vie mentale : les opérations inconscientes sont très nombreuses et rapides, elles opèrent en parallèle les unes des autres et disposent de capacités de calcul autrement plus riches que notre espace conscient unifié, lent et sériel. Leurs points faibles : elles sont évanescentes, sectorisées et incapables d'inhibition ou de contrôle stratégique. Et, s'il existe évidemment des influences des processus inconscients sur notre conscience, j'ai démontré, avec d'autres chercheurs, que la réciproque est fondamentale : nombre de nos processus cognitifs inconscients sont sous l'influence de notre posture consciente*glose*. Ces échanges entre conscience et inconscience sont également la source de nos intuitions et de notre créativité. Au final, nous ne manipulons que peu d'objets consciemment, sur un mode lent et sériel, mais chacun d'entre eux peut être rendu de plus en plus complexe grâce à ces interactions conscient/non conscient.

Vous voyez, Guillaume, la partie n'est pas perdue d'avance ! Nous ressemblons un peu à Rocky Balboa, boxeur cabossé, pataud et limité, mais qui peut oser relever le défi de la complexité du monde.

HORS ANTENNE

Je me suis déjà interrogé à plusieurs reprises, dans ces « Hors antenne », au sujet de la date qui marquerait le véritable commencement de cette année de chroniques : 1ᵉʳ septembre 2023, 7 octobre 2023, 1ᵉʳ janvier 2024 ? (voir chroniques #07 et #19). Sans chercher à complexifier cette question plus qu'il ne faudrait, cette 31ᵉ chronique constitue, elle aussi, l'un de ces véritables commencements. Le 4ᵉ commencement de mes chroniques. Ou plutôt un commencement du quatrième type. Cette série consacrée au simple et au complexe est en effet une sorte de trou noir, au sens que la physique accorde à cette catégorie d'objets cosmiques : une chronique qui se démarque, non pas par sa difficulté, mais plutôt par sa densité inhabituelle. Une série de chroniques qui livre en quelques mots certaines des propriétés cognitives principales de notre fonctionnement mental (pétri de conscience et de non-conscience), et qui est donc en lien avec la plupart sinon toutes les autres de ces chroniques. Trois chroniques qui concentrent la plupart des propriétés de l'esprit humain, que j'explore depuis près de trente ans, et qui sont assorties d'une portée politique à travers l'éthique qu'elles dessinent. Une éthique fondée sur notre responsabilité, et donc aussi sur nos capacités à penser le monde. Ce questionnement éthique, voire moral, apparaît dès l'entame de cette chronique : « Sommes-nous capables de penser la complexité du monde avec nos capacités intellectuelles limitées ? Et si tel n'était pas le cas, nos échecs à penser cette complexité, et surtout les conséquences de ces échecs (c'est-à-dire leurs effets sur nos opinions, nos croyances, nos engagements, nos actions, nos décisions, nos jugements), tous ces échecs contribueraient-ils à aggraver la situation, et à amenuiser un peu plus encore nos chances d'y parvenir ? »

Un dernier commentaire : l'abstraction ou la généralité, voire l'intemporalité apparentes du thème ici traité (le simple et le complexe) ne sauraient cacher l'urgence qu'il y avait pour moi de réfléchir à ce thème à ce moment-là de l'année, puis de communiquer ces réflexions. L'abstraction n'est pas située hors du monde, mais elle en fait partie puisqu'elle caractérise une partie de notre capacité à le penser et à agir sur lui.

Gloses en prose

« *Les sciences cognitives ont permis de formaliser les limites universelles de notre conscience.* » Si l'on qualifie de consciente une représentation mentale que nous pouvons nous rapporter en première personne (critère définitoire que l'on désigne par le néologisme de *rapportabilité* subjective), on constate alors que nos pensées conscientes sont caractérisées par d'autres attributs spécifiques. Ces attributs dessinent les atouts et les limites de la conscience en termes de traitement informationnel. Par contraste, notre cognition inconsciente présente les attributs opposés, ce qui permet de bien comprendre à quel point ces deux types de traitements cognitifs sont extrêmement complémentaires.

Voici un résumé très schématique de ces attributs :

• Premièrement, la capacité à maintenir activement une représentation mentale explicite aussi longtemps qu'on le désire est le lot de la cognition consciente. Le traitement conscient offre ainsi la possibilité de s'affranchir de l'évanescence qui est le propre, à l'inverse, des représentations mentales non conscientes, c'est-à-dire de celles qui échappent à notre rapportabilité subjective. Dans *Le Nouvel Inconscient*, j'avais décrit cette évanescence des objets mentaux inconscients en détournant la célèbre formule de Lacan : « L'inconscient est structuré sinon comme un langage, du moins comme une exponentielle décroissante. »

• Deuxièmement, la capacité à faire « circuler » une représentation mentale au sein de toutes nos facultés cognitives est là encore le propre de notre fonctionnement conscient. C'est ce que l'on désigne par l'expression « disponibilité cognitive » (*cognitive availability*). Alors que les processus cognitifs inconscients peuvent atteindre des sommets d'abstraction (par exemple la possibilité de représenter inconsciemment le sens d'un mot, d'un nombre ou d'une image), ils sont limités par une propriété dite « de modularité », qui est le contraire de cette disponibilité consciente. Nos processus cognitifs inconscients demeurent restreints à des domaines spécifiques de la cognition. Lorsque nous prenons conscience d'une représentation cognitive quelle qu'elle soit, on observe une précieuse brisure de la modularité qui caractérise notre cognition non consciente.

• Troisièmement, il semble que seules nos représentations mentales conscientes soient capables d'induire un changement de notre stratégie cognitive intentionnelle.

• Quatrièmement, nos cogitations conscientes sont considérablement plus lentes que la plupart de nos traitements cognitifs inconscients.

• Cinquièmement, le traitement cognitif conscient est associé à une sensation subjective d'effort mental, ce qui n'est pas le cas des opérations non conscientes.

• Sixièmement, nous ne pouvons traiter consciemment qu'un nombre très limité de représentations mentales distinctes dans ce que l'on appelle la mémoire de travail, alors que de très nombreux processus inconscients coexistent au sein des différents modules cognitifs et de leurs réseaux cérébraux spécialisés respectifs.

• Septièmement, à un moment donné, une seule représentation mentale occupe la scène de notre conscience (une représentation souvent riche de nombreux attributs mais une représentation unifiée unique), alors qu'une foultitude de représentations mentales non conscientes opèrent en parallèle les unes des autres. Nous avons théorisé cette conception de la conscience – Stanislas Dehaene, Jean-Pierre Changeux, Claire Sergent et moi – dans un modèle nommé « espace de travail neuronal global » (*global neuronal workspace*). Ce modèle permet notamment de rendre compte sur le plan cérébral de ces différentes propriétés cognitives : unicité du contenu mental conscient à un moment donné, disponibilité cognitive consciente, traitements parallèles inconscients *versus* traitement sériel conscient, influences réciproques entre traitements conscients et inconscients, etc.

« *Notre qualificatif autodélivré d'*Homo sapiens *relève-t-il donc d'un réflexe narcissique désespéré ?* » Une allusion au thème, développé par Freud, des « blessures narcissiques » successives infligées aux humains par l'expérience de la connaissance de l'univers et de soi. Après la révolution copernicienne qui ne place plus la Terre au centre du monde, et après la révolution darwinienne qui détrône l'espèce humaine en l'inscrivant dans un processus évolutif, Freud pensait avoir révolutionné l'esprit humain en

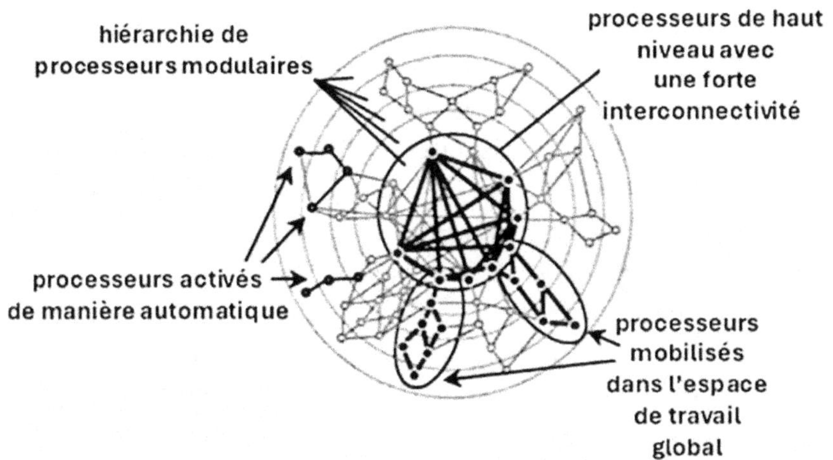

Figure 31.1. La théorie de l'espace de travail neuronal global.
Ce schéma (inspiré du neurologue et chercheur américain Marsel Mesulam) figure les régions du cortex cérébral sous la forme de leur position anatomique au sein de la hiérarchie des connexions neuronales : le cercle le plus externe correspond aux régions corticales dites « primaires », qui sont les plus proches du monde extérieur (perception, action), le second aux régions dites « secondaires » ... jusqu'aux régions associatives, puis le cercle le plus interne correspond aux régions associatives de haut niveau. Les neurones de l'espace de travail global sont situés à ce niveau. On voit bien l'intraconnectivité massive de l'espace de travail global (segments noirs épais), qui contraste avec l'organisation parallèle du premier espace neuronal inconscient *(Dehaene et Naccache, 2001/© 2001 Elsevier Science B.V. All rights reserved)*.

destituant la conscience de son prétendu pouvoir exclusif sur la vie psychique. J'ai proposé dans *Le Nouvel Inconscient* une relecture de la théorie freudienne qui identifie chez Freud une erreur projective : sa conception de l'inconscient est pleine de projections du fonctionnement conscient vers ce qui ne l'est pas. À commencer par l'usage du singulier pour qualifier les processus mentaux inconscients, un usage du singulier qui procède déjà d'une projection de caractère unifié et unitaire de la conscience vers ce qui ne l'est pas. En un sens, Freud ne serait donc pas allé suffisamment loin dans cette tentative de décentrage de la conscience pour penser notre vie mentale dans sa globalité. Et, à vrai dire, il est possible de définir une nouvelle « blessure narcissique » sans même prendre en compte la part non consciente de notre cognition : le simple examen des limites massives de nos capacités conscientes me semble suffire.

« *Nombre de nos processus cognitifs inconscients sont sous l'influence de notre posture consciente.* » Lorsque nous adoptons une posture consciente intentionnelle donnée, nous modifions à notre insu nombre de processus cognitifs inconscients qui opèrent en nous. Ce phénomène très général permet d'enrichir notre cognition à un degré incroyable. Ces interactions riches et fécondes participent en effet à notre capacité à élaborer des pensées et des expertises de plus en plus complexes, tout en demeurant contraints par le cadre limité de notre fonctionnement conscient. Alors que nous sommes culturellement enclins à penser que des processus non conscients influencent notre conscience (ce qui est évidemment exact, quoique d'une manière qui n'a rien à voir avec les théories freudiennes ou leurs avatars), il est intéressant et amusant de noter que ces influences inverses ont requis bien plus de temps et d'efforts pour être découvertes. Si nous étions psychanalystes, nous pourrions presque interpréter ces efforts et ce temps… comme des signes de résistance ☺*. Nous verrons que ces interactions jouent sans doute un rôle clé dans de nombreux phénomènes physiologiques ou pathologiques (voir chronique #35).

---

* Voir le « Hors antenne » de la chronique #18 au sujet de la présence d'émoticônes.

#32 LE SIMPLE ET LE COMPLEXE

Épisode 2. Une question de M&M (Méthode et Mouvement*glose*), pour oser penser la complexité du monde avec nos capacités limitées ?

▪ *vendredi 5 avril 2024*

CHRONIQUE

Ce matin vous poursuivez votre série autour de la question : sommes-nous capables de penser la complexité du monde avec nos capacités mentales limitées ?

Rappel de l'épisode précédent : si nous ne manipulons que peu d'objets mentaux consciemment, sur un mode lent et sériel, chacun d'entre ces objets peut être rendu de plus en plus complexe grâce aux interactions entre d'une part notre conscience, et d'autre part les nombreux processus mentaux non conscients qui opèrent en nous et sont influencés par notre posture consciente. Ce résultat est riche de plusieurs conséquences. D'abord, cela signifie que, entre la complexité du monde et notre manière de la penser, il existe toujours la couche de cette reformulation interne, presque narrative : penser à chaque fois en termes les plus simples possible (parce que nous ne savons pas faire autrement) cette folle complexité. Le physiologiste Alain Berthoz utilise le joli mot-valise *simplexité* pour exprimer une idée proche*glose*. Ce serait notre *botte secrète* pour ne pas renoncer à aborder la complexité. Complexité dont le *Larousse* nous propose cette définition : « Caractère de ce qui est complexe, qui comporte des éléments divers qu'il est difficile de démêler. » La simplexité ainsi redéfinie serait notre outil pour tenter de démêler la complexité du monde, puis la réemmêler en nous, sans en perdre le fil ! Cela suggère aussi la nécessité de faire ici usage de précautions, voire d'une méthode, afin de ne pas dériver à des années-lumière et penser alors cette complexité du monde sous la forme d'un discours réducteur, partiel, appauvri et inexact. L'histoire de la pensée est balisée de telles précautions et méthodes, dont la plus célèbre est celle de Descartes formulée dans son *Discours de la méthode* et dans ses *Règles pour la direction de l'esprit en la recherche de la vérité*. Lisez bien par exemple la troisième règle :

> Conduire par ordre mes pensées, en commençant par les objets les plus simples et les plus aisés à connaître pour monter peu à peu, comme par degrés, jusqu'à la connaissance des plus composés.

Je ne peux m'empêcher d'associer cette idée à notre théorie de l'espace de travail global conscient, proposée depuis 2001 avec Stanislas Dehaene, Jean-Pierre Changeux et Claire Sergent, et qui suggère une assise biologique à cette faculté[glose].

Malgré l'influence profonde de Descartes sur nos temps modernes, force est tout de même de constater que la complexité du monde continue à nous poser problème, non ?

Peut-être parce que l'adoption d'une méthode est certes une condition nécessaire, mais non suffisante. Je veux dire par là que cette reformulation interne introduit également l'idée d'un processus dynamique : notre salut cognitif consisterait en un rapprochement sans fin, asymptotique, avec cette complexité du monde que nous nous efforçons de reformuler clairement en nous. Dès lors que notre effort de reformulation du monde s'arrête, notre récit interne se fige en un objet voué à devenir pauvre et incorrect ; à la fois parce que la complexité est une visée hors d'atteinte (l'asymptote) et parce que la complexité du monde elle-même évolue. Nous retrouvons ici l'idée de l'importance du mouvement, le mouvement de nos corps et donc aussi de nos esprits, déjà explorée ensemble. Ces figements dommageables de notre pensée portent plusieurs noms : idéologies au pluriel, sectarismes, bien-pensance, ostracismes*glose*, biais cognitifs notamment révélés par l'immense chercheur Daniel Kahneman disparu le 27 mars dernier*glose*, etc.

D'où l'importance des débats contradictoires, des rencontres avec les autres, avec l'inconnu et avec toutes les facettes de ce monde que nous essayons de comprendre, patiemment.

Nos cogitations et débats des Matins *ont donc toute leur place dans ce projet !*

Et comment ! Sans flagornerie aucune, cher Guillaume. Même si les risques d'échec sont légion, la complexité du monde ne semble donc pas inaccessible à nos esprits/cerveaux. J'ai bien conscience que ce message risque d'aggraver notre sentiment de culpabilité. Alors voici une autre raison pour se donner du cœur à l'ouvrage : ce que nous pensons du monde n'est pas un objet posé en dehors du monde. Notre manière de penser la complexité du monde fait partie du monde*glose*. Pour le meilleur et pour le pire. Raison de plus pour viser juste !

HORS ANTENNE

Gloses en prose

« *Une question de M&M (Méthode et Mouvement)* ». Dans un article scientifique, le sigle M&M signifie « Matériels et Méthodes » (*Materials & Methods*). L'importance du mouvement dans la conscience et dans les va-et-vient entre cognition consciente et inconsciente est à l'origine de cet hommage quasi oulipien qui renvoie à la géniale parodie d'un article neuro-scientifique rédigé par Georges Perec et que je fais souvent lire aux nouveaux arrivants dans notre laboratoire : « Mise en évidence expérimentale d'une organisation tomatotopique chez la soprano (*Cantatrix sopranica L.*) ».

« *Le physiologiste Alain Berthoz utilise le joli mot-valise* simplexité *pour exprimer une idée proche.* » Un mot-valise oxymorique qu'Alain Berthoz définit de manière générique dans son essai éponyme comme : « Cet ensemble de solutions trouvées par les organismes vivants pour que, malgré la complexité des processus naturels, le cerveau puisse préparer l'acte et anticiper les conséquences. » Ma version de la simplexité consiste à combiner ce concept avec les propriétés issues des interactions riches entre cognition consciente et cognition inconsciente, telles que notre théorie de l'espace de travail global les modélise (voir la chronique précédente).

« *Je ne peux m'empêcher d'associer cette idée à notre théorie de l'espace de travail global conscient, proposée depuis 2001 avec Stanislas Dehaene, Jean-Pierre Changeux et Claire Sergent, et qui suggère une assise biologique à cette faculté.* » Voir la chronique précédente.

« *Ces figements dommageables de notre pensée portent plusieurs noms : idéologies au pluriel, sectarismes, bien-pensance, ostracismes...* » Nouvelle résonance de la phrase de Carrière : « Le mouvement, pensez aussi au mouvement, c'est très important le mouvement ! » (voir chronique #30).

« *[...] biais cognitifs notamment révélés par l'immense chercheur Daniel Kahneman disparu le 27 mars dernier [...].* » Je me souviens d'avoir été étonné par la relative discrétion médiatique qui a suivi, en France, la disparition de ce très grand psychologue cognitiviste israélo-américain. Il a notamment reçu en 2002 le « prix Nobel d'économie » pour sa théorie dite des perspectives, élaborée avec son collègue qui était déjà mort depuis plusieurs années, le psychologue Amos Tversky. Il a en particulier découvert puis popularisé de nombreux biais cognitifs et a participé à fonder un riche domaine très vivant de la psychologie de la prise de décision. Je recommande vivement la lecture de son best-seller *Thinking Fast and Slow*. Dans mes propres travaux sur la prise de conscience, j'ai conduit plusieurs expériences démontrant que nos pupilles se dilatent lorsque nous prenons conscience d'un stimulus (pas nécessairement visuel) ou de l'un de ses attributs. Mon approche se fondait notamment sur des travaux de Kahneman publiés au début des années 1970 : il avait montré que, lors d'une tâche cognitive qui requiert un effort mental (par exemple calculer mentalement une soustraction), nos pupilles se dilatent. Or, étant donné le lien fort entre effort mental et traitement cognitif conscient (voir la chronique précédente), l'idée que la dilatation de la pupille puisse être une signature simple à mesurer de la prise de conscience me vint à l'idée. Nous commençons avec mes collègues à utiliser cette nouvelle mesure pour sonder l'état de conscience de malades non communicants.

« Ce que nous pensons du monde n'est pas un objet posé en dehors du monde. Notre manière de penser la complexité du monde fait partie du monde. » Je dépose ma position face au débat philosophique qui, depuis l'Antiquité, interroge le degré de réalité de nos pensées, de nos croyances, de notre vie mentale subjective consciente dans toute sa dimension narrative et fabulatrice (au sens que l'écrivaine Nancy Huston donne à cet adjectif dans son remarquable essai *L'Espèce fabulatrice*). Adepte d'une forme de néoréalisme, je considère que notre vie subjective fait partie du monde et que, à ce titre, elle dispose d'une réalité incontestable (voir chroniques #01 et #05). Une réalité dont

les plus sceptiques pourront éprouver l'évidence à travers toutes ses manifestations dans les actions que nous conduisons sous l'effet de ces constructions mentales subjectives. Pour le meilleur et pour le pire. Par contre cette réalité indiscutable de notre vie subjective ne se prononce en rien quant à la validité de ses assertions : nos croyances ou nos opinions font partie du monde, mais leur contenu ne dispose d'aucune garantie de véracité. Ni nominalisme ni idéalisme, je me répète à quelques chroniques de distance, en affirmant que je penche donc pour une version Abélard XXIᵉ siècle (voir la première glose de la chronique #05).

*

CHUTS ! DE CHRONIQUE.
En démêlant les multiples définitions de la complexité

Il est alors temps d'ouvrir le *Larousse* et d'examiner la définition proposée : « COMPLEXITÉ : caractère de ce qui est complexe, qui comporte des éléments divers qu'il est difficile de démêler. »

Il est évidemment possible d'utiliser d'autres définitions de ce terme. En biologie, et notamment en neurosciences, nous précisons souvent cette définition par des attributs thermodynamiques qui permettent de conceptualiser et de quantifier le niveau d'ordre et de désordre d'un système vivant (une cellule, un cerveau en action). Et d'Henri Atlan à Henri Morin, l'appareil intellectuel de la complexité devient lui-même un objet complexe passionnant. Mais revenons au *Larousse* : c'est bien cela que nous voulons dire par complexe, une situation qui comporte des éléments divers qu'il est difficile de démêler, et qu'il nous faut pourtant penser tous ensemble, au risque sinon de pécher par simplicité, voire par simplisme biaisé, c'est-à-dire par un simplisme qui choisit de ne considérer d'une situation complexe que les éléments qui lui permettent de consolider une opinion dogmatique souvent préétablie.

#33 LE SIMPLE ET LE COMPLEXE

Épisode 3. Ne pas confondre les propriétés de la méthode utilisée avec celles de l'objet visé ou comment éviter une pensée réductrice et finaliste

▪ *vendredi 12 avril 2024*

CHRONIQUE

Ce matin, troisième épisode de votre série « Sommes-nous capables de penser la complexité du monde avec nos capacités mentales limitées ? ».

Rappel des deux épisodes précédents : si nous ne manipulons que peu d'objets mentaux consciemment, sur un mode lent et sériel, chacun d'entre ces objets peut être rendu de plus en plus complexe grâce aux interactions entre d'une part notre conscience, et d'autre part les nombreux processus mentaux non conscients qui opèrent en nous et sont influencés par notre posture consciente. Cette architecture cognitive et cérébrale est idéalement servie par une méthode qui permet de monter en charge, en allant progressivement du plus simple possible au moins complexe possible, dans un mouvement ininterrompu qui nous permet d'essayer de penser la complexité du monde le plus clairement possible, pas à pas. Du rasoir d'Ockham de la scolastique médiévale jusqu'à Descartes, ou plus près de nous Edgar Morin, la plupart des méthodes disponibles font usage de parcimonie et de minimalisme pour nous aider à embrasser la complexité du monde. Mais cette marche de l'esprit est tout sauf une promenade tranquille ! Et notamment parce que nous sommes exposés au risque de confondre les propriétés de notre méthode avec celles de l'objet visé. Premièrement, ce n'est pas parce que la méthode consiste à systématiquement formuler en nous les choses le plus simplement possible qu'il en irait de même pour l'état du monde – en vertu d'une sorte de principe de moindre complexité ! Cette confusion est pourtant habituelle et conduit à glisser d'un réductionnisme propre à la méthode utilisée à une pensée réductrice de l'objet visé.

On peut donc continuer à être réductionniste par méthode, sans nécessairement tomber dans une pensée réductrice.

Absolument, et constater la survenue de telles erreurs réductrices ne doit pas justifier l'abandon d'une méthode réductionniste qui n'est pas condamnée à les commettre et qui demeure, selon moi, notre moins mauvaise solution pour penser l'état du monde. Deuxièmement, il existe une autre forme de confusion possible qui relève, elle aussi, d'une projection sur le monde d'une propriété de notre cognition, et non du monde : nous conduisons nombre de nos pensées conscientes en nous fixant des buts et des objectifs à atteindre[glose]. Bref, comme l'exprime si clairement la langue anglaise, cette précieuse capacité projective est *goal-oriented*, orientée vers un but, entièrement déterminée dès le départ par un point d'arrivée fixé par avance. Spinoza fut l'un des premiers à critiquer le principe d'explication par la cause finale, ce finalisme qui réduit considérablement notre interprétation de la complexité du monde et surtout de son évolution. Dans *Le Hasard et la Nécessité*, Jacques Monod a souligné l'importance de ce risque en biologie en rappelant que les créatures *goal-oriented* que nous sommes sont poussées à imaginer que l'ensemble du monde vivant évoluerait lui-même ainsi, guidé par un but final défini dès le début, en totale contradiction avec l'évolution naturelle. Ou comment confondre une autre propriété de notre architecture cognitive très particulière (notre capacité projective) avec la complexité folle du monde et de ses métamorphoses.

Forts de ces précautions, nous pourrions donc, tel Rocky Balboa auquel vous nous compariez, relever le défi de la complexité ?

Non seulement nous le pouvons, mais je crois que nous le devons ! Parfois la complexité d'une situation est mise en avant pour échapper à nos responsabilités, pour introduire un certain relativisme moral, voire pour masquer une opinion déjà très arrêtée. Vous connaissez ce ton : « Ah ! c'est compliqué. » En science et en philosophie, cette complainte de l'irréductible complexité d'un phénomène sonne souvent comme le cache-sexe de notre ignorance, de notre paresse et surtout de notre lâcheté. Nos trois épisodes ont permis d'exposer pourquoi nous pouvons oser aborder la complexité du monde de manière adéquate avec nos moyens qui sont pourtant limités, et exposés à de nombreuses difficultés. Et cette possibilité se mue en impératif, car nos pensées participent de l'état du monde[glose]. Je vous invite à cet égard à lire le remarquable *Pour voir clair* du mathématicien Michel Broué, dont l'existence pétrie d'algèbre et d'engagements politiques illustre cette recherche fragile et courageuse. Oser penser le monde, même si savons que l'exercice se joue en situation d'incertitude perpétuelle.

HORS ANTENNE

Gloses en prose

« *Nous conduisons nombre de nos pensées conscientes en nous fixant des buts et des objectifs à atteindre.* » L'annonce, par exemple, du fil rouge qui traverse *Sujet, es-tu là ?*, dès la première de mes 44 chroniques (et en réalité plus tôt encore, dès le début de l'été précédent, lorsque je songeais à ce que je voudrais faire de cette année radiophonique), illustre cette dimension téléonomique de notre conscience. Nous sommes capables de structurer nos actions par un but final défini dès le départ. Cette propriété fascinante peut nous conduire, à tort, à penser que tout ce qui évolue, en dehors de notre fonctionnement conscient projectif, répond à une même logique téléologique (voir chroniques #02 et #04).

« Nos trois épisodes ont permis d'exposer pourquoi nous pouvons oser aborder la complexité du monde de manière adéquate avec nos moyens qui sont pourtant limités, et exposés à de nombreuses difficultés. Et cette possibilité se mue en impératif, car nos pensées participent de l'état du monde. » Au terme de cette série, il s'agit bien en somme de fonder l'éthique de notre rapport à la complexité du monde, ainsi que nous l'annoncions dès la première de ces trois chroniques. S'affranchir des renoncements délibérés à affronter la complexité du monde dont nous faisons partie, et s'affranchir tout autant des réductionnismes aveuglés par l'usage confus d'une méthode pourtant valable pour oser penser cette complexité.
Sujets, serons-nous là ?

#34 DE L'HYSTÉRIE AUX TROUBLES NEUROLOGIQUES FONCTIONNELS

Épisode 1. Trois paradoxes pour un seul et même sujet

▪ *vendredi 19 avril 2024*

CHRONIQUE

Ce matin, vous nous emmenez aux confins de la neurologie et de la psychiatrie, dans un territoire méconnu des non-spécialistes.

Je vous propose de découvrir un champ de la médecine reconnu depuis l'Antiquité, plein de paradoxes, et dont le nom moderne ne cesse d'évoluer depuis cent cinquante ans. Au fil de cette métamorphose lexicale on retiendra notamment les trois noms suivants : l'hystérie chère à Charcot, les troubles de conversion sous Freud, jusqu'à l'expression contemporaine de *troubles neuro-logiques fonctionnels*, TNF pour les familiers du domaine.
De quoi s'agit-il ?
Un homme qui ne peut plus bouger son bras, une femme qui rapporte avoir perdu la vue, un patient qui présente un mouve-ment anormal (un tremblement par exemple), un autre en proie à des crises qui ressemblent à des crises d'épilepsie, ou encore une patiente qui perd subitement la mémoire consciente de son iden-tité (son nom, ses souvenirs personnels, familiaux, affectifs), etc. Quel est le point commun à toutes ces présentations cliniques si

variées ? À chaque fois, l'examen neurologique, les explorations complémentaires et surtout le suivi évolutif de ces patients permettront d'éliminer une lésion structurelle ou une maladie évolutive qui affecteraient leur système nerveux : pas d'accident vasculaire cérébral, de tumeur, de sclérose en plaques, d'épilepsie, de maladie de Parkinson ou d'Alzheimer, ni aucune autre des malheureusement très nombreuses maladies neurologiques connues. Dans le jargon médical, on parle de troubles fonctionnels en l'absence de lésion organique.

Tout cela a l'air très étrange, mais nous parlez-vous de situations exceptionnelles ?

Bien au contraire ! Et c'est ici le premier paradoxe des TNF : loin d'être anecdotiques, ils constituent l'une des causes les plus fréquentes de consultation neurologique car un patient sur cinq relève d'un TNF ! Mieux vaut donc connaître leur existence, savoir les reconnaître et surtout… savoir les traiter. À ce stade, j'imagine que nombre d'auditrices et d'auditeurs doivent se demander s'il ne s'agit tout simplement pas de maladies neurologiques pour l'instant inconnues, que nous regroupons sous un même terme générique : une sorte d'antichambre de la neurologie en attente de diagnostic précis. Et je tiens à remercier les auditeurs pour la pertinence de cette remarque ! Ce risque existe, et il n'est d'ailleurs pas exagéré d'affirmer que l'un des cauchemars récurrents de tout neurologue consiste précisément à poser à tort un tel diagnostic de TNF, en passant à côté d'une maladie neurologique organique. À vrai dire, une grande partie des signes de l'examen neurologique, à commencer par le fameux signe de Babinski[glose], ont été inventés pour précisément échapper à cet écueil. Pour autant, s'il est important d'éduquer les médecins à l'idée que le diagnostic de TNF est un diagnostic d'élimination – c'est-à-dire un diagnostic que l'on ne doit poser qu'après avoir éliminé toute une série d'autres diagnostics –, force est de reconnaître que les TNF existent et qu'ils sont très fréquents. Tout un ensemble de signes neurologiques permet d'ailleurs de reconnaître positivement un TNF, notamment en faisant disparaître transitoirement ces symptômes en manipulant l'attention volontaire des malades.

Ce rôle de l'attention volontaire des patients correspond à l'un des autres paradoxes des TNF ?

Le plus grand d'entre ces paradoxes : s'il est absolument fondamental de distinguer les TNF de la simulation ou du mensonge[glose], ces troubles requièrent pourtant un certain niveau de conscience et d'engagement du patient[glose]. Comment expliquer cette coexistence de volontaire et d'involontaire chez un même malade ? En s'intéressant à un troisième paradoxe : affirmer qu'un trouble n'est pas lié à la structure du système nerveux mais à son fonctionnement est une pente glissante vers une conception dualiste implicite. Conception dualiste qui entrerait en contradiction avec la conception matérialiste de la biologie : la structure et le fonctionnement d'un système biologique sont inextricablement liés, et les dissocier d'une manière si tranchée dans le discours semble introduire une sorte de clivage suspect entre structure cérébrale et fonctionnement mental. Parmi les nombreux sobriquets dont sont affublés les TNF, on retrouve d'ailleurs l'expression douteuse de *troubles supracorticaux* : des troubles originaires d'au-delà du cortex, sommet du système nerveux. Comment résoudre ces deux paradoxes ? Rendez-vous vendredi prochain !

HORS ANTENNE

Gloses en prose

« *Le fameux signe de Babinski* ». B.A.-BA de l'examen neurologique enseigné aux externes en médecine dès leurs premiers cours de sémiologie, l'interprétation élémentaire de ce signe requiert les bases anatomiques et fonctionnelles suivantes :

(i) la contraction volontaire d'une fibre musculaire nécessite l'intégrité d'une chaîne causale qui débute par l'activation du premier neurone moteur (dit motoneurone central) dont le corps cellulaire se trouve dans le cortex moteur primaire ; (ii) la propagation de ce signal neuronal (un potentiel d'action) jusqu'à l'extrémité distale de ce neurone qui peut dépasser le mètre lorsqu'il s'agit par exemple d'un neurone qui contribue au contrôle nerveux central d'un muscle du pied ; (iii) l'activation par ce neurone, au niveau de la moelle épinière (dans la corne antérieure), du deuxième neurone moteur (dit motoneurone périphérique) au niveau de la synapse qui les relie ; (iv) la propagation du potentiel d'action de ce second neurone moteur tout le long de son axone, qui emprunte des autoroutes nerveuses périphériques complexes (racine antérieure, plexus nerveux, gros troncs nerveux puis ramifications ultimes vers le muscle innervé) ; (v) l'activation de la fibre musculaire ciblée par l'extrémité distale de ce second neurone moteur au niveau de cette synapse des confins du système nerveux qui porte le nom de jonction neuromusculaire, et qui fut la première de toutes les synapses dont l'étude a révélé le fonctionnement intime du système nerveux (mais c'est une autre histoire). Fin de cette mise en place anatomo-fonctionnelle du contrôle moteur.

Chaque fois que vous contractez un muscle volontairement, l'ensemble de ce circuit est mobilisé au sein de votre système nerveux. Et il existe malheureusement une foultitude de désordres de la motricité qui peuvent agir à chacun de ces niveaux décrits. Bref, face à un malade souffrant d'un trouble moteur, il est précieux de sonder l'intégrité de chacune de ces étapes. Tâche parfois évidente (il existe des diagnostics fondés sur un simple regard instruit) et parfois délicate, voire déroutante, encore aujourd'hui. Babinski, élève de Charcot, a notamment découvert à la fin du XIXe siècle à la Salpêtrière un signe dont la présence permet d'affirmer de manière objective et indubitable l'atteinte du premier neurone moteur, ce neurone dit central. Ce signe consiste à rechercher une désinhibition d'un réflexe dont le circuit nerveux siège au niveau de la moelle épinière et qui est normalement inhibé par le neurone moteur central : on gratte la plante du pied du patient à l'aide d'une pointe mousse (c'est-à-dire qui ne provoque pas une stimulation douloureuse par piqûre) d'arrière en avant sur le bord externe de la plante du pied, le membre inférieur étant placé en demi-flexion. À l'état normal, on observe soit l'absence de réflexe (on parle de réflexe indifférent), soit une réponse en flexion des orteils du pied gratté. Si la réponse observée consiste par contre en une « extension lente et majestueuse du gros orteil avec fréquent écartement en éventail des autres orteils », on peut affirmer l'existence d'une atteinte organique de la voie motrice pyramidale, c'est-à-dire, répétons-le, de la voie motrice centrale. Tel est le *signe de Babinski*, dont les bases physiologiques précises et la signification sémiologique demeurent moins célèbres que son nom (sans parler de son orthographe souvent fautive, en substituant un ou deux Y aux I de Babinski). Influenceur avant l'heure, Babinski et son signe éponyme connurent une immense célébrité bien au-delà des cercles neurologiques. Des salons littéraires parisiens à la presse de caricature, Babinski et son signe furent célébrés de son vivant. À vrai dire, cette célébrité et ce véritable culte ont perduré jusqu'à ce jour de multiples manières. Pierre Bourdillon est un neurochirurgien brillant dont j'ai dirigé la thèse de neurosciences et un passionné d'histoire de sa discipline. À l'issue de sa soutenance de thèse, il a reçu un présent familial en adoptant une attitude combinant humour facétieux et respect pour le poids de la tradition : un marteau à réflexes transmis depuis plusieurs générations chez les Bourdillon : l'un des propres marteaux de Babinski ! (Voir sur la figure 34.1 à droite, la photographie de ce marteau historique superposée sur celui de la caricature de Babinski.)

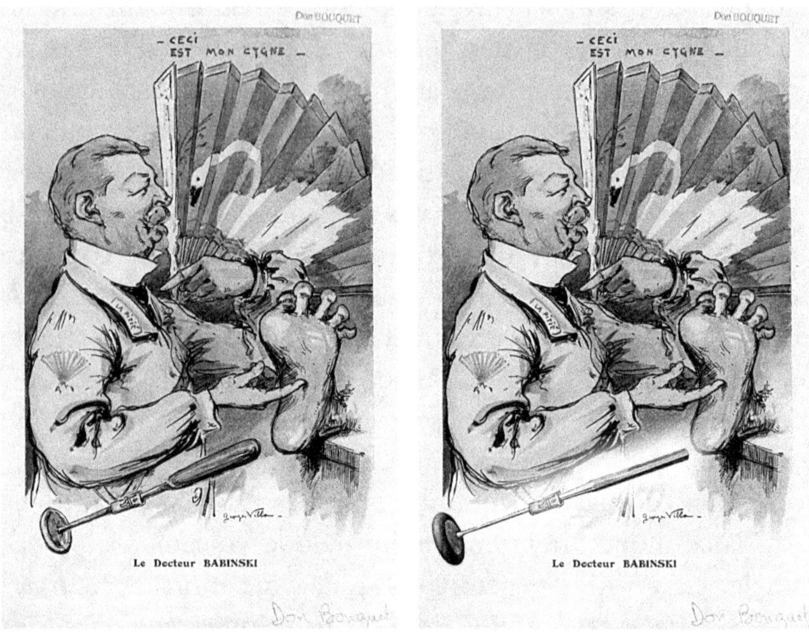

Figure 34.1. La célébrité du signe de Babinski attestée par sa caricature et par une pièce de collection (*dessin de Georges Villa dans la revue* Chanteclair, *1913/© Bibliothèque de l'Académie nationale de médecine*).

Dans l'élan du signe de Babinski, de nombreuses variantes sémiologiques ont été inventées pour rechercher une désinhibition motrice consécutive à une lésion des voies motrices centrales au-delà de la seule plante du pied : signe d'Oppenheim, signe de Rossolimo, signe de Schaeffer, signe de Gordon, signe d'Hoffmann*, etc. Vous l'aurez sans doute deviné… alors que le signe de Babinski est présent dans les maladies organiques qui altèrent la voie motrice centrale, il sera absent chez les patients qui souffrent d'un TNF moteur caractérisé

---

* La logique sous-jacente au signe de Babinski a d'ailleurs contribué à m'inspirer un nouveau signe clinique qui permet de sonder le niveau de conscience d'un patient non communicant : l'habituation du réflexe de sursaut au bruit. Nous avons validé ce nouveau signe avec Bertrand Hermann durant sa thèse de neurosciences, et il est désormais utilisé de manière courante dans de nombreux centres.

par une incapacité à bouger volontairement. Cette explicitation détaillée, ici, du signe de Babinski visait également à faire partager – l'espace d'une glose – l'atmosphère dans laquelle vit un neurologue : viser les abstractions les plus singulières de nos subjectivités tout en n'hésitant pas à plonger dans les contingences et les indices minuscules de nos corps. Ou plutôt : viser ces abstractions mentales grâce à, et à travers, l'exploration de ces contingences qui s'expriment sur nos corps physiques.

« [...] *s'il est absolument fondamental de distinguer les TNF de la simulation ou du mensonge* ». Il faut signaler que l'âge d'or de la sémiologie neurologique (la science des signes cliniques du système nerveux) s'étend sur une période qui court du XIXe siècle au début du XXe siècle. Or il n'échappera pas au lecteur que cette période fut contemporaine de nombreux conflits militaires européens extrêmement meurtriers : des guerres napoléoniennes à celle de 1870 et surtout à l'épouvantable hécatombe de 14-18. Les neurologues, tout comme les autres médecins, furent massivement mobilisés pour participer à l'effort de guerre. Au-delà de leur évidente fonction de soignants, l'une des missions qui leur fut imposée consistait à identifier les « simulateurs » parmi tous les soldats blessés de retour du front. Étant donné que sous l'angle des signes tels que le signe de Babinski, les patients souffrant de TNF moteurs présentent un examen proche de celui de simulateurs (par exemple dans les deux cas un signe de Babinski absent), il semble évident que ce facteur historique conjoncturel a dû contribuer à flouter un peu plus encore le statut des patients souffrant de TNF. À la fois en instillant le doute d'une composante de simulation chez eux (ils simuleraient leurs troubles comme les soldats « simulateurs ») et donc également en favorisant une attitude culpabilisatrice à leur égard, de la part du monde soignant et plus largement de la société. Une culpabilisation qui pourrait parfois même être internalisée par certains d'entre ces malades. Ce floutage et cette culpabilisation ont pu exercer une influence durable quant à la manière de penser les TNF, jusqu'à aujourd'hui. Un dernier mot enfin autour de cette notion de soldats qui « simuleraient » une blessure physique ou psychique : la simulation délibérée pouvait effectivement être une option pour certains soldats, afin d'échapper à ces boucheries en masse. Une option au sujet de laquelle je me garderai d'ailleurs de porter le moindre jugement moral. Pour autant, si la simulation pouvait exister, elle était je pense de loin surpassée par ce que l'on qualifie aujourd'hui de syndrome de stress post-traumatique (PTSD pour *post-traumatic stress disorder*). En toute rigueur, ces états font partie des TNF. Sur le champ de bataille, il n'est pas rare de constater l'association de troubles neurologiques « ordinaires » (une blessure d'un nerf, de la moelle épinière, du cerveau, etc.) avec des troubles neurologiques fonctionnels. Et cette situation mixte se rencontre bien au-delà de la neurologie et de la psychiatrie militaires. Il est en effet fréquent que des patients suivis pour une maladie neurologique « ordinaire » présentent également un TNF associé. Certains malades souffrant d'épilepsie sont par exemple victimes à la fois de crises d'épilepsie et de manifestations qui ressemblent superficiellement à de telles crises mais qui ne relèvent pas d'un mécanisme épileptique. On parle de « crises psychogènes » ou plus récemment de « crises non épileptiques ». Il importe de les distinguer, notamment pour les soigner de la manière la plus adéquate.

« Ces troubles requièrent pourtant un certain niveau de conscience et d'engagement du patient ». Voir la chronique suivante, qui est consacrée à cette énigme des TNF.

*

CHUTS ! DE CHRONIQUE.
Un souvenir du « cauchemar récurrent
de tout neurologue »

Je me souviens par exemple d'avoir longtemps suivi une patiente atteinte d'une atrophie spino-cérébelleuse, maladie neurodégénérative d'évolution très insidieuse, qui perturbe progressivement la motricité. Dès cette première consultation avec moi, son atteinte motrice était déjà sévère, elle était confinée au fauteuil, et le diagnostic était évident. Pourtant, lors du recueil de son histoire neurologique, elle et son mari m'avaient montré un courrier rédigé une vingtaine d'années plus tôt. Elle avait alors consulté l'un de mes confrères, excellent neurologue de son état, pour son tout premier symptôme : une impression de discrète maladresse de la main droite en jouant au tennis. Son courrier se terminait par une conclusion sans appel : conversion hystérique. Le temps lui a donné tort, et nul n'est à l'abri de telles erreurs.

#35 DE L'HYSTÉRIE AUX TROUBLES NEUROLOGIQUES FONCTIONNELS

Épisode 2. Blanchiment sous les topiques

▪ *vendredi 26 avril 2024*

CHRONIQUE

Ce matin vous poursuivez votre exploration des troubles neurologiques dits fonctionnels, les TNF, aux confins de la neurologie et de la psychiatrie.

Les TNF constituent l'une des causes les plus fréquentes de consultation neurologique. Au-delà de leur extrême variété, l'examen et surtout le suivi évolutif de ces patients permettront d'éliminer une lésion structurelle de leur système nerveux. D'où leur nom de TNF : des troubles qui affectent le fonctionnement et non la structure du système nerveux*glose*. J'avais souligné vendredi dernier le paradoxe entre d'une part l'absence de simulation du patient (le patient ne ment pas), et d'autre part la participation de son attention volontaire dans l'expression des symptômes.

Pourriez-vous nous donner quelques exemples ?

En voici un premier : les tremblements observés dans certains TNF peuvent être modifiés, voire disparaître totalement, mais transitoirement, lorsqu'on oriente l'attention du patient sur autre chose que sur ses tremblements. Ou encore ce second exemple :

une patiente, pourtant incapable du moindre mouvement volontaire des deux membres inférieurs, se met à les bouger d'une manière ample et coordonnée la nuit lors de brèves périodes d'éveil enregistrées au laboratoire du sommeil. Les symptômes des TNF sont également extrêmement sensibles aux effets de suggestion. Béatrice Garcin, neurologue experte des TNF, explore les modalités de cette suggestibilité. Un cadre de suggestion thérapeutique bienveillant peut souvent lever ces symptômes de manière plus ou moins durable. Le célèbre Babinski avait d'ailleurs renommé en 1901 l'hystérie (l'ancien nom des TNF) en *pithiatisme* – qui précisément signifie « qui se soigne par la persuasion ». Ce mélange de volontaire et d'involontaire est à l'origine d'un étrange sentiment d'*inconfortable étrangeté* éprouvé par les neurologues rompus aux TNF*glose*. Un sentiment pétri de ces deux ingrédients antagonistes, aux allures d'oxymore ou de paradoxe logique : *le patient qui me fait face ne fait pas semblant, mais il semble participer pourtant volontairement aux symptômes présentés, à l'insu de son plein gré !* Cette *inconfortable étrangeté* est souvent au rendez-vous lors du face-à-face avec un patient souffrant de TNF, bien qu'il ne s'agisse en rien d'un signe infaillible.

Et comment résoudre ce paradoxe ?

J'ai déjà eu l'occasion (voir chronique #31) d'introduire la complémentarité qui existe entre d'une part notre espace mental conscient lent, sériel et unifié, et d'autre part les nombreux processus cognitifs inconscients qui participent à notre vie mentale. Et, s'il existe évidemment des influences des processus inconscients sur notre conscience, j'ai démontré en 2002 que la réciproque est fondamentale : certains de nos processus cognitifs inconscients sont sous l'influence de notre posture consciente. À notre insu. Depuis, un nombre important de travaux ont confirmé l'existence et la diversité de ces influences conscientes. Cette découverte m'a conduit à proposer, en 2006, un scénario qui permettrait de résoudre ce paradoxe. En voici le résumé :

• Étape 1. Le patient vit consciemment une expérience originaire souvent associée à un vécu subjectif affectivement éprouvant, voire traumatisant.

• Étape 2. Cette expérience serait à l'origine d'une réaction volontaire consciente qui se jouerait au niveau abstrait et symbolique de notre représentation mentale de nous-même, et qui prendrait la forme de constats ou décisions intérieures tels que : *Je veux oublier cela*/*Je ne peux plus bouger*, etc.

• Étape 3 : Cette réaction consciente influencerait certains processus cognitifs inconscients. Ces influences détermineraient l'apparition de manifestations visibles : les symptômes.

• Étape 4. Le patient prend alors conscience de ces symptômes, dont il ne se sent pas l'auteur ni l'agent volontaire. Cette solution au paradoxe du volontaire/involontaire est diachronique. Le TNF se jouerait en deux temps : un premier temps volontaire conscient, suivi d'un second temps involontaire médié par les influences de notre conscience sur des processus inconscients.

Dans *Le Nouvel Inconscient*, j'ai qualifié ce scénario de « blanchiment sous les topiques[glose] », pour souligner ce ballet complexe entre conscience et inconscience qui aboutit à une forme de *mauvaise foi*, au sens propre du terme : croire, en toute bonne foi, n'être pour rien dans un phénomène que nous avons pourtant déclenché. *Exit* la culpabilisation du patient. Ce scénario propose également un cadre explicatif à nombre de phénomènes de la vie usuelle : une sorte de psychopathologie de la vie quotidienne version 2024.

HORS ANTENNE

Gloses en prose

« *D'où leur nom de TNF : des troubles qui affectent le fonctionnement et non la structure du système nerveux.* » Il faut signaler que le succès de cette nouvelle appellation est, selon moi, en partie dû à une attente que j'ai très souvent rencontrée chez des patients qui souffrent de TNF et dont je m'entretiens avec eux lorsqu'elle me semble présente. Une attente fréquente donc – bien que non systématique –, qui consiste à opposer un refus souvent ferme à toute tentative de « psychiatrisation » ou de « psychologisation » du trouble qu'ils présentent. L'estampillage neurologique garanti par l'expression TNF semblerait plus acceptable, même si l'adjectif « fonctionnel » qui le suit immédiatement est ici présent pour tempérer cette labellisation. Il n'y a évidemment aucun jugement de valeur de ma part. Simplement un constat qui renvoie à une triple nécessité : la nécessité d'améliorer nos explications de ce que recouvre précisément la psychiatrie ; la nécessité d'enrichir les liens et les interactions entre neurologues et psychiatres ; et *last but not least* la nécessité de favoriser une approche intégrée et globale de la médecine qui s'intéresse à l'individu dans toutes ses dimensions. Cette triple nécessité repose, notamment, sur la prise en compte lucide et bienveillante de ce qu'est vraiment un sujet, de ce que nous sommes, de qui nous sommes. Mon expérience clinique est que la prise en compte de cette triple nécessité est très profitable aux patients, et qu'elle permet d'ancrer la relation thérapeutique dans une bienveillance non paternaliste et sincère qui ne renonce pas à aborder la question des liens entre symptômes physiques et processus cognitifs et émotionnels.

« *Ce mélange de volontaire et d'involontaire est à l'origine d'un étrange sentiment d'*inconfortable étrangeté *éprouvé par les neurologues rompus aux TNF.* » Il s'agit d'un sentiment qui semble très commun parmi mes consœurs et confrères neurologues, ainsi que j'ai pu le constater depuis que je développe ces idées. Le choix de l'expression *inconfortable étrangeté* est une évocation de la très subtile formule d'« inquiétante étrangeté » de Freud (*das Unheimliche* en allemand, souvent traduit en anglais par *uncanny*), qui est le titre d'un court essai passionnant.

« *Dans* Le Nouvel Inconscient, *j'ai qualifié ce scénario de "blanchiment sous les topiques".* » Voici des extraits de la première description que j'ai donnée du mécanisme du blanchiment dans *Le Nouvel Inconscient* (p. 423-426) :

Nous avons déjà eu le loisir de découvrir que de nombreux processus inconscients sont influencés et modelés par notre posture consciente. En vertu de cette propriété, notre sujet modèle et façonne à son insu de nombreux processus inconscients en leur appliquant les conséquences de sa posture consciente. [...] lorsque nous sommes animés de désirs, d'intentions ou de volontés stratégiques conscientes, les effets de ces processus conscients peuvent se faire ressentir dans la partie inconsciente de notre comportement. Dès lors, lorsque nous nous penchons sur cette composante inconsciente de notre comportement, nous sommes naturellement amenés à nous tromper. Les conséquences inconscientes d'une intention consciente peuvent ainsi être entendues et surtout interprétées comme les conséquences d'une intention inconsciente. Ce piège logique, qui résulte lui aussi de l'oubli de l'asymétrie fondamentale entre le singulier de notre conscience et le pluriel non unifié de notre vie mentale inconsciente, permet de « blanchir » le sujet conscient et de faire passer une intention consciente pour une intention inconsciente ! Ce mécanisme, que je propose d'appeler « blanchiment sous les topiques », me semble être à l'origine de cette aberration théorique que sont les idées freudiennes d'intention inconsciente ou de stratégie inconsciente. [...] Au-delà de sa fascinante complexité, ce jeu de « blanchiment » me semble posséder une économie psychique propre qui demeure pertinente en dehors du cadre de la théorie psychanalytique. Il permet en effet au sujet d'extérioriser une propriété mentale de sa vie consciente, ce qui offre un regard plus critique et un recul plus important face à sa propre configuration mentale et affective. Surtout, ce mécanisme autorise une déculpabilisation importante en dédouanant le sujet conscient de ses propres intentions, ou du moins de certaines d'entre elles. C'est, en somme, l'art de la « mauvaise foi », entendue au sens propre, c'est-à-dire la croyance en une origine inexacte des ressorts de certains aspects de notre vie mentale. Cette dimension ouvre peut-être la voie à certaines relectures de la relation analytique, mais également à certaines pathologies psychiatriques importantes comme l'hystérie, qui fascine neurologues et psychiatres depuis plus de deux siècles. Ce « blanchiment » n'est pas un mensonge du sujet ou une simulation, c'est un acte de foi et d'interprétation qui est erroné quant à l'origine d'un phénomène mental. Une paralysie hystérique, ou paralysie de conversion, entendue comme la conséquence inconsciente d'une intention consciente. Cette perspective explicative permettrait peut-être d'ouvrir certaines pistes de psychothérapie orientées vers la mise au jour des intentions conscientes du sujet et de leurs traductions corporelles et comportementales.

#36 DE L'HYSTÉRIE AUX TROUBLES NEUROLOGIQUES FONCTIONNELS

Épisode 3. Attention à l'« effet Charing Cross » !

▪ *vendredi 3 mai 2024*

CHRONIQUE

Ce matin, dernier épisode de votre série sur l'hystérie et les troubles neurologiques fonctionnels.

Après avoir exploré ce qui se joue au cœur de la subjectivité du patient, je vous propose d'explorer le champ des relations entre le patient et le soignant : la dimension interindividuelle ou inter-subjective de l'hystérie. À rebours d'ailleurs de l'histoire, car dès la fin du XIXe siècle ce thème a occupé le devant de la scène. La psychanalyse y a notamment forgé ses concepts de *transfert* et de *contre-transfert* qui désignent ce qui se joue psychiquement dès lors que deux subjectivités entrent en relation dans un cadre thérapeutique, bien au-delà de la seule hystérie. Charcot[glose] le premier a évoqué *la belle indifférence* du patient, c'est-à-dire l'absence de réaction émotionnelle attendue face à des symptômes dont ce dernier a pourtant conscience et qui pour tout autre que lui seraient inquiétants. *Belle indifférence* qui surprend le clinicien et qui peut alterner avec un certain théâtralisme. Cette dernière dimension a fondé l'usage commun du mot hystérie : un état d'excitation émotionnelle excessif aux yeux de l'observateur. *Last but not least*, la puissance de l'intersubjectivité dans l'hystérie se manifeste par l'importance de la suggestibilité. Suggestibilité qui implique nécessairement une tierce personne*glose*.

Les troubles neurologiques fonctionnels parleraient donc aussi de nos liens interindividuels ?

Nous avons précédemment exploré la confusion entre le volontaire et l'involontaire qui semble au cœur de cette pathologie. Cette confusion entre soi et soi introduit l'idée d'un possible brouillage entre soi et tout le reste. Ou plus précisément entre le soi présent conscient, qui est le lieu à partir duquel nous pensons, et tout le reste. Dans *Cinq leçons sur la psychanalyse*, Freud*glose* a proposé une brillante métaphore de ce brouillage lorsque le soi présent du patient est aux prises avec certaines réminiscences traumatiques. Freud évoque un Londonien contemporain (le soi présent) qui tomberait en se promenant à Londres (l'espace mental conscient du patient) sur le site de Charing Cross (un souvenir traumatique). Je vous rappelle, Guillaume, qu'il s'agit d'un monument funéraire construit au XIIe siècle par l'un des vieux rois Plantagenêt, en souvenir de la marche funèbre du corps de sa femme Éléonore qui fut transporté à l'abbaye de Westminster. Et Freud de comparer alors le patient hystérique au promeneur londonien :

> Mais que diriez-vous d'un habitant de Londres qui, aujourd'hui encore, s'arrêterait mélancoliquement devant le monument du convoi funèbre de la reine Éléonore, au lieu de s'occuper de ses affaires avec la hâte qu'exigent les conditions modernes du travail ou de se réjouir de la jeune et charmante reine qui captive aujourd'hui son propre cœur ?

Selon Freud, les patients hystériques se comporteraient comme ce Londonien imaginé.
Cette confusion peut aussi se jouer entre le soi présent et d'autres personnes que soi. En hommage au talent littéraire de Freud,

j'utilise depuis longtemps l'expression « effet Charing Cross » pour qualifier cette forme de confusion hystérique interindividuelle.

À quoi correspondrait cet effet Charing Cross ?

À tout ce qui relève d'une confusion entre la personne que nous sommes *ici et maintenant* et les personnes que nous ne sommes pas, notamment lorsque nous sommes confrontés à la souffrance d'autrui. Une confusion qui consiste, au sens propre du terme, à croire avoir fait fusion avec autrui. Un individu – ou une foule – qui hurle et se lamente comme s'il faisait lui-même l'expérience de souffrances éprouvées par d'autres que lui est exposé à cette confusion des identités souvent très réductrice[glose]. Notre empathie miroir, déjà rencontrée dans une chronique antérieure, permet une résonance émotionnelle immédiate, irrépressible et identificatoire. Cette précieuse brique de notre compassion requiert toutefois l'exercice d'une seconde forme d'empathie, volontaire, lente et réfléchie, pour faire preuve d'un altruisme non fusionnel. Lorsque l'empathie miroir est déconnectée de l'empathie réfléchie, et couplée à l'immédiateté des images qui défilent sur les réseaux sociaux, de telles confusions des identités deviennent davantage probables[glose]. Avec tous les risques qui accompagnent un tel *effet Charing Cross*. S'intéresser à autrui pour lui-même, et non pas en tant que reflet de nous-même dans le miroir de notre smartphone, requiert notre empathie volontaire. Condition *sine qua non* pour la création de liens authentiques avec celle ou avec celui que je ne suis pas.
God save the King !

HORS ANTENNE

Gloses en prose

« Charcot… Freud ». La juxtaposition de ces deux figures au sein de cette chronique dans le cadre de l'étude de l'hystérie – hystérie aujourd'hui dénommée par l'expression de TNF – était également inspirée par la réflexion suivante. Charcot est une figure fondatrice majeure de la neurologie. Il fut le titulaire de la première chaire mondiale de neurologie à l'hôpital de la Salpêtrière. Son œuvre comporte d'incontestables succès, et de non moins incontestables échecs et erreurs. Je les qualifie respectivement de son Austerlitz et de son Waterloo, pour faire usage d'une métaphore familière de ses contemporains (on rappellera aussi, incidemment, que la Salpêtrière est mitoyenne… de la gare d'Austerlitz !). L'Austerlitz de Charcot et de son école correspond à sa promotion, visionnaire, de ce que l'on appelle la méthode anatomo-clinique : le projet d'une nouvelle forme d'objectivité scientifique et médicale qui saurait pour la première fois s'affranchir de la subjectivité des patients et de celle des experts. À cette fin, Charcot a su mobiliser autour de lui tous les talents et les technologies les plus prometteuses de son époque dont l'iconographie photographique, l'électrophysiologie, les nouvelles techniques d'histologie… Observateur de génie, Charcot a extrait du chaos apparent des manifestations du corps et des organes un savoir sémiologique rigoureux. Produire de l'ordre et du sens, parvenir à l'inscrire dans la biologie et ici plus précisément dans l'organisation et le fonctionnement du système nerveux. Ces succès de Charcot peuvent être mesurés par les innombrables et profondes traces qu'il a laissées dans la littérature et la nomenclature neurologique : de la maladie de Charcot (la sclérose latérale amyotrophique) à la sclérose en plaques (étudiée avec Vulpian), de la maladie de Parkinson (pensez à son terrible mais si profond aphorisme : « *le malade*

est condamné au mouvement volontaire ») aux accidents vasculaires cérébraux, aux anévrysmes de Charcot-Bouchard, aux neuropathies périphériques de type Charcot-Marie-Tooth, à ses travaux influents sur les aphasies… la plupart des chapitres de la neurologie, sinon tous, ont été richement explorés par Charcot et tous ses élèves, dont Babinski. Et ce mouvement est toujours vivace aujourd'hui parmi celles et ceux qui revendiquent cette filiation neurologique. Pour autant, le revers de cette médaille existe. Cette posture objectivante était d'une certaine manière aveugle à ses propres effets subjectifs : effets subjectifs et surtout intersubjectifs qui concernent tant le clinicien que le patient. Et, s'il existe une pathologie dans laquelle cette cécité à l'omniprésence de l'intersubjectivité dans l'expérience de connaissance est sans appel, c'est bien entendu l'hystérie ou les TNF. Charcot ne sembla pas s'être rendu compte qu'il participait lui-même au dispositif qu'il croyait observer objectivement de l'extérieur : les phénomènes cliniques qu'il a décrits et colligés étaient étroitement liés à sa propre posture, à ses propres motivations et croyances, et surtout à ses influences et suggestions déterminantes. Ou comment jouer un rôle d'acteur *à l'insu de son plein gré*, tout en croyant n'être qu'un simple observateur extérieur. Charcot, ce médecin des corps et des organes à l'œil si perçant, a présenté ici une cécité inhabituelle, une véritable zone aveugle. On pourrait y lire un symptôme hystérique : l'hystérie de Charcot ! Freud, quant à lui, a souvent reconnu l'importance déterminante, pour l'évolution de ses propres idées, de son séjour à Paris dans le service de Charcot. Si l'Austerlitz de Charcot a dû motiver le jeune Freud à se rendre chez lui, mon interprétation suggère que la richesse de son séjour serait plutôt à rechercher du côté de Waterloo. Du côté du Waterloo de Charcot. Freud – qui écrivit à sa fiancée au sujet de Charcot : « Personne n'a jamais eu autant d'influence sur moi » – a sans doute perçu cette zone aveugle qui allait l'inspirer. Il suffit d'ailleurs de se rendre à Londres, à la majestueuse Waterloo Station, pour prendre conscience que les Waterloo des uns ont souvent valeur d'Austerlitz pour d'autres (*Les uns et les autres bis*, voir chronique #02).

« La puissance de l'intersubjectivité dans l'hystérie se manifeste par l'importance de la suggestibilité. Suggestibilité qui implique nécessairement une tierce personne. » L'intersubjectivité est évidemment omniprésente dans nos existences, mais elle joue ici un rôle déterminant. On pourra lire ou relire la glose précédente.

« Un individu – ou une foule – qui hurle et se lamente comme s'il faisait lui-même l'expérience de souffrances éprouvées par d'autres qu'eux est exposé à cette confusion des identités souvent très réductrice. » De nombreuses scènes de campus universitaires ont ainsi illustré, en 2024, ces phénomènes intemporels caractérisés par un contraste classique entre d'une part une résonance émotionnelle miroir intense, et d'autre part une ignorance non moins intense de la nature du terrible conflit israélo-palestinien actuel.

« Lorsque l'empathie miroir est déconnectée de l'empathie réfléchie, et couplée à l'immédiateté des images qui défilent sur les réseaux sociaux, de telles confusions des identités deviennent davantage probables. » Voir chronique #12.

#37 AU SUJET DE DANIEL DENNETT

▪ *vendredi 10 mai 2024*

CHRONIQUE

Ce matin vous nous proposez, Lionel, une charade philosophique.

Mon premier, Quentin, signifie « oui » en russe.

DA ?

Mon deuxième est le nom de famille d'un célèbre entrepreneur français, fondateur de Free.

J'imagine que vous pensez à… Xavier Niel, donc NIEL ?

Mon troisième est un petit cube à six faces utilisé dans divers jeux.

DÉ, évidemment !

Mon dernier est le contraire de flou

NET ?

Et mon tout est le nom d'un des plus grands philosophes contemporains, décédé le 19 avril dernier.

DA-NIEL-DÉ-NET ?

Daniel Dennett était un philosophe américain[glose] d'une érudition et d'une intelligence extrêmes. Il a révolutionné la philosophie des sciences et la philosophie de l'esprit. Son savoir embrassait philosophie analytique et continentale, mais couvrait également de larges pans des sciences naturelles, et notamment des neurosciences cognitives. Quant à son intelligence aiguë, provocatrice et truculente, elle a stimulé la conscience de nombreux chercheurs. Pourfendeur des fausses apories qui paralysent la pensée, Dennett avait le génie d'écarter les pseudo-obstacles à une conception matérialiste de la vie mentale à l'aide de démonstrations simples et profondes.

Par exemple.

Considérez un objet, riche de sa masse et occupant un certain volume. À la question de savoir si ce bout de matière possède des propriétés immatérielles, la réponse est trivialement : OUI. Cet objet possède par exemple un centre de gravité. Or un centre de gravité est un point mathématique, c'est-à-dire qu'il n'occupe aucun volume dans l'espace, n'a ni surface, ni longueur, ni masse, bref le centre de gravité est bel et bien une propriété immatérielle d'un objet matériel. Aussitôt, l'idée d'envisager la vie mentale comme des propriétés immatérielles de cerveaux et de corps qui interagissent échappe à l'aporie d'un dualisme prétendument indépassable. Sur cette lancée, Dennett proposa que notre conscience pourrait être définie comme un centre de gravité narratif. À la chasse des conceptions corps/esprit dualistes qui se jouent *à l'insu de leur plein* gré chez de nombreux chercheurs en neurosciences, Dennett a élaboré la lumineuse métaphore du théâtre cartésien[glose].

Abordait-il aussi les difficultés posées par une conception matérialiste de la vie mentale ?

Absolument ! Dennett a par exemple critiqué l'idée commune d'un lieu et d'un temps cérébral précis de la prise de conscience d'une information. Dans son chef-d'œuvre *Consciousness Explained*, il a comparé le cerveau à l'Empire britannique et commenté un événement de la guerre anglo-américaine. Un traité de paix fut signé à Gand le 24 décembre 1814. Mais le 8 janvier 1815 eut lieu une terrible bataille à La Nouvelle-Orléans, que les Britanniques perdirent.

Aucune des deux armées engagées au combat n'était informée de la signature du traité de Gand. Dennett a alors imaginé comment les informations ont pu circuler au sein de l'Empire de Sa Majesté. L'annonce de la signature du traité de Gand a sans aucun doute été propagée *à pied, à cheval, en train et en bateau à voiles* aux quatre coins de l'Empire. L'information n'est arrivée à La Nouvelle-Orléans qu'après la bataille qui y eut lieu. Dennett a supposé que l'information de cette bataille a très bien pu parvenir en Inde, alors joyau de la Couronne britannique, plusieurs jours avant l'arrivée de l'annonce de la signature du traité de paix. Dès lors, à quel instant cette guerre a-t-elle pris fin ? À Gand le 24 décembre ? Ou plutôt deux semaines plus tard, à l'issue de la bataille de La Nouvelle-Orléans ? Et que penser du point de vue du gouverneur général du Bengale, qui aurait été informé de ces deux dates dans l'ordre inverse de leur survenue ? De la même manière, l'idée d'une datation précise d'un événement mental conscient apparaît pour Dennett comme un objectif illusoire dans le microcosme de notre cerveau. Il est en réalité possible de répondre à cette critique très pertinente*glose*, mais ce que j'aimerais surtout souligner c'est que la pensée si originale de Dennett a stimulé la créativité et l'inventivité de nombreux chercheurs. Grand philosophe des sciences et notamment de la théorie de l'évolution, une ultime coïncidence ne manquera pas de stimuler nos fictions conscientes*glose* : le 19 avril, date de la disparition de Daniel Dennett, est également celle de Charles Darwin !

HORS ANTENNE

J'ai déjà fait mention des situations de coïncidence qui ont émaillé l'interprétation matinale de mes chroniques (voir le « Hors antenne » de la chronique #06, mais aussi ceux des chroniques #08 et #30). Cette semaine-là, j'avais choisi d'évoquer Daniel Dennett à travers une charade, à la fois pour introduire la dimension ludique de son style et pour souligner l'importance des jeux de langage pour questionner le cœur de notre conscience et de notre subjectivité. Ma chronique imprimée entre les mains, je découvre en arrivant au studio la thématique célébrée ce vendredi 10 mai : les 100 ans de la publication du *Manifeste du surréalisme* d'André Breton* ! Heureuse coïncidence avec ma charade un peu déjantée qui sera lovée au cœur des discussions consacrées à l'écriture automatique et à tout ce que les formes textuelles qui cassent nos automatismes de pensée peuvent révéler de notre vie mentale. Je me souviens d'avoir fait mention de cette impression de manière improvisée en lisant ma chronique. En analysant, quelques mois plus tard, cette agréable impression, je m'efforce de la laisser me guider vers de possibles nouvelles couches interprétatives. La juxtaposition Dennett/surréalisme peut assez naturellement conduire à s'interroger : pourrais-je aller jusqu'à découvrir un surréaliste en la personne de Dennett, ou plutôt dans ses cogitations sur la conscience ? Cette question convoque alors une autre considération associée à ce philosophe et que je n'avais pas insérée dans l'espace étroit de mes 700 mots : Dennett a très souvent été mal compris, sinon incompris. De nombreux commentateurs, philosophes ou neuroscientifiques l'ont qualifié d'« éliminativiste », c'est-à-dire de penseur qui nierait toute réalité à la conscience ramenée au rang d'« illusion ». J'ai toujours perçu ces réactions comme des erreurs conceptuelles. L'hétéro-phénoménologie de Dennett à laquelle j'adhère reconnaît la réalité de la conscience, mais sans nécessairement prendre pour argent comptant les énoncés et croyances que la conscience rapporte à son propre sujet. Une attitude que l'on peut déjà fonder grâce au cogito de Descartes, qui permet d'isoler l'activité consciente de ses énoncés ou croyances (qui sont mis entre parenthèses) pour en poser la réalité : autrement dit la réalité de la conscience ne dépend pas de ses énoncés, mais de la simple capacité à se rapporter cette activité mentale en première personne : « Je pense, donc je suis. » Quelle que soit donc par

---

* Les invités des *Matins* étaient Emmanuel Rubio, historien de la littérature, Olivier Wagner, archiviste paléographe conservateur au département des manuscrits de la Bibliothèque nationale de France, et François Angelier, producteur de l'émission *Mauvais genres*.

ailleurs la véracité de mes propos ou croyances. On se rapproche également ici du conceptualisme médiéval d'Abélard qui, entre idéalisme platonicien (forme de réalisme dualiste) et nominalisme (forme d'éliminativisme), considérait déjà que nos concepts ont une réalité mentale. Et, dès lors que l'on est solidement ancré sur une conception moniste de l'existence (c'est-à-dire non dualiste), reconnaître une réalité mentale à nos concepts, et plus largement à notre pensée consciente, revient à leur reconnaître une réalité tout court. D'où l'importance cruciale – pour Dennett et d'autres, dont moi – de faire la chasse aux dualismes résiduels. Et nous voici ainsi capables de découvrir en Dennett un penseur « surréaliste » ! C'est-à-dire, et contrairement aux malentendus qui entourent sa philosophie, un penseur qui à coup *sûr* est *réaliste* : sûr-réaliste, sur-réaliste, surréaliste ☺*. Un penseur capable d'offrir un pan de réalité à nos constructions subjectives les plus fantasques, sans pour autant tomber dans les pièges de la naïveté. Lui, qui avait exploré avec son brio la magie de la magie – c'est-à-dire la réalité des impressions subjectives de magie qui résultent de mécanismes qui n'ont rien de magique –, aurait sans doute souri de cette herméneutique en forme de prestidigitation.

Gloses en prose

« *Daniel Dennett était un philosophe américain* ». L'adjectif « américain » avait pour moi valeur d'une sorte de forme défective muette. Daniel Dennett, que j'ai eu la chance de connaître, m'avait confié en 2010, lors d'une conversation dans un café à Alma-Marceau, qu'il pouvait lire un article ou un essai en français, et surtout qu'il avait failli occuper un poste de professeur de philosophie à Paris, à l'École normale supérieure, au début des années 1980 ! Suite au meurtre d'Hélène Rytmann par son époux le célèbre philosophe marxiste Louis Althusser, une procédure de recrutement

---

* Voir le « Hors antenne » de la chronique #18 au sujet de la présence d'émoticônes.

avait été ouverte pour le remplacer. Autrement dit, il existe un univers virtuel dans lequel cette phrase de ma chronique aurait pu être : « Daniel Dennett était un philosophe franco-américain », ou « Daniel Dennett était un philosophe américain parisien ».

« À la chasse des conceptions corps/esprit dualistes qui se jouent à l'insu de leur plein gré *chez de nombreux chercheurs en neurosciences, Dennett a élaboré la lumineuse métaphore du théâtre cartésien. »* Voici un résumé de l'argument du théâtre cartésien exposé dans *Le Cinéma intérieur.* Il était crucial de montrer en quoi mon image de cinéma intérieur échappait au dualisme résiduel révélé par Dennett dans de nombreuses conceptions neuroscientifiques de la conscience :

> Brièvement, l'idée centrale de Dennett est qu'il est très fréquent de penser que, lorsqu'on observe un objet, certaines régions de notre cerveau en produiraient une représentation tandis que la région qui serait le siège de notre conscience observerait cette représentation cérébrale, un peu comme un spectateur qui observe l'écran de cinéma. Mais, si tel était le cas, comment l'observateur serait-il capable de percevoir à son tour cette représentation qui se joue dans son cerveau ? En disposant lui-même d'une minisalle de cinéma et d'un minispectateur qui y serait assis et qui contemplerait à son tour le miniécran… Et vous voilà enfermé dans un sophisme de régression à l'infini qui revient en réalité à dissocier conscience et cerveau, comme un authentique dualiste, mais sans le savoir. Le cinéma intérieur échappe à ce sophisme car, ici, la fabrication du film et sa perception sont l'œuvre active d'un seul et même collectif : vous ! […] Au cinéma intérieur, nous sommes la caméra, nous sommes présents au montage, nous sommes le projecteur, nous sommes la salle, nous sommes les spectateurs.

« Il est en réalité possible de répondre à cette critique très pertinente. » J'ai proposé ma réponse à cette question dans *Apologie de la discrétion :*

On ne datera pas la prise de conscience à la milliseconde près car ce phénomène discret requiert une durée incompressible de plusieurs dizaines de millisecondes. Au-delà de cet intervalle, l'événement a eu lieu, mais chercher à dater sa survenue dans une logique de temporalité continue constitue une erreur de catégorie. On peut bien entendu disséquer milliseconde par milliseconde, voire femtoseconde (billiardième de seconde) par femtoseconde, ce qui se passe dans un esprit et dans un cerveau lors de cette durée discrète, mais on se situe alors en deçà de la granularité de la prise de conscience, et croire pouvoir identifier l'instant de sa survenue est aussi absurde que dater la fin de la guerre anglo-américaine engagée en 1812 à un instant précis. Penser cela ne revient pas à renoncer à inscrire la conscience dans le temps, mais au contraire à la mesurer à l'échelle de ce temps discret qui la caractérise. Autrement dit, ce brillant paradoxe s'effondre dès lors que l'on abandonne définitivement une conception mathématiquement continue du temps conscient au profit de la conception discrète que nous avons théorisée et mise en évidence. La prise de conscience requiert une durée de plusieurs dizaines de millisecondes. Répétons-nous une fois encore : rechercher le point mathématique temporel auquel nous voudrions dater sa survenue est aussi illusoire que dater la fin de la guerre de 1812 au sein de l'Empire britannique. Les faits de conscience sont structurés de manière discrète dans le temps et dans l'espace de notre cerveau.

« Une ultime coïncidence ne manquera pas de stimuler nos fictions conscientes ». En relisant cette chronique, ce fragment de phrase m'interpelle. Pourquoi ai-je écrit « ultime coïncidence » ? Cette expression suggère qu'un autre (ou plusieurs autres) coïncidence précédait celle qui allait suivre. Pourtant, en me relisant, nulle trace de coïncidence préalable. Et, bien entendu, le croisement entre d'une part cette annonce d'une coïncidence préalable qui n'existait pourtant pas dans mon texte, et d'autre part la coïncidence postécriture de cette chronique évoquée plus haut (celle qui permet d'établir un lien entre ma charade et le

surréalisme) provoque un effet oraculaire : j'avais annoncé une coïncidence à venir, sans même en avoir conscience ! Variante sur l'écriture automatique. Je pense en réalité que l'« ultime coïncidence » que j'évoquais renvoyait à la brillante déconstruction de Dennett de la notion de temporalité de la conscience : simultanéité, relativisme des référentiels, inversion de l'ordre de succession de deux événements, tout cela avait fait exploser l'idée même de coïncidence en lui retirant son caractère absolu et implacable. Pourtant, cette « ultime coïncidence » ne manque pas d'accentuer l'atmosphère surréaliste qui entoure cette chronique.

Dennett, es-tu là ?

#38 AU SUJET DE NOS OPINIONS : PLACE AU DOUTE !

▪ *vendredi 17 mai 2024*

CHRONIQUE

Ce matin vous examinez notre capacité à réviser nos opinions.

On ne cesse en effet de déplorer la radicalisation et surtout la rigidification des opinions, ainsi que le dépérissement de l'art du débat. Débats qui constituent pourtant des occasions précieuses d'expression et de discussion collective d'opinions divergentes. L'année 2023-2024 n'a pas dérogé à ce constat. Mille et une raisons ont été proposées pour décrypter cette rigidification d'opinions qui se montrent de plus en plus irascibles. Je voudrais, ce matin, avancer une possible mille deuxième raison^{glose}. Si l'on met de côté les effets de soumission à l'autorité ainsi que les endoctrinements sectaires ou idéologiques – mais cela fait déjà beaucoup de monde par les temps qui courent, je vous l'accorde ! –, si l'on met donc de côté tous les renoncements à une « pensée à soi », quel est selon vous l'ingrédient absolument nécessaire à la révision d'une opinion ?

Le doute ?

Précisément. La possibilité de douter du caractère adéquat de l'opinion que nous avions jusque-là adoptée. Le sens commun pose que notre opinion est la résultante de deux processus : d'une part, l'accès à un ensemble d'informations pertinentes ; d'autre part, un travail interne d'interprétation subjective de ces informations. Cette seconde étape repose sur nos capacités de jugement et de raisonnement, mais également sur nos *a priori* et croyances. À l'évidence cette étape d'interprétation subjective peut faire l'objet du doute. Hier comme aujourd'hui. Il en va tout autrement pour l'accès à l'information. Jusqu'à l'avènement de la société de l'information, les effets conjugués de la censure politique, de technologies rudimentaires et souvent aussi de l'illettrisme ont longtemps limité et compliqué l'accès à l'information et sa libre circulation. Autrement dit, on pouvait légitimement douter de la qualité et de la véracité des informations auxquelles nous accédions, notamment à cause d'un cruel manque de transparence. Et nous pouvions d'autant plus facilement douter de cette étape d'accès à l'information qu'il n'y avait pas de coût narcissique à exercer ce doute : ce n'est pas de nous que nous devions douter, mais des informations extérieures à nous.

Mais, tout cela, c'est du passé !

L'avènement de notre société de l'information démocratique numérique, des médias en ligne, des réseaux sociaux instantanés, délocalisés et bidirectionnels, l'avènement de cette société de l'information numérique a révolutionné cette étape de l'accès à l'information. *Fake news* et complotismes exclus, cette révolution a considérablement diminué la part de doute qu'il était jusqu'alors possible d'accorder à l'étape de l'accès à l'information. De l'assassinat filmé du couple de dictateurs Ceausescu à la retransmission en direct de l'attaque du World Trade Center le 11 septembre 2001, jusqu'à la guerre en Ukraine ou au massacre-razzia du Hamas du 7 octobre 2023 puis à la guerre de Gaza, l'accès à l'information laisse fort heureusement bien moins de place au doute. Il me semble que cet effondrement de la place du doute dans notre accès à l'information tend à provoquer en nous, par un effet de contagion irrationnel, un sentiment subjectif d'effondrement global des raisons de douter de nos propres opinions. Cela participerait à rigidifier nos opinions.

Alors même que, si je vous suis bien, l'accès à l'information ne suffit pas à se forger une opinion.

Exactement, Guillaume. Si l'accès à l'information est indispensable, il ne dispense précisément pas d'interpréter subjectivement les informations auxquelles nous avons accédé*glose*. Nous devrions donc continuer à douter de nos interprétations tout autant qu'avant l'avènement de la société numérique. Ces interprétations subjectives débutent, en réalité, dès l'étape de l'accès à l'information. Et, à vrai dire, nous devrions même redoubler de précautions, et donc de doutes, en vertu d'une illusion très contemporaine. À l'heure de la transparence généralisée à laquelle rien ne semble pouvoir résister, une zone aveugle de la transparence persiste : nous-même ! De nombreuses expériences ont montré que notre introspection est certes fort précieuse, mais très limitée et nullement à l'abri de l'erreur. Nous ignorons nombre des mécanismes cognitifs qui participent à la naissance de nos opinions, et nous sommes spontanément ignorants de cette ignorance ! Raison de plus pour continuer à savoir douter de nos opinions, à l'heure où le monde nous semble à portée de smartphone.
Vous en doutez, Guillaume ? À poursuivre vendredi prochain !

HORS ANTENNE

Gloses en prose

« *Je voudrais, ce matin, avancer une possible mille deuxième raison.* » Cette chronique illustre comment le processus d'écriture permet, parfois, d'élaborer une nouvelle hypothèse qui concerne très directement notre cognition, et qui pourra ensuite être testée expérimentalement. Il existe d'autres exemples de biais métacognitifs, par exemple le transfert de la confiance que nous avons en notre faculté de savoir répondre à une question simple que l'on ne nous a pas posée à notre capacité à répondre à la question que l'on nous a véritablement posée. Kahneman a étudié ce biais dans de nombreuses situations. En médecine, par exemple, il est fréquent que la question du pronostic d'un malade soit très difficile à résoudre, alors que celle du diagnostic soulève bien moins de difficultés. Il arrive alors que le clinicien, à son insu, transfère sa confiance (justifiée) en la question du diagnostic afin d'assurer (à tort) sa réponse bien plus hasardeuse à la question du pronostic.

« Si l'accès à l'information est indispensable, il ne dispense précisément pas d'interpréter subjectivement les informations auxquelles nous avons accédé. » Allusion directe à la formule XYX' de la connaissance qui dissocie l'information Y, qui est le médium d'une expérience de connaissance, du sujet X, qui vit cette expérience et qui en ressort transformé en X' (voir chroniques #11 et #23).

#39 AU SUJET DE...

■ *vendredi 24 mai 2024*

CHRONIQUE

HORS ANTENNE

L'absence de ma trente-neuvième chronique correspondait à un événement totalement imprévu. Et, par voie de conséquence, cet événement a entraîné une absence définitive au sein du corpus de mes 44 chroniques prévues, et donc aussi de ce livre. Pour autant, cette absence m'est aujourd'hui précieuse à plusieurs égards. Qu'on ne se méprenne pas cependant : sans la grève qui les a inspirées, les pensées qui suivent seraient elles aussi absentes de ce « Hors antenne ». Un souvenir ancien me revient en énonçant cette réserve : une scène d'un film de Woody Allen (dans *Stardust Memories* ?) dans lequel il interprétait le rôle d'un réalisateur culte adulé et surtout blasé qu'on l'adule ainsi. Interviewé par un journaliste qui lui demandait l'explication artistique profonde – explication sans doute conceptuelle et très symbolique – de la soudaine transition, dans l'un de ses films, de la couleur au noir et blanc, il lui répondit du tac au tac quelque chose comme : *c'était une simple question de budget, je n'avais plus assez d'argent pour continuer à tourner en couleurs !* Rappel de la nécessaire autodérision à cultiver lorsque l'on se tourne vers nos propres constructions subjectives, surtout lorsqu'elles parlent de qui nous sommes et qu'elles commentent les raisons en vertu desquelles nous agissons et pensons comme nous pensons et agissons. Nécessaire autodérision pour viser cette « bonne distance » avec soi-même (voir chroniques #10, #19 et #37). Je n'ai donc pas provoqué cette grève afin de livrer les réflexions qui suivent. C'est tout le contraire.

Ma première réaction consiste à faire usage de cette absence comme d'une démonstration (si besoin était) que ces chroniques ne sont nullement issues d'une tour d'ivoire subjective déconnectée, mais qu'elles résident bel et bien dans le bruit et les heurts du monde. Quoi de plus démonstratif en effet que de faire l'expérience de leur fragilité dans un contexte de luttes sociales et politiques.

Ma seconde réaction trouve d'ailleurs dans cette absence – et dans le commentaire écrit de cette absence – une sorte de « capsule temporelle » offerte aux générations futures de cet événement singulier que fut la grève du personnel de Radio France du vendredi 24 mai 2024.

Ma troisième réaction vise le contenu de la chronique à jamais absente du corpus de mes 44 chroniques. Le simple fait que j'ignore moi-même ce qu'elle aurait pu être est vertigineux (pour moi) ! Je n'ai aujourd'hui aucune idée de ce qu'elle aurait pu être, de ce que j'aurais pu en faire. Et jamais je ne pourrai combler cette absence. Une sorte d'invitation de l'infini au sein de la totalité du corpus fini de mes 44 textes. L'infini est lové dans cette chronique absente. Cette conjonction entre d'une part la totalité d'un corpus (mais également la totalité d'une existence), et d'autre part l'infini qui par définition m'échappe, qui nous échappe à tous, et que nous ne pourrons jamais objectiver, jamais enfermer dans la collection de nos objets, cette conjonction me fascine. Oxymore de l'infini et de la totalité qui me renvoie vers l'une des idées les plus puissantes que j'ai apprises en lisant *Totalité et infini* de Levinas. Ce culte du manque au sein de nos existences finies offre la possibilité de ne pas objectiver autrui, de continuer à se laisser déborder par cette infinité d'autrui que jamais nous ne pourrons objectiver et « totaliser ». Et dès que l'on commence à s'envisager « soi-même comme un autre », cette philosophie me semble pouvoir être appliquée envers soi-même : ne pas s'objectiver, ne pas se totaliser à soi-même, ne pas devenir un être totalitaire à nos propres yeux, un être totalitaire envers soi-même, c'est-à-dire aussi un être totalement enfermé dans ses énoncés du moment présent.

#40 AU SUJET DE LA MÉCANIQUE INTERPRÉTATIVE DE NOS OPINIONS

▪ *vendredi 31 mai 2024*

CHRONIQUE

Il y a deux semaines vous nous affirmiez que notre introspection est précieuse, mais limitée et même parfois erronée.

Comme très souvent, c'est l'observation de malades souffrant de lésions cérébrales qui nous met sur la voie*glose*. Le neuropsychologue américain Michael Gazzaniga a exploré des patients épileptiques chez lesquels on avait déconnecté anatomiquement les deux hémisphères cérébraux, en découpant chirurgicalement l'épais câblage nerveux qui les relie. On parle de patients *split-brain*, c'est-à-dire de patients au cerveau divisé. Comme leurs crises d'épilepsie commençaient toutes dans un seul hémisphère, cette intervention empêchait leur propagation à l'autre hémisphère et prévenait donc la perte de conscience du malade. Il faut comprendre que suite à cette intervention, chaque hémisphère ignorait désormais ce que l'autre faisait et savait.

Mais c'est dingue, votre histoire !

Accrochez-vous, car le récit en vaut la peine. Dans l'une de ses observations les plus saisissantes, Gazzaniga demande à l'un de ces malades de fixer un écran situé droit devant lui. Soudain, un verbe est flashé quelques dixièmes de seconde à la gauche de l'écran : WALK (MARCHEZ). Cet ordre verbal présenté dans le champ visuel gauche du patient n'est reçu que par les régions visuelles de son hémisphère droit, du fait de l'organisation anatomique croisée des voies visuelles. L'hémisphère gauche, qui héberge notamment les régions du langage, n'a donc pas reçu cette consigne, et il ignore qu'elle a été délivrée à l'hémisphère droit. Ce dernier, incapable de parler et de comprendre des phrases complexes, est toutefois capable de comprendre ce verbe d'action fréquent isolé. Le patient se lève et se met à marcher vers la porte de la pièce. Gazzaniga l'interpelle alors en feignant la surprise : « Où allez-vous ? » À ce stade, il faut, pour saisir ce qui va se passer, comprendre que la réponse que va prononcer le malade est uniquement celle de son hémisphère gauche, qui a le contrôle exclusif du langage parlé. Cet hémisphère gauche ignore les raisons véritables du comportement déclenché par l'hémisphère droit. Que va-t-il répondre ? Va-t-il adopter une attitude cartésienne rationnelle et tenir un discours tel que : « Je ne sais pas pourquoi je me suis levé et me suis mis à marcher. » Loin de là ! Le patient répond du tac au tac : « Je vais acheter un Coca-Cola. » Lorsqu'on soumet ainsi l'hémisphère gauche à d'insolubles énigmes le concernant, ce dernier répond très souvent en inventant une explication imaginaire et fictive, en l'occurrence fausse, à laquelle il croit en toute bonne foi !

Son explication, que nous savons, nous, incorrecte, est celle qu'il tient pour vraie ?

Exactement ! J'ai pris ici l'exemple des patients *split-brain*, mais les confabulations de certains patients amnésiques et les fictions subjectives révélées par l'observation de malades souffrant de nombreuses pathologies neurologiques ou psychiatriques ont depuis étendu le domaine de nos fictions. Nous sommes au cœur de ce que j'appelle nos *fictions-interprétations-croyances*. Le sens que les choses ont pour nous est précieux, mais il ne faut pas nécessairement le prendre pour argent comptant[glose]. L'étape suivante est plus délicate : s'il va de soi que nos fictions sont des constructions lorsqu'elles divergent tant des causes réelles de nos actions, leur essence demeure fictionnelle même lorsqu'elles sont correctes ! Et donc aussi chez les bien portants. Ce que j'appelle fiction désigne l'invention de la signification que les choses ont pour nous. Comme l'écrit Nancy Huston, nous sommes une espèce fabulatrice ! Je pourrais vous raconter, par exemple, cette expérience très élégante, conduite chez des volontaires sains, dans laquelle on parvient à leur faire justifier avec force conviction les raisons d'un choix... qui est pourtant opposé à celui qu'ils viennent de réaliser[glose] !

Retour à nos opinions. Nous ne sommes pas transparents à nous-même. Et si le savoir ne nous transforme nullement en surhomme ou en surfemme, cette lucidité nous permet d'adopter une distance plus adéquate face à nos propres croyances et opinions : elles sont des fictions subjectives précieuses, certes, mais à ne pas prendre pour ce qu'elles ne sont pas. Elles sont nos interprétations du monde. Et une interprétation, nous pouvons la réviser, la corriger, la transformer, l'enrichir.

Ou pas !

HORS ANTENNE

Gloses en prose

« *Comme très souvent, c'est l'observation de malades souffrant de lésions cérébrales qui nous met sur la voie.* » Écho à la glose du Hors antenne de la chronique #27 (« Il faut ici dénoncer une médicalisation de la vie saine »).

« *[...] ce que j'appelle nos* fictions-interprétations-croyances. *Le sens que les choses ont pour nous est précieux, mais il ne faut pas nécessairement le prendre pour argent comptant.* » J'ai introduit le concept de « fictions-interprétations-croyances » (FIC) dans *Le Nouvel Inconscient* (2006). On retrouve également ici la notion de la « bonne distance » à adopter face à nos propres contenus conscients (voir chroniques #10, #19 et #37). Cette idée est au cœur de l'approche qualifiée d'hétéro-phénoménologie qui consiste à produire une science objective de phénomènes subjectifs, et donc au cœur de l'ensemble de ces chroniques (voir chroniques #01, #17 et #23).

« Je pourrais vous raconter, par exemple, cette expérience très élégante, conduite chez des volontaires sains, dans laquelle on parvient à leur faire justifier avec force conviction les raisons d'un choix… qui est pourtant opposé à celui qu'ils viennent de réaliser ! » À chaque essai de cette expérience conduite par Johansson et ses collègues (publiée dans *Science* en 2005), la ou le volontaire assis face à un expérimentateur recevait deux photographies de jeunes femmes (case A de la figure 40.1) et devait réaliser deux tâches. Premièrement choisir celle qui lui paraissait la plus attirante (*attractiveness* en anglais : case B de la figure 40.1). Deuxièmement, une fois ce choix subjectif dûment effectué, la ou le volontaire (j'insiste à dessein sur le genre du volontaire car l'effet découvert a été étudié à la fois chez des participants hommes et femmes) était invité à rapporter les éléments qui avaient motivé ce choix (case D de la figure 40.1). Plus précisément la procédure exacte de cette expérience comportait l'étape suivante : une fois le choix réalisé, les deux photographies présentées étaient retournées face contre table par l'expérimentateur qui faisait alors glisser sa main qui avait présenté la photographie choisie par le participant vers ce dernier (case C). Le participant s'emparait alors de cette photographie et pouvait à nouveau la regarder pour débuter son débriefing subjectif. Mais un détail crucial était caché aux volontaires : l'expérimentateur (l'individu en pull blanc sur la figure) était prestidigitateur ! Et dans un essai sur cinq la carte qui était présentée au participant était celle

figurant la jeune femme qu'il n'avait pas choisie. Dans la grande majorité des cas, non seulement les participants n'avaient pas remarqué le subterfuge, mais ils n'éprouvaient aucune difficulté à introspecter avec moult détails les raisons de leur « choix ». Un « choix » qui était pourtant opposé à celui qu'ils ou elles venaient de faire !

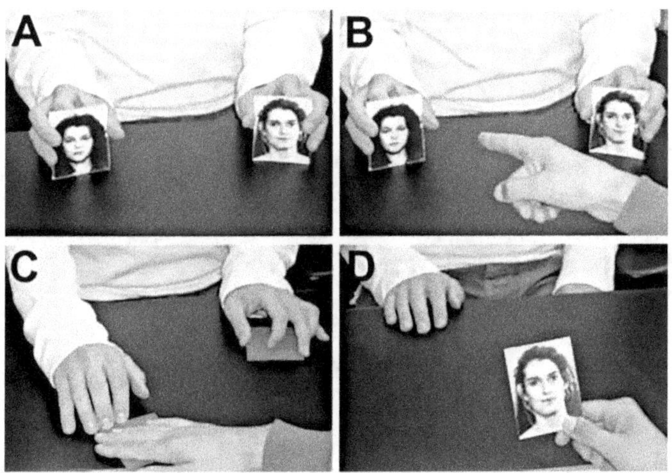

Figure 40.1. Quand j'explique avec assurance pourquoi j'ai réalisé l'action opposée à celle que je viens de réaliser ! *(extrait de Johansson et al., 2005/© 2005, The American Association for the Advancement of Science).*

#41 AU SUJET DES MALADES QUI PRÉSENTENT DES TROUBLES DE LA CONSCIENCE

Épisode 1. De quoi « état végétatif » est-il le nom et de quoi ne l'est-il pas ?

• *vendredi 7 juin 2024*

CHRONIQUE

Ce matin vous vous tournez vers les applications médicales de vos recherches sur la conscience.

L'actualité de ce choix n'est autre que la publication de nos derniers résultats dans la prestigieuse revue *Nature Medicine*. Une publication qui vient valider l'utilité clinique d'un travail d'équipe que j'ai initié il y a plus de vingt ans à la Salpêtrière à Paris.
Retour en 2001. Jeune neurologue chercheur, je retourne à la Salpêtrière après trois années de thèse de science jubilatoire avec Stanislas Dehaene durant lesquelles nous avons posé les bases d'une nouvelle approche neuroscientifique de la conscience. Je commence alors à consacrer une partie de mes recherches à l'amélioration de la prise en charge des malades non communicants dont il est extrêmement difficile de déterminer l'état de conscience. Suite à un traumatisme crânien sévère, ou à un arrêt cardio-circulatoire, certains patients traversent une période initiale de coma, puis récupèrent un état d'éveil. Ils deviennent ainsi capables d'ouvrir les yeux

durant de longues périodes, mais sans toutefois être capables de communiquer ou de manifester des signes de conscience univoques.

Ces états cliniques comportent les états qualifiés de végétatifs ou de conscience minimale ?

Exactement. Précisons toutefois que ces deux expressions sont problématiques. L'expression *état végétatif* a été forgée en 1972 par Jennett et Plum pour exprimer la dissociation entre, d'une part, un contrôle nerveux des fonctions dites « végétatives » qui demeure préservé (c'est-à-dire le contrôle nerveux de la digestion, de la circulation, de la ventilation, de la transpiration, etc.), et d'autre part l'abolition de la conscience. Mais, dans de nombreuses langues, l'adjectif végétatif est confondu avec celui de végétal et suscite l'assimilation indigne de ces patients à des *légumes*, à des *plantes vertes*. Une façon de contrer cette grave atteinte à la dignité des malades requiert d'expliquer, comme je viens de le faire, la signification correcte de cette expression. Il faut également signaler que le système nerveux de ces patients continue, le plus souvent, à assurer bien d'autres fonctions que les seules fonctions végétatives. En cela, cette expression est donc non seulement périlleuse, mais incorrecte. Enfin, et surtout, un examen clinique attentif et répété permet de corriger ce diagnostic chez environ 30 % des malades. Attention, toutefois, cela ne signifie pas que ces patients diagnostiqués à tort comme étant en état végétatif sont tous conscients, mais plutôt qu'ils présentent des comportements qui vont au-delà des réponses du système nerveux végétatif ou de simples réponses réflexes. C'est sur la base de ce triple constat qu'un groupe d'experts, dirigé par mon collège Steven Laureys, a proposé en 2010 de remplacer l'expression *état végétatif* par celle de *syndrome d'éveil non répondant* (*unresponsive wakefulness syndrome*). Cette proposition échappe à la confusion végétatif/végétal et reconnaît un état clinique qui est souvent plus riche que celui assuré par le seul système nerveux végétatif. Parler de *syndrome d'éveil non répondant* permet également-ment de rester descriptif, et d'exprimer la nécessité d'enrichir cette description comportementale par des mesures de la structure et de l'activité cérébrales.

Ce nouveau nom est-il pleinement satisfaisant ?

Je ne le pense pas. Malgré les intentions louables et les efforts salutaires de mes collègues, l'expression de *syndrome d'éveil non répondant* demeure, elle aussi, problématique. Tout d'abord, l'expression utilisée est complexe, ce qui explique sans doute sa faible diffusion au-delà d'un milieu très spécialisé. D'autre part, l'examen de ces malades *non répondants* met en évidence de nombreuses réponses comportementales à des stimulations : ces réponses sont certes le plus souvent réflexes, mais leur présence entretient la confusion entre réponses réflexes et réponses intentionnelles. Surtout pour les proches. Enfin, définir cet état par l'absence de réponse peut alimenter l'idée selon laquelle le problème principal du malade résiderait dans un handicap de communication. Un peu comme sur le modèle tragique lui aussi du *locked-in syndrome,* dans lequel un malade clairement conscient mais paralysé ne peut pas répondre en dehors d'un code oculaire. Les patients véritablement en état d'éveil non répondant ont des troubles cognitifs et de la conscience qui vont bien au-delà d'un problème de communication.
Alors que faire ?
À défaut d'un nom satisfaisant, prendre le temps, à chaque fois, d'expliquer tout cela et s'attacher à dégager la singularité de chaque situation, de chaque malade, qui demeure une personne.

HORS ANTENNE

Cette chronique ouvre une mini-série intitulée « Au sujet des malades qui présentent des troubles de la conscience ». Je recommande très vivement la lecture suivie de ces trois chroniques qui se complètent très directement. On pourra également (re)lire la chronique #06 qui traite du *locked-in syndrome.*

#42 AU SUJET DES MALADES QUI PRÉSENTENT DES TROUBLES DE LA CONSCIENCE

Épisode 2. De quoi « état de conscience minimale » est-il le nom et de quoi ne l'est-il pas ?

• *vendredi 14 juin 2024*

CHRONIQUE

Vous poursuivez ce matin le décryptage des perturbations médicales graves de la conscience.

Suite à une agression cérébrale, telle qu'un traumatisme crânien sévère ou un arrêt cardio-circulatoire réanimés, de nombreux malades présentent initialement un état de coma, qui correspond à une abolition de la conscience provoquée par une abolition de l'éveil cortical. Les patients sont allongés, les yeux fermés et non éveillables, à la différence par exemple du sommeil. Certains de ces malades vont dans un second temps retrouver un état d'éveil plus riche. Cela se traduit notamment par une ouverture spontanée des yeux, plusieurs heures par jour. Pour autant, l'observation de leur comportement ne permet pas de savoir s'ils ont conscience d'eux-mêmes ou de l'environnement. On distingue ici deux tableaux neurologiques principaux : les états végétatifs d'une part, et les états de conscience minimale d'autre part. Vendredi dernier, je me suis attaché à expliquer l'*état végétatif* et à désamorcer plusieurs problèmes qui le concernent.

Et à quoi correspond l'état de conscience minimale ?

Cette expression a été forgée en 2002 par le neuropsychologue américain Joe Giacino et ses collègues, afin de désigner des comportements bien plus élaborés que les simples réponses réflexes qui définissent l'état végétatif. Ces auteurs ont surtout mis au point une échelle comportementale qui permet de reconnaître cet état de conscience minimale. Par exemple, un malade capable de suivre du regard un visage ou un objet qui se déplace devant lui témoigne d'un comportement riche. À l'inverse, le clignement des yeux à la menace – c'est-à-dire à l'approche rapide d'un objet dans son champ visuel – peut être expliqué par un réflexe involontaire. L'utilisation répétée de cette excellente échelle permet ainsi de distinguer les états végétatifs des états de conscience minimale en sondant de nombreux comportements élaborés. Dès qu'un malade présente ne serait-ce qu'un seul de ces comportements riches, il est considéré comme étant en état de conscience minimale. Mais si l'échelle est excellente, il y a tout de même un problème dans le nom[glose] choisi pour qualifier cet état clinique qui est plus riche que l'état végétatif.

Ce serait donc l'expression d'« état de conscience minimale » qui serait problématique ?

Précisément. Reprenons l'exemple du suivi du regard : ce comportement ne nous renseigne pas directement sur la conscience du patient, car il ne permet pas d'accéder à ce que ce dernier vit à la première personne. Par contre, suivre des yeux est un comportement qui requiert le fonctionnement d'un réseau spécifique du cortex cérébral. J'ai montré en 2018 que chacun des comportements de type conscience minimale traduit la préservation d'un réseau cortical particulier, tandis que les comportements réflexes qui définissent l'état végétatif reposent sur des circuits nerveux situés en dessous du cortex. Autrement dit, les critères utilisés pour définir l'état de conscience minimale ne nous renseignent pas directement sur l'état de conscience (car il existe de nombreux processus corticaux non conscients), mais ils nous permettent par contre d'affirmer avec certitude la préservation de réseaux du cortex cérébral du patient. Sans IRM, simplement avec un regard neurologique informé ! Et cela est très précieux, car plus le cortex est préservé, plus il y a de chances que le patient soit conscient, et surtout qu'il puisse retrouver, à terme, la conscience. J'ai résumé cette interprétation de l'état de conscience minimale en proposant une anagramme de son sigle anglais MCS (pour *minimally conscious state*), qui devient ainsi CMS pour *cortically mediated state* : un état médié par le cortex.

Et c'est ce que vous et votre équipe expliquez aux soignants et aux familles de ces patients ?

Prendre le temps de l'explication et de l'écoute est fondamental, tant auprès des soignants qu'avec les familles et les proches du patient considéré. *Mal nommer* les choses, *c'est ajouter à la misère* non seulement du *monde*, mais surtout ici au vécu de l'entourage du malade[glose], dans ce drame souvent brutal et inattendu. Enfin, comprendre que l'état de conscience minimale ne nous renseigne pas directement sur le niveau de conscience conduit à la nécessité d'enrichir notre examen attentif des comportements du malade par l'analyse de la structure et de l'activité de son cerveau.
Je vous en parlerai vendredi prochain !

HORS ANTENNE

Depuis ma réinterprétation de l'état dit « de conscience minimale » (MCS) comme étant plutôt un état médié par le cortex (CMS), dans un article de la revue *Brain* paru en 2018, l'équipe que je dirige et plusieurs autres groupes ont apporté de nouveaux résultats qui étayent et renforcent cette interprétation. Nous avons ainsi comparé l'activité cérébrale de patients en état de conscience minimale à celui de patients en état végétatif. Dans cette étude nous avons évalué l'activité cérébrale en mesurant la consommation cérébrale régionale de glucose à l'aide d'une caméra à positons combinée à un radiotraceur analogue du glucose (le fluoro-désoxy-glucose marqué avec un atome de fluor radioactif, le F18, qui émet des positons en se désintégrant en atome d'oxygène 18). Plus précisément, notre idée consistait à distinguer sur la base de quels items comportementaux ces patients avaient été labellisés comme étant en « état de conscience minimale ». Nous avons ainsi distingué trois groupes de patients MCS : ceux qui étaient définis comme étant en état du type MCS grâce à leurs comportements visuels (par exemple la poursuite visuelle d'une cible qui se déplace face au regard du patient), ceux qui l'étaient du fait de la richesse de leurs réponses motrices aux stimulations cutanées (par exemple la capacité à localiser de la main une stimulation douloureuse), et enfin ceux qui étaient en état de type MCS car ils présentaient une réponse à la commande verbale. Signalons pour rappel que dès qu'un patient est capable de communiquer, il n'est plus du tout considéré comme étant en état de conscience minimale, mais comme étant conscient avec ou non des handicaps cognitifs associés. De nombreuses études avaient déjà identifié que lorsque nous sommes dans un état conscient défini comme une expérience subjective rapportable en première personne, notre cerveau présente une activité riche et soutenue au sein d'un vaste réseau cérébral, tel que prédit par notre théorie de l'espace de travail neuronal global (voir la chronique #31). Dès lors, notre prédiction était la suivante : si l'état de conscience minimale correspond véritablement et systématiquement à un état de rapportabilité subjective consciente, on devrait effectivement s'attendre à ce que l'espace de travail

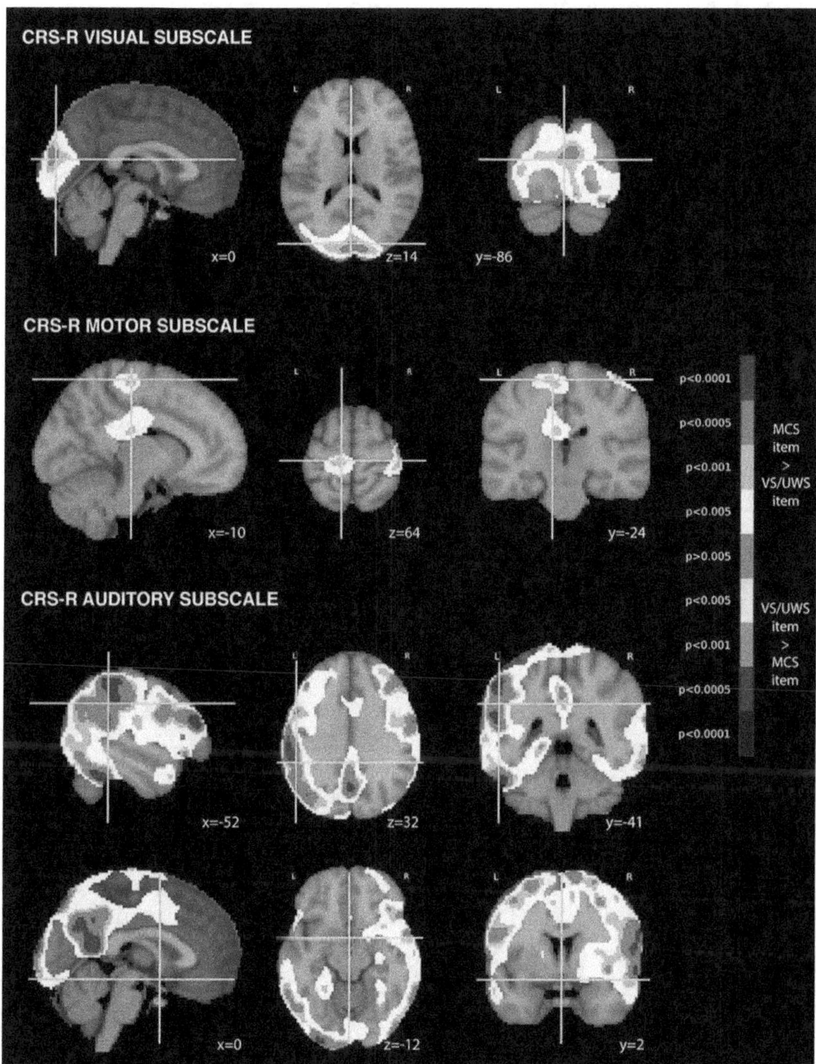

Figure 42.2. L'état de conscience minimale est un groupe hétérogène.
Le seul point commun de cet état est la préservation d'un réseau cortical spécifique, mais pas nécessairement celui de l'état conscient, c'est-à-dire celui de l'espace de travail neuronal global (voir le texte) *(adapté de Hermann et al., 2022/© 2022, B. Hermann, A. Sangaré et al. Published by Oxford University Press).*

neuronal global soit plus activé chez des patients MCS que chez des patients éveillés mais inconscients tels que définis par les critères de l'état végétatif. Et ce résultat devrait être observé pour les trois groupes de patients MCS. À l'inverse, si notre hypothèse de CMS est correcte, alors la comparaison de l'activité cérébrale entre des patients MCS et des patients VS devrait ne laisser apparaître que le réseau cortical spécifique qui sous-tend l'item MCS observé. Autrement dit, si MCS signifie plutôt CMS, alors les patients en MCS sur la base de leur comportement visuel ne devraient se distinguer des patients en VS que dans les régions corticales visuelles. Même raisonnement pour les patients en CMS sur la base de leur comportement moteur avec cette fois le réseau cortical moteur. Quant au troisième groupe, celui des patients capables de répondre à la commande sans toutefois pouvoir utiliser ces réponses afin d'établir un code de communication, notre jugement était suspendu : peut-être que ce sous-groupe de patients MCS serait plus proche d'un état conscient ?

Conformément à nos prédictions, les patients MCS du fait de la vision ne montraient des différences d'activité cérébrale avec les patients VS que dans le réseau cortical visuel, et un résultat comparable était obtenu pour les patients MCS du fait de leurs réponses motrices. Par contre, les patients capables de répondre à la commande montraient une augmentation d'activité cérébrale dans un réseau qui déborde les aires du langage et qui ressemble fortement à celui de l'espace de travail neuronal global. Autrement dit, l'état de conscience minimale semble effectivement correspondre à un regroupement très hétérogène dont le seul point commun est la préservation de réponses médiées par un réseau cortical, conformément à notre interprétation de MCS qui signifierait en réalité CMS. Et au sein de ce groupe hétérogène, si certains patients sont sans doute déjà conscients ou proches d'un état conscient (par exemple ceux qui répondent à la commande), ce qualificatif de « conscient » ou de « conscience minimale » ne s'applique nullement à chacun d'entre eux. MCS signifie CMS.

Gloses en prose

« *Mais si l'échelle est excellente, il y a tout de même un problème dans le nom.* » Une facette clé de ce problème est que lorsque vous livrez à des proches d'un malade, ou à ses soignants, l'expression « état de conscience minimale », vous prononcez le mot de conscience, même si vous le tempérez aussitôt par l'adjectif « minimale ». Cette suggestion d'une surévaluation de ce que l'on peut véritablement affirmer par l'examen clinique au sujet de l'état de conscience du patient peut alimenter de faux espoirs, voire parfois contribuer à un regain de souffrance des proches. Ainsi que je l'exprime un peu plus loin dans cette chronique : « *Mal nommer* les choses, *c'est ajouter à la misère* non seulement du *monde*, mais surtout ici au vécu de l'entourage du malade ». Tenter d'être le plus juste possible dans nos termes me semble indispensable sur les plans éthique et pragmatique. Lorsque de nouveaux étudiants francophones rejoignent notre équipe, je prête attention à la manière dont ils écrivent cet état, en prenant avantage de l'accord de l'adjectif avec le genre du sujet en français. D'expérience, un étudiant sur deux accorde l'adjectif « minimal » avec le nom « état » (« état de conscience minimal », ce serait donc l'état qui est minimal), et l'autre moitié l'écrit au féminin (« état de conscience minimale », c'est la conscience qui serait minimale). Cette confusion orthographique exprime à mon sens l'imprécision de l'expression. Et même si cette règle n'existe pas en anglais où l'adjectif est invariable, cette confusion règne tout autant mais demeure orthographiquement masquée.

#43 AU SUJET DES MALADES QUI PRÉSENTENT DES TROUBLES DE LA CONSCIENCE

Épisode 3. Sonder à la fois le comportement et le cerveau des malades permet d'améliorer la précision du *pronostic de retour à la conscience*

▪ *vendredi 21 juin 2024*

CHRONIQUE

Troisième épisode autour des troubles de la conscience.

Bref rappel des deux semaines précédentes. Suite à une agression cérébrale, telle qu'un traumatisme crânien sévère ou un arrêt cardio-circulatoire réanimés, de nombreux malades perdent conscience et tombent dans un état de coma. Certains de ces malades vont dans un second temps retrouver un état d'éveil plus riche. Cela se traduit notamment par une ouverture spontanée des yeux, plusieurs heures par jour. Pour autant, l'observation de leur comportement ne permet pas de savoir s'ils ont conscience d'eux-mêmes ou de l'environnement. On distingue ici deux tableaux neurologiques principaux : les états végétatifs d'une part, et les états de conscience minimale d'autre part. Il s'agit d'une distinction importante mais imparfaite. Nous avons notamment mis en lumière les imperfections respectives de ces deux expressions. Au fil des vingt dernières années, deux idées clés se sont imposées : d'une part l'importance d'examiner le comportement des malades le plus finement possible, et de manière répétée. En continuant d'ailleurs à inventer de nouveaux signes d'examen. Et d'autre part la nécessité d'enrichir ces observations comportementales par des analyses de la structure et de l'activité de leur cerveau. Toute une panoplie de modalités d'exploration a été utilisée ou développée au fil du temps : IRM cérébrale structurelle, tenseur de diffusion, IRM fonctionnelle, électroencéphalographie, potentiels évoqués cognitifs, TMS-EEG, PET-scans, algorithmes de *machine learning* entraînés sur de larges bases de données de patients, etc. À la Salpêtrière, j'ai fondé une telle activité depuis 2002, d'abord tout seul puis avec une équipe de plus en plus nombreuse en talents, et donc avec des évaluations de plus en plus riches en modalités utilisées[glose].

Et votre nouvelle étude parle de la valeur clinique de ces évaluations multimodalités.

Exactement. Nos derniers résultats viennent d'être publiés dans la prestigieuse revue *Nature Medicine.* Avec mes proches collègues, Benjamin Rohaut et Jacobo Sitt, ainsi qu'avec Charlotte Calligaris à l'occasion de son projet de thèse de médecine, nous avons étudié la valeur pronostique de ces évaluations chez les 349 patients de réanimation présentant un trouble de la conscience que nous avons examinés entre 2009 et 2021. À l'issue de chaque évaluation, nous formulions notamment un avis pronostic : pronostic bon, incertain ou défavorable. Résultat ? Les patients que nous avions labellisés *bon pronostic* ont présenté une évolution neurologique bien plus favorable que les patients avec un pronostic jugé *incertain* ou *défavorable*. Aucun des patients évalués *défavorable* n'avait retrouvé la conscience à un an, même lorsque nous avions exclu de l'analyse ceux pour lesquels une décision de limitation des thérapeutiques actives avait été prise par l'équipe qui nous avait adressé le malade – ce afin d'exclure un éventuel biais de prophétie autoréalisée. Surtout, plus le nombre de modalités utilisées pour explorer le malade était grand, plus la précision du pronostic augmentait et plus notre confiance en nos propres évaluations augmentait (ce qui se traduit par une diminution de la proportion des labels « pronostic incertain »).

Mais une telle évaluation multimodale n'est pas possible partout...

C'est pourquoi nous avons récemment proposé, avec Jacques Luauté à Lyon et Stein Silva à Toulouse, une évaluation à trois niveaux*glose*. L'utilisation d'outils de télémédecine permettrait que chaque centre puisse disposer d'une évaluation de premier niveau*glose*. En cas d'incertitude importante, on passerait à une évaluation plus approfondie en lien avec un centre expert régional. Enfin les situations les plus complexes relèveraient d'une mise en réseau des centres experts nationaux avec le centre où réside le malade. Ce projet devra, pour voir le jour, être soutenu par les autorités compétentes aux niveaux territorial, régional et national. Enfin, il est essentiel de continuer à séparer deux questions reliées mais distinctes : celle de l'évaluation du malade et celle des décisions médicales à prendre. Savoir répondre le plus précisément possible à la première question permet de limiter la part d'incertitude et d'arbitraire dans la réponse à la seconde. Il ne faut donc pas court-circuiter la première question au nom d'une décision médicale qui semblerait s'imposer d'elle-même. À l'inverse, considérer qu'une évaluation précise permettrait de faire l'économie de la question des décisions à prendre exposerait à la perte de la singularité de chaque situation humaine. Avec le risque d'augmenter la pression normative sur les proches*glose*.

HORS ANTENNE

Lorsque nous avons appris que notre article était accepté pour publication dans la prestigieuse revue *Nature Medicine*, j'ai sollicité Nicolas Decat, qui avait conçu la magnifique illustration retenue par la revue *Nature Neuroscience* pour faire la couverture du numéro dans lequel nos résultats sur le sommeil et la conscience avaient été publiés quelques mois plus tôt (voir la chronique #09). Variation académique, à l'heure des réseaux sociaux, sur le slogan fondateur de *Paris Match* : « Le poids des mots (notre article), le choc des photos (la couverture). » Cette médiatisation très contemporaine des travaux scientifiques pourrait faire l'objet de réflexions critiques diverses dont je m'abstiendrai ici. L'idée de sonder la conscience chez ces patients à l'aide de multiples modalités a inspiré à Nicolas l'image de ces massives statues de l'île de Pâques dont l'aspect figé ne manque pas de suggérer un mouvement imminent malgré leur figement apparent (voir chronique #30). Quelques échanges plus tard entre lui, moi et mes deux compères Benjamin Rohaut et Jacobo Sitt et son illustration était finalisée. Cette fois-ci, elle n'a pas été retenue par *Nature Medicine* pour faire la couverture du numéro dans lequel notre article a paru. Mais plusieurs mois plus tard, elle s'imposera comme la couverture de ce livre. Au-delà de la recherche de la conscience chez des malades non communicants, cette œuvre graphique me semble en effet illustrer, dans une atmosphère nimbée de connaissance et de mystère, les efforts poursuivis dans ces chroniques et dans ce livre pour sonder la présence et la vitalité de nos subjectivités au temps présent : *Sujet, es-tu là ?*

Gloses en prose

« *À la Salpêtrière, j'ai fondé une telle activité depuis 2002, d'abord tout seul puis avec une équipe de plus en plus nombreuse en talents, et donc avec des évaluations de plus en plus riches en modalités utilisées.* » Je voudrais ici citer celles et ceux qui ont participé à notre groupe à travers les années et notamment : Benjamin Rohaut, Jacobo Sitt, Tristan Bekinschtein, Jean-Rémi King, Frédéric Faugeras, Mélanie Valente, Bertrand Hermann, Claire

Sergent, Émilie Serve, Francis Bolgert, Sophie Demeret, Corinne Guillerm, Raphaël Gaillard, Amira Wassouf, Nicolas Weiss, Nicolas Chausson, Felipe Pegado, Imen El Karoui, Camille Rozier, Clémence Marois, Marion Quirins, Athena Demertzi, Federico Raimondo, Denis Engemann, Pierre Bourdillon, Marie-Odile Habert, Aurélie Kas, Damien Galanaud, Nadya Pyatigorskaya, Pierre Bourdillon, Pauline Perez, Aude Sangaré, Esteban Munoz-Musat, Amina Ben Salah, Julie Azoulay-Zyss, Alaina Border, Manon Breton, Bintou Coulibaly, Victor Altmayer, Emilia Rama Flo, Dragana Manasova, Anat Arzi, Laouen Beolli, Charlotte Calligaris, Caroline Herault, Lise Jodaitis, Augustin Boullet, Pierre Schiff, Romain Lahbari, Lina Jeantin. Mes remerciements s'adressent également aux patients, à leurs familles et leurs proches et aux autres soignants extérieurs à notre équipe.

« C'est pourquoi nous avons récemment proposé, avec Jacques Luauté à Lyon et Stein Silva à Toulouse, une évaluation à trois niveaux. » Voici l'illustration que nous proposions dans cet article pour schématiser la manière dont une généralisation de l'offre de cette expertise à tous les patients concernés pourrait être implémentée, à l'échelle d'un pays (voir figure 43.1).

« L'utilisation d'outils de télémédecine permettrait que chaque centre puisse disposer d'une évaluation de premier niveau. » Parmi ces outils figure l'analyse quantifiée de l'électroencéphalogramme (EEG), qui permet de mieux apprécier le niveau de conscience d'un malade incapable de communiquer (voir le « Hors antenne » de la chronique #09). De nombreuses études ont fait la preuve de la pertinence scientifique et clinique de ces analyses. Je tiens à préciser, par souci de transparence, qu'en 2024 mes collègues et moi avons fondé, avec l'Institut du cerveau, une start-up dont l'objectif est précisément de contribuer à développer l'accessibilité en routine clinique de ces analyses spécifiques de l'EEG.

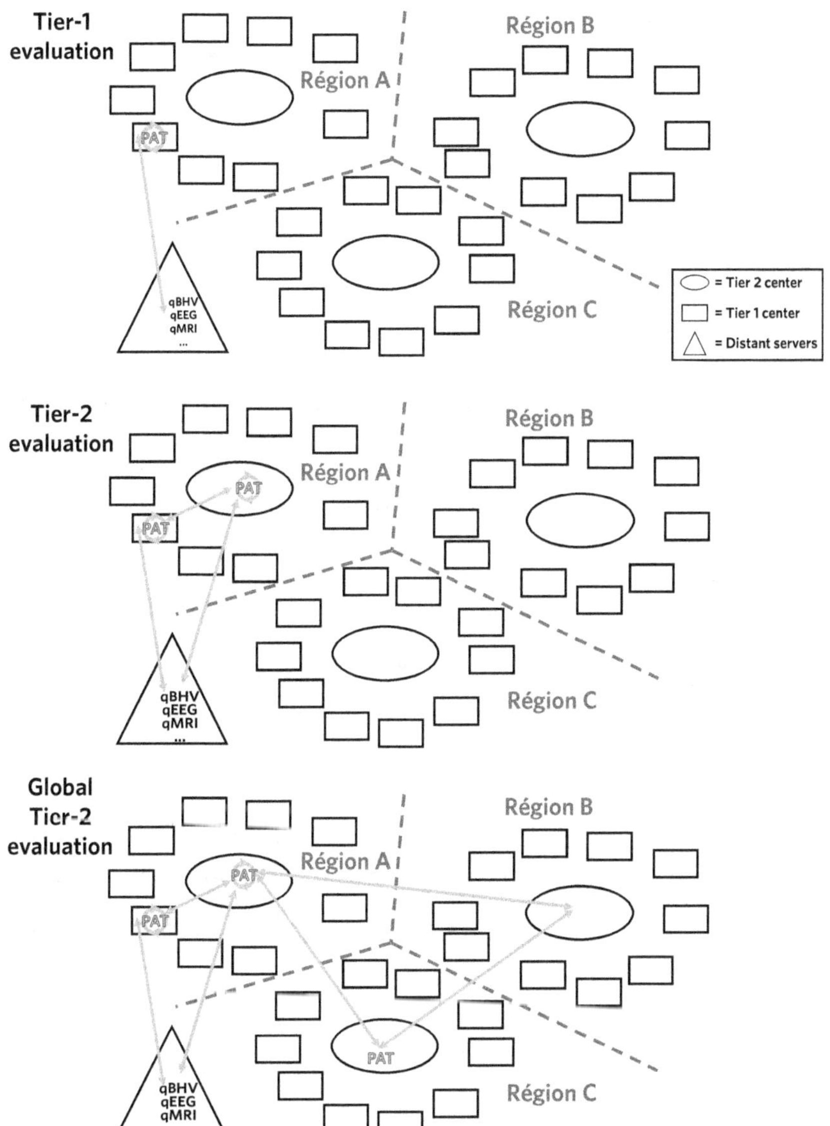

Figure 43.1. Proposition pour une mise à disposition de l'expertise multimodale de l'état de conscience de malades non communicants à l'ensemble du territoire français (*Naccache* et al., *2022/© 2021 Elsevier Masson SAS. All rights reserved*).

Esquisse du réseau d'expertise à deux niveaux (2 *tiers*) que nous proposons. La division de la France en ensembles régionaux – ensembles qui sont déjà utilisés pour interagir localement pour la gestion des patients – serait le point de départ de cette structuration d'un réseau d'expertise à l'échelle d'un pays. Dans chaque région (A, B, C, etc.), les différents centres de niveau 1 (« Tier 1 center ») sont représentés par des rectangles noirs, tandis que le centre régional de niveau 2 (« Tier 2 center ») est représenté par une ellipse. Tous les centres interagiraient avec des serveurs numériques distants permettant le téléchargement, l'analyse et la transmission de divers types de données (y compris les données sur le comportement, l'EEG, l'IRM, etc.). Une expertise de niveau 1 (voir panneau supérieur) serait entièrement réalisée dans un centre de niveau 1 examinant le patient concerné (symbole « PAT »). Si un doute ou un drapeau rouge subsiste à ce stade, l'expertise nécessiterait une évaluation de niveau 2 (voir les panneaux du milieu et du bas). Ces expertises de niveau 2 comprennent diverses modalités, dont les cinq options progressives suivantes, en fonction de la difficulté du cas : (i) télémédecine à distance entre le centre régional de niveau 2 et le centre local de niveau 1 en charge du patient ; (ii) visite physique des experts régionaux de niveau 2 pour examiner le patient dans le centre de niveau 1 ; (iii) transfert physique du patient vers le centre régional de niveau 2 où de nouveaux examens seront effectués ; (iv) une évaluation globale au niveau 2 qui utilisera des outils de télémédecine pour permettre une réunion virtuelle dédiée entre tous les centres de niveau 2 et le centre de niveau 1 concerné ; (v) une évaluation globale similaire entre tous les centres de niveau 2 et le centre de niveau 1 local, avec un transfert physique du patient d'un centre de niveau 2 à un autre dans le cas où des explorations clés cruciales accessibles uniquement dans ce centre seraient considérées comme nécessaires.

« Avec le risque d'augmenter la pression normative sur les proches. » Il s'agit pour moi de l'un des problèmes les plus préoccupants des développements contemporains de la médecine (voir chroniques #04 et #06).

#44 SUJET, ES-TU LÀ ?

▪ *vendredi 28 juin 2024*

CHRONIQUE

Lionel, voici venue l'heure de votre dernière chronique de l'année !

Pour paraphraser Juliette Armanet, je dirais, Guillaume : *C'est la fin, le tout dernier matin, le tout dernier jasmin…* mon dernier jour de radio ! Ou du moins ma dernière chronique de l'année avec vous et toute la valeureuse, bienveillante et superbe équipe des *Matins*, cher Guillaume. Vous, Marguerite, Aliette, Félicie, et toute la troupe, avec une pensée spéciale à la mémoire de Mydia.

Je voudrais revenir sur cette année en chroniques. Une année en chroniques qui aura aussi valeur, pour moi, de capsule temporelle de la manière dont j'ai vécu cette période. Souvenez-vous : dès le vendredi 1er septembre dernier j'avais annoncé que je consacrerais ces quatre minutes hebdomadaires à nos subjectivités, en croisant tout ce qu'il y a d'intemporel et d'immédiat en elles. C'est-à-dire en interrogeant à la fois les lois générales qui contraignent la mécanique de leurs péripéties et leurs tribulations très actuelles. Avec l'intuition que ces deux focales (l'intemporelle et l'immédiate) se nourrissent l'une l'autre : la science du subjectif peut éclairer nos existences subjectives sans les éliminer, et inversement nos vies questionnent, mettent à l'épreuve et inspirent la science du subjectif. Et cette année n'a pas été économe en séismes de nos *cinémas intérieurs* !

Votre première chronique, intitulée « Au sujet du sujet », jouait sur la polysémie du terme.

D'une part le sujet entendu comme chacun d'entre nous qui se promène de par le monde avec sa subjectivité en bandoulière, et d'autre part le sujet entendu comme le thème, voire l'objet, vers lequel notre regard subjectif se porte. Cette polysémie permet de déposer dans le titre « Au sujet du sujet » un programme expérimental défini par les quatre combinaisons possibles de la formule qui répète ce même mot à double sens. Petit devoir de vacances à débuter dès dimanche prochain, pour l'éventuelle auditrice ou auditeur en syndrome de sevrage : assigner aux scènes de votre existence leur place dans ce petit tableau à quatre cases, en se souvenant aussi que nos subjectivités sont à l'étroit dans les extrêmes. Elles y étouffent. Loin de constituer une marotte intellectuelle personnelle déconnectée de la vie du monde, l'étude de la subjectivité me semble détenir une clé de notre modernité : l'angoisse de la fin du sujet, de la fin de nos vies subjectives. Notre crise millénariste en somme, dont le topos populaire le plus emblématique n'est autre que le film de zombie, né en 1968 avec *Night of the Living Dead, La Nuit des morts-vivants*, premier opus de George Romero. Le zombie renvoie en effet à l'idée d'une créature à la fois morte et vivante. Vivante de par ses actions dans le monde et morte à sa propre conscience. Morte à sa subjectivité. Avec l'angoisse chez le non-encore-zombie de ne pouvoir empêcher cette désubjectivisation. Égrenez les motifs d'angoisse actuels qui font le siège de nos esprits. Par exemple, tenez : la dilution des citoyens conscients en consommateurs zombies lobotomisés par la mondialisation et les écrans ; la fascination/répulsion pour les populismes ; les cauchemars d'IA conscientes qui asserviraient nos consciences *humaines, trop humaines* ; les positions tranchées sur la fin de vie qui souvent perdent de vue la singularité de l'homme ou de la femme concernés au nom d'une idéologie essentialisée ; les élans anti-intellectualistes qui prônent l'abandon de nos subjectivités mesquines et étriquées au profit d'une fusion collective fantasmatique avec le reste de la nature (inquiétant culte de Gaïa) ; ou encore les célébrations décomplexées de certaines actions terroristes abominables légitimées au nom du concept de « résistance » qui mettent à l'épreuve la possibilité d'une empathie volontaire envers autrui. À chaque fois, ces crises et angoisses concernent nos subjectivités. L'angoisse de la disparition du sujet est, je le pense, l'une des signatures de notre modernité. *Sujet, es-tu là ?*

Fort de ce constat, avez-vous une ultime proposition à nous délivrer ?

Je vous propose un appel. Mon appel du 28 juin. Un appel de tigre de papier, certes, mais un appel tout de même. Une nouvelle manière d'entendre l'expression #MeToo. Pas uniquement comme la nécessaire déclaration d'un statut de victime, mais également comme l'invitation à une prise de conscience individuelle et collective. Dans tout ce qui nous arrive, dans tout ce que nous vivons, n'oublions pas qu'il y a toujours MOI. Il y a MoiAussi. Il y a MeToo. C'est-à-dire vous, nous, chacun d'entre nous.
À l'angoisse de la fin du sujet, il est possible de répondre par un existentialisme : notre subjectivité précède tous les carcans qui la menacent.
La fin du sujet ?
Bien au contraire, un sujet sans fin !
Au revoir.

HORS ANTENNE

Vous trouverez le « Hors antenne » de cette ultime chronique non pas ci-dessous, mais plutôt ci-dessus, c'est-à-dire dans l'ensemble de ces 44 chroniques et de tous leurs indissociables « Hors antenne » respectifs. Un ensemble auquel je songeais en plongeant dans cette aventure radiophonique, mais dont je n'avais aucune idée précise de ses contours exacts encore à venir, ni bien entendu de l'itinéraire mouvementé qu'il me ferait parcourir. *Le mouvement c'est très important !*

Références organisées par chronique

Chronique #01. Au sujet du sujet

Livre

Naccache, L. (2013), *Un sujet en soi*, Odile Jacob.

Podcast de la chronique : https://www.radiofrance.fr/franceculture/podcasts/le-biais-de-lionel-naccache/quel-sujet-pour-une-nouvelle-chronique-4636340.

Chronique #02. La rentrée du sujet

Articles

Coull, J. T. et A. C. Nobre (1998), « Where and when to pay attention : The neural systems for directing attention to spatial locations and to time intervals as revealed by both PET and fMRI », *Journal of Neuroscience*, 18, p. 7426-7435.

Faugeras, F., B. Rohaut, N. Weiss, T. Bekinschtein, D. Galanaud, L. Puybasset, F. Bolgert, C. Sergent, L. Cohen, S. Dehaene et L. Naccache (2012), « Event related potentials elicited by violations of auditory regularities in patients with impaired consciousness », *Neuropsychologia*, 50 (3), p. 403-418.

Rozier, C., T. Seidel Malkinson, D. Hasboun, M. Baulac, C. Adam, K. Lehongre, S. Clemenceau, V. Navarro et L. Naccache (2020), « Conscious and unconscious expectancy effects : A behavioral, scalp and intracranial electroencephalography study », *Clin. Neurophysiol.*, 131 (2), p. 385-400.

Walter, W. G., R. Cooper, V. J. Aldridge, W. C. McCallum et A. L. Winter (1964), « Contingent negative variation : An electric sign of sensori-motor association and expectancy in the human brain », *Nature*, 203, p. 380-384.

Livres

Becket, S. (1952), *En attendant Godot*, Éditions de Minuit.
Buzzati, D. ([1940] 1949), *Le Désert des Tartares*, Robert Laffont.

Film

Les Uns et les Autres, Claude Lelouch (1981).

Podcast de la chronique : https://www.radiofrance.fr/franceculture/podcasts/le-biais-de-lionel-naccache/que-se-passe-t-il-dans-nos-cerveaux-a-la-rentree-3971366.

Chronique #03. Au sujet de la création

Chanson

« Hmm, hmm, hmm », Serge Gainsbourg (1984).
Vous trouverez l'intégralité des paroles de la chanson sur https://www.paroles.net/serge-gainsbourg/paroles-hmm-hmm-hmm.

Film

À bout de souffle, Jean-Luc Godard (1960).
Le Livre des solutions, Michel Gondry (2023).
Podcast de la chronique : https://www.radiofrance.fr/franceculture/podcasts/le-biais-de-lionel-naccache/les-affres-de-la-creation-1249190.

Chronique #04. Au sujet de la maladie d'Alzheimer

Articles

Benedetti, F., C. Arduino, S. Costa, S. Vighetti, L. Tarenzi, I. Rainero et G. Asteggiano (2006), « Loss of expectation-related mechanisms in Alzheimer's disease makes analgesic therapies less effective », *Pain*, 121 (1-2), p. 133-144.
Buckner, R. L. et D. C. Carroll (2007), « Self-projection and the brain », *Trends Cogn. Sci.*, 11 (2), p. 49-57.
El Haj, M., P. Antoine et D. Kapogiannis (2015), « Similarity between remembering the past and imagining the future in Alzheimer's disease : Implication of episodic memory », *Neuropsychologia*, 66, p. 119-125.
Hassabis, D., D. Kumaran, S. D. Vann et E. A. Maguire (2007), « Patients with hippocampal amnesia cannot imagine new experiences », *Proc. Natl Acad. Sci. USA*, 104 (5), p. 1726-1731.

Livres

Mann, T. ([1924] 1996), *La Montagne magique*, dans *Romans et nouvelles*, tome II : *1904-1924*, Le Livre de Poche, « La Pochothèque ».

Podcast de la chronique : https://www.radiofrance.fr/franceculture/podcasts/le-biais-de-lionel-naccache/maladie-d-alzheimer-a-mi-chemin-vers-un-traitement-3986380.

Chronique #05. Peut-on « lire » dans le cerveau du sujet ?

Articles

Défossez, A., C. Caucheteux, J. Rapin, O. Kabeli et J. R. King (2023), « Decoding speech perception from non-invasive brain recordings », *Nature Machine Intelligence*, 5, p. 1097-1107.

Tang, J., A. LeBel, S. Jain et A. G. Huth (2023), « Semantic reconstruction of continuous language from non-invasive brain recordings », *Nat. Neurosci.*, 26 (5), p. 858-866.

Livres

Dick, P. K. ([1959] 2002), « War game [Un jeu guerrier] », dans *Minority Report (et autres récits)*, Gallimard, « Folio SF ». La reproduction de la nouvelle originelle publiée dans le magazine *Galaxy* en 1959 est accessible en ligne depuis le site Internet Archive : https://archive.org/details/galaxy-magazine-1959-12/page/n105/mode/2up.

Freud, S. ([1900] 1987), *L'Interprétation des rêves*, PUF.

Freud, S. ([1915] 1988), *Métapsychologie*, dans *Œuvres complètes*, PUF, tome 13.

Lien vers le film publicitaire du Club Med de 1989 sur l'INA : https://www.dailymotion.com/video/xa9t4n (ou chercher directement sur le site INA)

Podcast de la chronique : https://www.radiofrance.fr/franceculture/podcasts/le-biais-de-lionel-naccache/les-machines-peuvent-elles-lire-nos-pensees-6439089.

Chronique #06. Au sujet de la fin du sujet

Textes et articles

On pourra télécharger les textes de la loi « relative aux droits des malades et à la fin de vie » (dite loi Leonetti) de 2005 et de la loi « créant de nouveaux droits en faveur des malades et des personnes en fin de vie » (dite loi Claeys-Leonetti) de 2016 sur les liens suivants du site legifrance.gouv :

https://www.legifrance.gouv.fr/download/pdf?id=4voFTZjH7uxxg9P1EtB-mRnB0La5rYk6ys5dm_FwTPZs=.

https://www.legifrance.gouv.fr/download/pdf?id=XE8PBLlD-m87oKidSqvZlOQlgj8aUOv1MZCf1HPdWY3s=.

• *Autour du locked-in syndrome*

Bruno, M. A., J. L. Bernheim, D. Ledoux, F. Pellas, A. Demertzi et S. Laureys (2011), « A survey on self-assessed well-being in a cohort of chronic locked-in syndrome patients : Happy majority, miserable minority », *BMJ Open*, 1 (1), e000039.

• *Sur le biais de genre internalisé entre géométrie et dessin*

Rey, A. (1941), « L'examen psychologique dans le cas d'encéphalopathie traumatique », *Archives de psychologie*, 28, p. 286-340.

Huguet, P. et I. Régner (2007), « Stereotype threat among schoolgirls in quasi-ordinary classroom circumstances », *Journal of Educational Psychology*, 99 (3), p. 545-560.

Livres

Bauby, J.-D. (1997), *Le Scaphandre et le Papillon*, Robert Laffont. Adapté au cinéma.

Vigand, P. et S. Vigand (1997), *Putain de silence*, Anne Carrière.

Zola, E. ([1867] 2007), *Thérèse Raquin*, Gallimard, « Folio classique ».

Film

Le Scaphandre et le Papillon, Julian Schnabel (2007).

Podcast de la chronique : https://www.radiofrance.fr/franceculture/podcasts/le-biais-de-lionel-naccache/fin-de-vie-prendre-conscience-des-pressions-normatives-3213604.

Chronique #07. Au sujet de l'humanité

Au sujet de Rachel : https://www.haaretz.com/israel-news/2023-10-09/ty-article/awaiting-rescue-israeli-woman-stalled-hamas-terrorists-for-20-hours/0000018b-13ba-dcc2-a99b-17bb8c9b0000.

Podcast de la chronique : https://www.radiofrance.fr/franceculture/podcasts/le-biais-de-lionel-naccache/l-humanite-universelle-a-l-epreuve-de-la-violence-9405081.

Chronique #08. Un sujet endormi...

LIVRE

Arnulf, I. (2022). *Une fenêtre sur les rêves*, Odile Jacob.

PODCAST DE LA CHRONIQUE : https://www.radiofrance.fr/franceculture/podcasts/le-biais-de-lionel-naccache/nos-reves-sont-ils-authentiques-6420727.

Chronique #09. Un sujet pas si endormi...

ARTICLES

• *Mosaïque de conscience et d'inconscience durant le sommeil et la veille*
Naccache, L. (2018), « Why and how access consciousness can account for phenomenal consciousness », *Philos. Trans. R. Soc. Lond. B Biol. Sci.*, 373 (1755).
Oudiette, D. et L. Naccache (2023), « Humans can intermittently respond to verbal stimuli when sleeping », *Nature Neuroscience*, 26 (11), p. 1840-1841.
Turker, B., E. M. Musat, E. Chabani, A. Fonteix-Galet, J. B. Maranci, N. Wattiez, P. Pouget, J. Sitt, L. Naccache, I. Arnulf et D. Oudiette (2023), « Behavioral and brain responses to verbal stimuli reveal transient periods of cognitive integration of the external world during sleep », *Nature Neuroscience*, 26 (11), p. 1981-1993.

• *Décoder l'état de conscience à partir de l'EEG*
Engemann, D. A., F. Raimondo, ... et J. D. Sitt (2018), « Robust EEG-based cross-site and cross-protocol classification of states of consciousness », *Brain*, 141 (11), p. 3179-3192.
Rohaut, B., C. Calligaris, B. Hermann, P. Perez, F. Faugeras, F. Raimondo, J. R. King, D. Engemann, C. Marois, L. Le Guennec, L. Di Meglio, A. Sangare, E. Munoz Musat, M. Valente, A. Ben Salah, A. Demertzi, L. Belloli, D. Manasova, L. Jodaitis, M. O. Habert, V. Lambrecq, N. Pyatigorskaya, D. Galanaud, L. Puybasset, N. Weiss, S. Demeret, F.-X. Lejeune, J. D. Sitt et L. Naccache (2024), « Multimodal assessment improves neuroprognosis performance in clinically unresponsive critical-care patients with brain injury », *Nature Medicine*, 30 (8), p. 2349-2355.
Sitt, J. D., J. R. King, ... et L. Naccache (2014), « Large scale screening of neural signatures of consciousness in patients in a vegetative or minimally conscious state », *Brain*, 137 (Pt 8), p. 2258-2270.

PODCAST DE LA CHRONIQUE : https://www.radiofrance.fr/franceculture/podcasts/le-biais-de-lionel-naccache/neurosciences-pendant-le-sommeil-notre-cerveau-reste-connecte-au-monde-exterieur-1254509.

Chronique #10. Le sujet du racisme

ARTICLE ET TEXTE

Lesnes, C. (2023), « Tout professeur qui déclare "ne pas être raciste" est dans "le déni" selon le nouveau règlement en vigueur dans des universités de Californie », *Le Monde*, 17 octobre.

Nouveau règlement des *community colleges* de Californie : https://www.lemonde.fr/idees/article/2023/10/17/tout-professeur-qui-declare-ne-pas-etre-raciste-est-dans-le-deni-selon-le-nouveau-reglement-en-vigueur-dans-des-univer-sites-de-californie_6195009_3232.html.

L'extrait cité dans la chronique provient du glossaire du règlement DEIA (Diversity, Equity, Inclusion, and Accessibility). On peut le consulter par exemple sur le site de la FIRE (Foundation for Individual Rights and Expression) : https://www.thefire.org/research-learn/palsgaard-v-christian-diea-glossary-terms.

ARTICLES ET LIENS ASSOCIÉS AU TEST D'ASSOCIATION IMPLICITE

Greenwald, A. G., D. E. McGhee et J. L. Schwartz (1998), « Measuring individual differences in implicit cognition : The implicit association test », *J. Pers. Soc. Psychol.*, 74 (6), p. 1464-1480.

https://osf.io/zye9u/download.

https://faculty.washington.edu/agg/iat_materials.htm.

LIVRE

Orwell, G. ([1949] 1950), *1984*, Gallimard. Ce chef-d'œuvre est disponible gratuitement en ligne dans une nouvelle traduction de Romain Vigier, *via* la maison d'édition Renard Rebelle sur le lien suivant : https://www.renardrebelle.fr/livres/george-orwell-1984/.

PODCAST DE LA CHRONIQUE : https://www.radiofrance.fr/franceculture/podcasts/le-biais-de-lionel-naccache/de-l-antiracisme-aux-biais-psycholo-giques-4807689.

Chronique #11. Au sujet des chroniques anachroniques

LIVRE

Naccache, L. (2010), *Perdons-nous connaissance ? De la mythologie à la neuro-logie*, Odile Jacob.

PODCAST DE LA CHRONIQUE : https://www.radiofrance.fr/franceculture/podcasts/le-biais-de-lionel-naccache/transformer-l-information-en-connaissance-une-question-de-temps-3855715.

Chronique #12. Nos deux empathies ? Tout un sujet !

ARTICLES

Danziger, N., K. M. Prkachin et J. C. Willer (2006), « Is pain the price of empathy ? The perception of others' pain in patients with congenital insensitivity to pain », *Brain*, 129 (Pt 9), p. 2494-2507.

Danziger, N., I. Faillenot et R. Peyron (2009), « Can we share a pain we never felt ? Neural correlates of empathy in patients with congenital insensitivity to pain », *Neuron*, 61 (2), p. 203-212.

LIVRES

Danziger, N. (2010), *Vivre sans la douleur ?*, Odile Jacob.

Rousseau, J.-J. ([1755] 1995), *Discours sur l'origine et les fondements de l'inégalité parmi les hommes*, Gallimard, « Folio essai ».

PODCAST DE LA CHRONIQUE : https://www.radiofrance.fr/franceculture/podcasts/le-biais-de-lionel-naccache/entre-empathie-miroir-et-empathie-decentree-un-fragile-equilibre-6020309.

Chronique #13. L'esprit du sujet

ARTICLES

Gilbert, C. D. et W. Li (2013), « Top-down influences on visual processing », *Nature Reviews. Neuroscience*, 14, p. 350-363.

Munoz-Musat, E., B. Rohaut, A. Sangare, J. M. Benhaiem et L. Naccache (2022), « Hypnotic induction of deafness to elementary sounds : An electroencephalography case-study and a proposed cognitive and neural scenario », *Frontiers in Neuroscience*, 16, 756651.

Naccache, L. et E. Munoz-Musat (2024), « A global neuronal workspace model of functional neurological disorders », *Dialogues Clin. Neurosci.*, 26 (1), p. 1-23.

DISCOURS DE FRANÇOIS MITTERRAND : https://www.ina.fr/ina-eclaire-actu/video/i20365660/les-derniers-voeux-de francois-mitterrand-je-crois-aux-forces-de-l-esprit.

PODCAST DE LA CHRONIQUE : https://www.radiofrance.fr/franceculture/podcasts/le-biais-de-lionel-naccache/les-forces-de-l-esprit-influent-notre-perception-du-reel-4251077.

Chronique #14. Les aventuriers de la carte mentale perdue. Épisode 1

Article

Crassard, R., W. Abu-Azizeh, O. Barge, J. E. Brochier, F. Preusser, H. Seba, A. E. Kiouche, E. Regagnon, J. A. Sanchez Priego, T. Almalki et M. Tarawneh (2023), « The oldest plans to scale of humanmade mega-structures », *PLoS One*, 18 (5), e0277927.

Podcast de la chronique : https://www.radiofrance.fr/franceculture/podcasts/le-biais-de-lionel-naccache/homo-sapiens-savait-cartographier-son-environnement-4163939.

Chronique #15. Les aventuriers de la carte mentale perdue. Épisode 2

Articles

Crassard, R., W. Abu-Azizeh, O. Barge, J. E. Brochier, F. Preusser, H. Seba, A. E. Kiouche, E. Regagnon, J. A. Sanchez Priego, T. Almalki et M. Tarawneh (2023), « The oldest plans to scale of humanmade mega-structures », *PLoS One*, 18 (5), e0277927.

Naccache, L. (2008), « Neuro-résistances : une deshumanisation de l'esprit ? », *Le Débat*, 5 (152), p. 154-162.

Naccache, L. (2010), « Nature ou culture ? Nature et nature ! », dans collectif, *De quoi l'avenir intellectuel sera-t-il fait ?*, Enquêtes 1980, 2010, Gallimard/*Le Débat*.

Tolman, E. C. (1948), « Cognitive maps in rats and men », *Psychological Review*, 55 (4), p. 189-208.

Livre

Descola, P. (2005), *Par-delà nature et culture*, Gallimard.

Podcast de la chronique : https://www.radiofrance.fr/franceculture/podcasts/le-biais-de-lionel-naccache/les-rats-possedent-une-cartographie-cerebrale-7332899.

Chronique #16. Les aventuriers de la carte mentale perdue. Épisode 3

Articles

https://www.nobelprize.org/prizes/medicine/2014/advanced-information/#:~:text=The%202014%20Nobel%20Prize%20in%20Physiology%20 or%20Medicine, that%20enable%20a%20sense%20of%20place%20 and%20navigation. https://www.nobelprize.org/prizes/medicine/2014/okeefe/lecture/. https://www.nobelprize.org/prizes/medicine/2014/may-britt-moser/lecture/. https://www.nobelprize.org/prizes/medicine/2014/edvard-moser/lecture/.

Gardner, R. J., E. Hermansen, M. Pachitariu, Y. Burak, N. A. Baas, B. A. Dunn, M. B. Moser et E. I. Moser (2022), « Toroidal topology of population activity in grid cells », *Nature*, 602 (7895), p. 123-128.

Naccache, L. (2014), « De Modiano au Nobel de médecine, un hasard ? », *Libération*, 16 octobre, https://www.liberation.fr/culture/2014/10/16/de-modiano-au-nobel-de-medecine-un-hasard_1123278/.

Conférence en ligne

Dunn, D., « Toroidal topology of grid cell ensemble activity », https://www.youtube.com/watch?v=Hlzqvde3h0M

Podcast de la chronique : https://www.radiofrance.fr/franceculture/podcasts/le-biais-de-lionel-naccache/codage-et-cartographie-mentale-comment-notre-cerveau-garde-les-lieux-en-memoire-1006328.

Chronique #17. À nos contes et légendes !

Articles

da Silva, S. G. et J. J. Tehrani (2016), « Comparative phylogenetic analyses uncover the ancient roots of Indo-European folktales », *R. Soc. Open Sci.*, 3 (1), 150645.

Loftus, E. F. (1996), « Memory distortion and false memory creation », *Bull. Am. Acad. Psychiatry Law*, 24 (3), p. 281-295.

Loftus, E. F. (1997), « Creating false memories », *Scientific American*, 277 (3), p. 70-75.

Loftus, E. F., J. Coan et J. E. Pickrell (1996), « Manufacturing false memories using bits of reality », dans L. M. Reder (dir.), *Implicit Memory and Metacognition*, Lawrence Erlbaum.

Schiller, D., M. H. Monfils, C. M. Raio, D. C. Johnson, J. E. Ledoux et E. A. Phelps (2010), « Preventing the return of fear in humans using reconsolidation update mechanisms », *Nature*, 463 (7277), p. 49-53.

Au sujet de *W ou le Souvenir d'enfance* de Georges Perec

Perec, G. ([1975] 1993), *W ou le Souvenir d'enfance*, Gallimard.

Naccache, L. (2017), *Le Chant du signe. Aventures et mésaventures de nos interprétations quotidiennes,* Odile Jacob, voir le chapitre 4 intitulé : « Pour E ».

Podcast de la chronique : https://www.radiofrance.fr/franceculture/podcasts/le-biais-de-lionel-naccache/la-memoire-des-souvenirs-mille-et-une-histoire-1171320.

Chronique #18. ChatGPT est une technologie tragique !

Livre

Dick, P. K. ([1956] 2002) « Minority Report », *Minority Report (et autres récits),* Gallimard, « Folio SF », et le film éponyme réalisé par Steven Spielberg (2002).

Podcast de la chronique : https://www.radiofrance.fr/franceculture/podcasts/le-biais-de-lionel-naccache/chatgpt-est-une-technologie-tragique-7273043.

Chronique #19. Pourquoi choisir le sujet comme sujet ?

Livre

Naccache, K. (2009), *Chana Tova Barbara,* Jean-Claude Lattès.

Podcast de la chronique : https://www.radiofrance.fr/franceculture/podcasts/le-biais-de-lionel-naccache/explorer-notre-subjectivite-une-analyse-plus-que-jamais-indispensable-1650442.

Chronique #20. L'utilitarisme est hors sujet

Film

L'inimitable voix de Jean Seberg, dans cette séquence iconique (écouter de 1'37" à 1'40") : https://www.youtube.com/watch?v=outHQjynV94.

Podcast de la chronique : https://www.radiofrance.fr/franceculture/podcasts/le-biais-de-lionel-naccache/plaidoyer-pour-une-approche-non-utilitariste-de-la-science-7369235.

Chronique 21. Pourquoi le cerveau ? Épisode 1

Livre

Forest, D. (2014), *Neuroscepticisme. Les sciences du cerveau sous le scalpel de l'épistémologue,* Éditions d'Ithaque.

ARTICLES

Naccache L. (2024), « La plasticité cérébrale n'est pas un credo néolibéral », dans *Le Point*, numéro hors-série consacré au cerveau, 11 septembre 2024.

Naccache, L. (2008), « Neuro-résistances : une deshumanisation de l'esprit ? », *Le Débat*, 5 (152), p. 154-162.

Naccache, L. (2014), « Neurosciences et sciences humaines : une relation à inventer », *Cités*, 60, p. 17-24.

PODCAST DE LA CHRONIQUE : https://www.radiofrance.fr/franceculture/podcasts/le-biais-de-lionel-naccache/neurosciences-cognitives-entre-cerveaulatrie-et-vade-retro-cerebras-8952293.

Chronique #22. Pourquoi le cerveau ? Épisode 2

PODCAST DE LA CHRONIQUE : https://www.radiofrance.fr/franceculture/podcasts/le-biais-de-lionel-naccache/pour-comprendre-votre-vie-mentale-interrogez-votre-cerveau-8771866.

Chronique #23. Pourquoi le cerveau ? Épisode 3

LIVRE

Fournier, E. (1998), *Croire devoir penser*, Éditions de l'Éclat.

PODCAST DE LA CHRONIQUE : https://www.radiofrance.fr/franceculture/podcasts/le-biais-de-lionel-naccache/connais-toi-toi-meme-quand-socrate-convoque-les-neurosciences-3744920.

Chronique #24. Tombeau neuroscientifique de Pierre Dac

TEXTE

La réponse de Pierre Dac à Philippe Henriot : https://www.reseau-canope.fr/enseigner-la-resistance/D003, extraite de : Pierre Dac, *Un Français libre à Londres en guerre*, France-Empire éditions, 1972.

PODCAST DE LA CHRONIQUE : https://www.radiofrance.fr/franceculture/podcasts/le-biais-de-lionel-naccache/pierre-dac-et-les-neurosciences-2224469.

Chronique #25. Une puce Neuralink dans le cerveau ? Épisode 1

ARTICLES ET TEXTES

Avis n° 122 du CCNE : « Recours aux techniques biomédicales en vue de « neuro-amélioration » chez la personne non malade : enjeux éthiques », accessible en ligne à l'adresse : https://www.ccne-ethique.fr/sites/default/files/2023-06/avis122.pdf.

Musk, E. et Neuralink (2019), « An integrated brain-machine interface platform with thousands of channels », *J. Med. Internet Res.*, 21 (10), e16194, accessible en ligne à l'adresse : https://www.jmir.org/2019/10/e16194.

https://www.nature.com/articles/d41586-024-00304-4.

Naccache, L. (2015), « La "neuro-amélioration", une révolution en question(s) », *La Croix*, 2 décembre.

PODCAST DE LA CHRONIQUE : https://www.radiofrance.fr/franceculture/podcasts/le-biais-de-lionel-naccache/neuralink-fantasme-ou-realite-7418450.

Chronique #26. Une puce Neuralink dans le cerveau ? Épisode 2

LIVRE

Goldstein, K. ([1934] 1952), *La Structure de l'organisme*, Gallimard.

PODCAST DE LA CHRONIQUE : https://www.radiofrance.fr/franceculture/podcasts/le-biais-de-lionel-naccache/neuralink-quand-la-technologie-questionne-l-equite-et-la-perception-des-maladies-4255654.

Chronique #27. Une puce Neuralink dans le cerveau ? Épisode 3

ARTICLES ET TEXTES

Lipsman, N., D. Mendelsohn, T. Taira et M. Bernstein (2011), « The contemporary practice of psychiatric surgery : Results from a survey of North American functional neurosurgeons », *Stereotact. Funct. Neurosurg.*, 89 (2), p. 103-110.

DÉCLARATION UNIVERSELLE DES DROITS DE L'HOMME : https://www.un.org/fr/universal-declaration-human-rights/.

LIVRES

Changeux, J.-P. et P. Ricœur (1998), *La Nature et la Règle*, Odile Jacob. (On pourra également écouter la table ronde organisée autour des 20 ans de la publication du livre *La Nature et la Règle*, en compagnie de Jean-Claude Ameisen, de Didier Sicard et de moi-même, le jeudi 19 décembre 2019 à

l'Institut théologique protestant de Paris : https://hannahsante.fr/ressources/sciences-humaines-ethique-art-et-philosophie/)
Marcuse, H. ([1964] 1968), *L'Homme unidimensionnel*, Éditions de Minuit.
Proust, M. (1919), *Pastiches et mélanges*, La Nouvelle Revue française/Gallimard.
Romain, J. (1924), *Knock ou le Triomphe de la médecine*, Gallimard.
Rosset, C. (1976), *Le Réel et son double*, Gallimard.

PODCAST DE LA CHRONIQUE : https://www.radiofrance.fr/franceculture/podcasts/le-biais-de-lionel-naccache/neuralink-une-autre-forme-de-lavage-de-cerveau-7633223.

Chronique #28. Bienvenue à Calligraphic Park

AU SUJET DE LA BIBLIOTHÈQUE INVISIBLE
ET DU PROJET VESUVIUS

https://www.nature.com/articles/d41586-024-00346-8.
https://www2.cs.uky.edu/dri/herculaneum-papyrus-scrolls/.
https://www.nationalgeographic.fr/histoire/inedit-prouesse-technologique-ai-un-parchemin-antique-illisible-dechiffre-par-une-intelligence-artificielle.
https://arxiv.org/pdf/2304.02084.
https://www2.cs.uky.edu/dri/.
https://www.smithsonianmag.com/history/buried-ash-vesuvius-scrolls-are-being-read-new-xray-technique-180969358/.
https://scrollprize.org/.
https://www.diamond.ac.uk/Home/About/How-Diamond-Works.html.

PODCAST DE LA CHRONIQUE : https://www.radiofrance.fr/franceculture/podcasts/le-biais-de-lionel-naccache/le-biais-de-lionel-naccache-chronique-du-vendredi-08-mars-2024-2016931.

Chronique #29. Au sujet de la mosaïque mentale et cérébrale de notre sommeil

ARTICLES

Jouvet, M., F. Michel et J. Courjon (1959), « Sur un stade d'activité électrique cérébrale rapide au cours du sommeil physiologique », *C. R. Soc. Biol.*, 153, p. 1024-1028.
Oudiette, D. et L. Naccache (2023), « Humans can intermittently respond to verbal stimuli when sleeping », *Nature Neuroscience*, 26 (11), p. 1840-1841.

Siclari, F., B. Baird, L. Perogamvros, G. Bernardi, J. J. LaRocque, B. Riedner, M. Boly, B. R. Postle et G. Tononi (2017), « The neural correlates of dreaming », *Nature Neuroscience*, 20 (6), p. 872-878.

Siclari, F., K. Valli et I. Arnulf (2020), « Dreams and nightmares in healthy adults and in patients with sleep and neurological disorders », *The Lancet Neurol.*, 19 (10), p. 849-859.

Turker, B., E. M. Musat, E. Chabani, … L. Naccache, I. Arnulf et D. Oudiette (2023), « Behavioral and brain responses to verbal stimuli reveal transient periods of cognitive integration of the external world during sleep », *Nature Neuroscience*, 26 (11), p. 1981-1993.

LIVRES

Arnulf, I. (2022), *Une fenêtre sur les rêves. Neuropathologie et pathologies du sommeil*, Odile Jacob.

Ekirch, R. (2021), *La Grande Transformation du sommeil. Comment la révolution industrielle a bouleversé nos nuits*, Éditions Amsterdam.

Jouvet, M. (2013), *De la science et des rêves. Mémoires d'un onirologue*, Odile Jacob.

PODCAST DES INVITÉS DU JOUR : https://www.radiofrance.fr/franceculture/podcasts/france-culture-va-plus-loin-l-invite-e-des-matins/crises-du-sommeil-nos-nuits-sont-moins-belles-de-nos-jours-9585371.

PODCAST DE LA CHRONIQUE : https://www.radiofrance.fr/franceculture/podcasts/le-biais-de-lionel-naccache/que-fait-le-cerveau-pendant-notre-sommeil-1350765.

Chronique #30. Au sujet de notre existence « mouvementée »

LIVRE

Naccache, L. (2020), *Le Cinéma intérieur. Projection privée au cœur de la conscience*, Odile Jacob.

FILM

Nope, de Jordan Peele (2022).

PODCAST DE LA CHRONIQUE : https://www.radiofrance.fr/franceculture/podcasts/le-biais-de-lionel-naccache/le-mystere-de-pompei-reflexions-sur-le-mouvement-et-notre-cinema-interieur-4288208.

Chronique #31. Le simple et le complexe. Épisode 1

ARTICLES

Dehaene, S. et L. Naccache (2001), « Towards a cognitive neuroscience of consciousness : Basic evidence and a workspace framework », *Cognition,* 79 (1-2), p. 1-37.

Dehaene, S., J.-P. Changeux, L. Naccache, J. Sackur et C. Sergent (2006), « Conscious, preconscious, and subliminal processing : A testable taxonomy », *Trends in Cognitive Sciences,* 10 (5), p. 204-211.

Naccache, L. (2006), *Le Nouvel Inconscient. Freud, Christophe Colomb des neurosciences,* Odile Jacob.

PODCAST DE LA CHRONIQUE : https://www.radiofrance.fr/franceculture/podcasts/le-biais-de-lionel-naccache/nos-capacites-intellectuelles-limitees-nous-permettent-elles-de-penser-la-complexite-du-monde-5560711.

Chronique #32. Le simple et le complexe. Épisode 2

ARTICLES

Quirins, M., C. Marois, M. Valente, M. Seassau, N. Weiss, I. El Karoui, J. R. Hochmann et L. Naccache (2018), « Conscious processing of auditory regularities induces a pupil dilation », *Sci. Rep.,* 8 (1), 14819.

Sangare, A., M. Quirins, C. Marois, M. Valente, N. Weiss, P. Perez, A. Ben Salah, E. Munoz-Musat, S. Demeret, B. Rohaut, J. D. Sitt, C. Eymond et L. Naccache (2023), « Pupil dilation response elicited by violations of auditory regularities is a promising but challenging approach to probe consciousness at the bedside », *Sci. Rep.,* 13 (1), 20331.

LIVRES

Berthoz, A. (2009), *La Simplexité,* Odile Jacob.

Descartes, R. ([1637] 1937), *Discours de la méthode,* dans *Œuvres complètes,* Gallimard.

Descartes, R. ([1637] 1937), *Règles pour la direction de l'esprit en la recherche de la vérité,* dans *Œuvres complètes,* Gallimard.

Huston, N. (2008), *L'Espèce fabulatrice,* Actes Sud.

Kahneman, D. (2011), *Thinking Fast and Slow,* Farrar, Straus and Giroux ; trad. française (2012), *Système1 / Système 2. Les deux vitesses de la pensée,* Flammarion.

Perec, G. (publication posthume 1991), *Cantatrix sopranica L. et autres écrits scientifiques,* Seuil. On pourra trouver le texte mentionné sur les sites suivants :

https://www.bevernage.com/humour/tomatotopic.htm (version française) ;
http://www.fast.u-psud.fr/~moisy/misc/cantatrix.pdf (version anglaise).

Podcast de la chronique : https://www.radiofrance.fr/franceculture/podcasts/
le-biais-de-lionel-naccache/penser-la-complexite-du-monde-pas-seulement-
une-question-de-methode-8637053.

Chronique #33. Le simple et le complexe. Épisode 3

Livres

Broué, M. (2024), *Pour voir clair. Zigzags entre les mathématiques, l'art, la politique et la vie*, Seuil.

Monod, J. (1970), *Le Hasard et la Nécessité. Essai sur la philosophie naturelle de la biologie moderne*, Seuil.

Podcast de la chronique : https://www.radiofrance.fr/franceculture/podcasts/
le-biais-de-lionel-naccache/osons-relever-le-defi-de-la-complexite-malgre-
nos-capacites-mentales-limitees-5018983.

Chronique #34. De l'hystérie aux troubles neurologiques fonctionnels. Épisode 1

Article

Hermann, B., A. Ben Salah, V. Perlbarg, M. Valente, N. Pyatigorskaia, M. O. Habert, F. Raimondo, J. Stender, D. Galanaud, A. Kas, L. Puybasset, P. Perez, S. J. D., B. Rohaut et L. Naccache (2020), « Habituation of auditory startle reflex is a new sign of minimally conscious state », *Brain*, 143 (7), p. 2154-2172.

Podcast de la chronique : https://www.radiofrance.fr/franceculture/podcasts/
le-biais-de-lionel-naccache/les-troubles-neurologiques-fonctionnels-un-champ-
de-la-medecine-empli-de-paradoxes-3747496.

Chronique #35. De l'hystérie aux troubles neurologiques fonctionnels. Épisode 2

Articles

Garcin, B. (2018), « Motor functional neurological disorders : An update », *Rev. Neurol. (Paris)*, 174 (4), p. 203-211.

Garcin, B., F. Mesrati, C. Hubsch, T. Mauras, I. Iliescu, L. Naccache, M. Vidailhet, E. Roze et B. Degos (2017), « Impact of transcranial magnetic stimulation on functional movement disorders : Cortical modulation or a behavioral effect ? », *Front. Neurol.*, 8, p. 338.

Naccache, L. et E. Munoz-Musat (2024), « A global neuronal workspace model of functional neurological disorders », *Dialogues Clin. Neurosci.*, 26 (1), p. 1-23.

LIVRES

Freud, S. ([1919] 1933), *L'Inquiétante Étrangeté*, Gallimard.

Naccache, L. (2006), *Le Nouvel Inconscient. Freud, Christophe Colomb des neurosciences*, Odile Jacob.

PODCAST DE LA CHRONIQUE : https://www.radiofrance.fr/franceculture/podcasts/ le-biais-de-lionel-naccache/resoudre-le-paradoxe-des-troubles-neurologiques-dits-fonctionnels-6170331.

Chronique #36. De l'hystérie aux troubles neurologiques fonctionnels. Épisode 3

ARTICLE

Rosier, F. (2012), « Jean-Martin Charcot, la face cachée d'un neurologue », *Le Monde*, 8 novembre, https://www.lemonde.fr/sciences/article/2012/11/08/ jean-martin-charcot-la-face-cachee-d-un-neurologue_1788007_1650684.html.

LIVRES

Freud, S. ([1909] 2004), *Cinq leçons sur la psychanalyse*, Payot, « Petite Bibliothèque Payot ».

Naccache, L. (2022), *Apologie de la discrétion*, Odile Jacob.

PODCAST DE LA CHRONIQUE : https://www.radiofrance.fr/franceculture/podcasts/ le-biais-de-lionel-naccache/le-bel-indifferent-ou-l-altruisme-non-fusionnel-8717485.

Chronique #37. Au sujet de Daniel Dennett

LIVRE

Dennett, D. C. (1992), *Consciousness Explained*, Penguin ; trad. française (1993), *La Conscience expliquée*, Odile Jacob.

PODCAST DE LA CHRONIQUE : https://www.radiofrance.fr/franceculture/podcasts/ le-biais-de-lionel-naccache/daniel-dennett-le-penseur-qui-a-revolutionne-la-philosophie-des-sciences-et-de-l-esprit-2872162.

Chronique #38. Au sujet de nos opinions : place au doute !

Article

Rohaut, B. et J. Claassen (2018), « Decision making in perceived devastating brain injury : A call to explore the impact of cognitive biases », *Br. J. Anaesth.*, 120 (1), p. 5-9.

Livre

Kahneman, D. (2011), *Thinking Fast and Slow*, Farrar, Straus and Giroux ; trad. française (2012), *Système 1 / Système 2. Les deux vitesses de la pensée*, Flammarion.

Podcast de la chronique : https://www.radiofrance.fr/franceculture/podcasts/le-biais-de-lionel-naccache/l-importance-du-doute-pour-eviter-la-rigidification-des-opinions-4609590.

Chronique #39. Au sujet de...

Livre

Levinas, E. (1961), *Totalité et infini. Essai sur l'extériorité*, Martinus Nijhoff.

Podcast de la chronique : https://www.radiofrance.fr/franceculture/podcasts/le-biais-de-lionel-naccache/le-biais-de-lionel-naccache-chronique-du-vendredi-24-mai-2024-9294829.

Chronique #40. Au sujet de la mécanique interprétative de nos opinions

Articles

Gazzaniga, M. S., J. E. LeDoux et D. H. Wilson (1977), « Language, praxis, and the right hemisphere : Clues to some mechanisms of consciousness », *Neurology*, 27, p. 1144-1147.

Johansson, P., L. Hall, S. Sikström et A. Olsson (2005), « Failure to detect mismatches between intention and outcome in a simple decision task », *Science*, 310, p. 116-119.

Livres

Huston, N. (2008), *L'Espèce fabulatrice*, Actes Sud.

Naccache, L. (2006), *Le Nouvel Inconscient. Freud, Christophe Colomb des neurosciences*, Odile Jacob.

Podcast de la chronique : https://www.radiofrance.fr/franceculture/podcasts/
le-biais-de-lionel-naccache/nos-croyances-des-fictions-a-prendre-avec-
distance-9311540.

Chronique #41. Au sujet des malades qui présentent des troubles de la conscience. Épisode 1

Articles

Jennett, B. et F. Plum (1972), « Persistent vegetative state after brain damage.
A syndrome in search of a name », *The Lancet*, 1 (7753), p. 734-737.

Laureys, S., G. G. Celesia, F. Cohadon, J. Lavrijsen, J. Leon-Carrion,
W. G. Sannita, L. Sazbon, E. Schmutzhard, K. R. von Wild, A. Zeman
et G. Dolce (2010), « Unresponsive wakefulness syndrome : A new name
for the vegetative state or apallic syndrome », *BMC Med.*, 8, p. 68.

Naccache, L. (2017), « Il est problématique de parler de "conscience minimale" chez un patient », interview par P. Benkimoun, *Le Monde*,
17 décembre, https://www.lemonde.fr/sciences/article/2017/12/17/lionel-
naccache-il-est-problematique-de-parlerde-conscience-minimale-chez-un-
patient_5231068_1650684.html.

Naccache, L. (2018), « Minimally conscious state or cortically mediated state ? »,
Brain, 141 (4), p. 949-960.

Plum, F. et J. B. Posner (1972), « The diagnosis of stupor and coma », *Contemp.
Neurol.*, 10, p. 1-286.

Podcast de la chronique : https://www.radiofrance.fr/franceculture/podcasts/
le-biais-de-lionel-naccache/prise-en-charge-des-patients-non-communicants-
la-difficulte-de-nommer-les-etats-de-conscience-7301531.

Chronique #42. Au sujet des malades qui présentent des troubles de la conscience. Épisode 2

Articles

Giacino, J. T., S. Ashwal, N. Childs, R. Cranford, B. Jennett, D. I. Katz,
J. P. Kelly, J. H. Rosenberg, J. Whyte, R. D. Zafonte et N. D. Zasler
(2002), « The minimally conscious state : Definition and diagnostic crite-
ria », *Neurology*, 58 (3), p. 349-353.

Hermann, B., A. Sangare, E. Munoz-Musat, A. Ben Salah, P. Perez,
M. Valente, F. Faugeras, V. Axelrod, S. Demeret, C. Marois,
N. Pyatigorskaya, M. O. Habert, A. Kas, J. D. Sitt, B. Rohaut et
L. Naccache (2022), « Importance, limits and caveats of the use of

"disorders of consciousness" to theorize consciousness », *Neuroscience of Consciousness*, 7 (2), p. 1-13.

Naccache, L. (2017), « Il est problématique de parler de "conscience minimale" chez un patient », interview par P. Benkimoun, *Le Monde*, 17 décembre, https://www.lemonde.fr/sciences/article/2017/12/17/lionel-naccache-il-est-problematique-de-parlerde-conscience-minimale-chez-un-patient_5231068_1650684.html.

Naccache, L. (2018), « Minimally conscious state or cortically mediated state ? », *Brain*, 141 (4), p. 949-960.

Podcast de la chronique : https://www.radiofrance.fr/franceculture/podcasts/le-biais-de-lionel-naccache/comprendre-les-etats-de-conscience-post-coma-entre-etat-vegetatif-et-etat-de-conscience-minimale-3735956.

Chronique #43. Au sujet des malades qui présentent des troubles de la conscience. Épisode 3

Articles

Naccache, L., J. Luaute, S. Silva, J. D. Sitt et B. Rohaut (2022), « Toward a coherent structuration of disorders of consciousness expertise at a country scale : A proposal for France », *Rev. Neurol. (Paris)*, 178 (1-2), p. 9-20.

Rohaut, B., C. Calligaris, B. Hermann, P. Perez, F. Faugeras, F. Raimondo, J. R. King, D. Engemann, C. Marois, L. Le Guennec, L. Di Meglio, A. Sangare, E. Munoz-Musat, M. Valente, A. Ben Salah, A. Demertzi, L. Belloli, D. Manasova, L. Jodaitis, M. O. Habert, V. Lambrecq, N. Pyatigorskaya, D. Galanaud, L. Puybasset, N. Weiss, S. Demeret, F. X. Lejeune, J. D. Sitt et L. Naccache (2024), « Multimodal assessment improves neuroprognosis performance in clinically unresponsive critical-care patients with brain injury », *Nature Medicine*, 30 (8), p. 2349-2355.

Podcast de la chronique : https://www.radiofrance.fr/franceculture/podcasts/le-biais-de-lionel-naccache/troubles-de-la-conscience-vers-une-evaluation-multimodale-avancee-8370295.

Chronique #44. Sujet, es-tu là ?

Podcast de la chronique : https://www.radiofrance.fr/franceculture/podcasts/le-biais-de-lionel-naccache/le-biais-de-lionel-naccache-chronique-du-vendredi-28-juin-2024-4411889.

Remerciements

Je remercie Odile Jacob pour son formidable enthousiasme, ses précieux conseils et sa confiance. *Sujet, es-tu là ?* est mon dixième ouvrage publié aux éditions Odile Jacob, et je tiens à lui exprimer toute ma reconnaissance pour m'avoir toujours renouvelé sa confiance de livre en livre.

Merci à Bernard Gotlieb et à toute l'équipe des éditions : merci à Thomas Sauveur, à Jeanne Pérou, à Cécile Andrier et à Mathilde Mast.

Je remercie également Sibyle Veil, Émelie De Jong et Florian Delorme pour leur invitation et leur confiance à participer, 44 semaines durant, aux *Matins* de France Culture.

Merci beaucoup également à Anne-Julie Bémont des Éditions Radio France, quelques années après le plaisir de notre première collaboration pour *Parlez-vous cerveau ?*.

Un immense merci pour leur hospitalité, leur sympathie et leurs conseils à Guillaume Erner, à Marguerite Catton, à Aliette Hovine, à Félicie Faugère, à Quentin Lafay et à toute la troupe des *Matins*, avec une pensée particulière à la mémoire de Mydia Portis-Guérin.

Merci à Nicolas Decat, neuroscientifique et illustrateur de talent.

Merci à Nathan et à Gabriel.

Je termine ces remerciements par celle avec qui chacune de ces chroniques a été discutée, lue, rediscutée, commentée : Karine, évidemment. Si bien qu'envisager cette page de remerciements sous l'angle de la question « Karine, es-tu là ? » n'aurait aucun sens. Merci d'être là.

Table

DU MÊME AUTEUR
CHEZ ODILE JACOB

Apologie de la discrétion. Comment faire partie du monde ?, 2022.

Le Cinéma intérieur, 2020.

Nous sommes tous des femmes savantes, 2019.

Parlez-vous cerveau ? (avec K. Naccache), 2018.

Le Chant du signe. Aventures et mésaventures de nos interprétations quotidiennes, 2017.

L'Homme réseau-nable. Du microcosme cérébral au macrocosme social, 2015.

Un sujet en soi. Les neurosciences, le Talmud et la subjectivité, 2013.

Perdons-nous connaissance ? De la mythologie à la neurologie, 2010.

Le Nouvel Inconscient. Freud, Christophe Colomb des neurosciences, 2006.

Inscrivez-vous à notre newsletter !

Vous serez ainsi régulièrement informé(e)
de nos nouvelles parutions et de nos actualités :

https://www.odilejacob.fr/newsletter

Cet ouvrage a été composé
en Adobe Garamond Pro
par Nord Compo
à Villeneuve-d'Ascq (Nord).

N° d'édition : 4150-1220-Z

Dépôt légal : janvier 2025